MATLAB 程式設計－基礎篇 (附範例、程式光碟)

葉倍宏　編著

全華圖書股份有限公司

國家圖書館出版品預行編目資料

MATLAB 程式設計. 基礎篇 / 葉倍宏編著. --六版.
-- 新北市：全華圖書股份有限公司,2023.09
面；　公分
ISBN 978-626-328-721-1(平裝附光碟)

1.CST: MATLAB(電腦程式)

312.49M384　　　　　　　　　　112015836

MATLAB 程式設計－基礎篇

(附範例、程式光碟)

作者 / 葉倍宏

發行人 / 陳本源

執行編輯 / 劉暐承

出版者 / 全華圖書股份有限公司

郵政帳號 / 0100836-1 號

印刷者 / 宏懋打字印刷股份有限公司

圖書編號 / 05870057

六版一刷 / 2023 年 10 月

定價 / 新台幣 500 元

ISBN / 978-626-328-721-1(平裝)

全華圖書 / www.chwa.com.tw

全華網路書店 Open Tech / www.opentech.com.tw

若您對本書有任何問題，歡迎來信指導 book@chwa.com.tw

臺北總公司(北區營業處)
地址：23671 新北市土城區忠義路 21 號
電話：(02) 2262-5666
傳真：(02) 6637-3695、6637-3696

南區營業處
地址：80769 高雄市三民區應安街 12 號
電話：(07) 381-1377
傳真：(07) 862-5562

中區營業處
地址：40256 臺中市南區樹義一巷 26 號
電話：(04) 2261-8485
傳真：(04) 3600-9806(高中職)
　　　(04) 3601-8600(大專)

再版序

　　本書編寫目的，旨在使用 MATLAB 數值運算與模擬軟體學習程式設計，適用於大專院校理工科系主修 MATLAB 程式設計、數值分析、工程應用與實習、電腦工程應用與實習等課程，或有興趣研究 MATLAB 程式設計的讀者參考使用；本書定位為 MATLAB 基礎程式設計的入門到進階課程。

　　導讀建議：

* 第 1~4 章：快速瀏覽，並且依照範例重做一次即可。
* 第 5 章：任何程式語言的共通語法，初學程式設計的讀者，請多加練習。
* 第 6~7 章：快速瀏覽，並且依照範例重做一次即可。
* 第 8~10 章：數據圖形化，不論是二維或三維，都是 MATLAB 最令人著迷的功能，再配合光源打光，效果更是凸顯，此範圍的學習時間，請儘量延長。
* 第 11~16 章：著重於數值分析，可以不依照章節次序，隨時任意參閱內容，並按照範例實作即可。

　　書中各章範例、練習題、習題題目眾多，必須盡可能練習實作，以奠定程式設計的良好基礎；書末內附光碟，內容包括範例、練習題、習題所有 MATLAB 程式檔案，方便讀者自行對照學習。

　　筆者才疏學淺，純粹以教學需要編撰，內容力求淺顯易懂，完整正確，但疏漏之處恐或難免，尚祈讀者、先進不吝指正，針對本書中任何問題，或有任何建議，請 email：

yehcai@mail.ksu.edu.tw

葉倍宏

編輯部序

　　「系統編輯」是我們的編輯方針，我們所提供給您的，絕不只是一本書，而是關於這門學問的所有知識，它們由淺入深，循序漸進。

　　本書為MATLAB程式設計的專書，第一章到第七章快速瀏覽，並且依照範例重做一次即可。其中第五章為任何程式語言的共通語法。第八章到第十章介紹數據圖形化，不論是二維或三維，都是MATLAB最令人著迷的功能。第十一章到第十六章著重於數值分析，可以不依照章節次序，隨時任意參閱內容，並按照範例實作即可。本書適合科大電子、電機、資工系「MATLAB程式設計」、「MATLAB程式應用」課程使用。

　　同時，為了使您能有系統且循序漸進研習相關方面的叢書，我們以流程圖方式，列出各有關圖書的閱讀順序，以減少您研習此門學問的摸索時間，並能對這門學問有完整的知識。若您在這方面有任何問題，歡迎來函連繫，我們將竭誠為您服務。

相關叢書介紹

書號：06303
書名：微積分
編著：楊壬孝.蔡天鈸.張毓麟
　　　李善文.蔡　杰.蕭育玲

書號：09136
書名：微積分
編著：劉明昌.李聯旺.石金福

書號：03238
書名：控制系統設計與模擬－使用
　　　MATLAB/SIMULINK
　　　(附範例光碟)
編著：李宜達

書號：05919
書名：MATLAB 程式設計實務
　　　(附範例光碟)
編著：鄭錦聰

書號：18019
書名：MATLAB 程式設計與應用
編譯：沈志忠

書號：06442
書名：深度學習－從入門到實戰
　　　(使用 MATLAB)(附範例光碟)
編著：郭至恩

流程圖

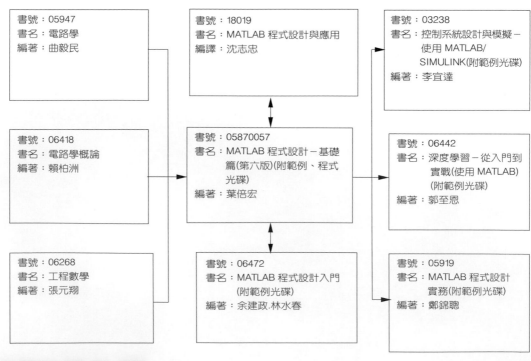

書號：05947
書名：電路學
編著：曲毅民

書號：06418
書名：電路學概論
編著：賴柏洲

書號：06268
書名：工程數學
編著：張元翔

書號：18019
書名：MATLAB 程式設計與應用
編譯：沈志忠

書號：05870057
書名：MATLAB 程式設計－基礎
　　　篇(第六版)(附範例、程式
　　　光碟)
編著：葉倍宏

書號：06472
書名：MATLAB 程式設計入門
　　　(附範例光碟)
編著：余建政.林水春

書號：03238
書名：控制系統設計與模擬－
　　　使用 MATLAB/
　　　SIMULINK(附範例光碟)
編著：李宜達

書號：06442
書名：深度學習－從入門到
　　　實戰(使用 MATLAB)
　　　(附範例光碟)
編著：郭至恩

書號：05919
書名：MATLAB 程式設計
　　　實務(附範例光碟)
編著：鄭錦聰

CONTENTS

目 錄

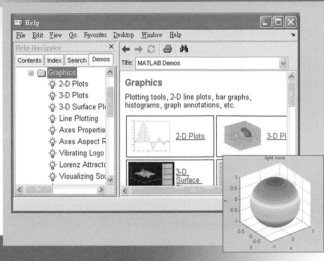

Chapter **1**

簡介 **MATLAB**

學習重點

研習完本章，將學會

1. 啓動與退出
2. 使用環境
3. 功能表
4. 線上輔助

1-1 啓動與退出

啓動

搜尋 MATLAB Online，點按聯結網址，如下所示：

點按 Start using MATLAB Online

輸入 email 與密碼；若未申請使用權限，須依規定流程申請

Email

yehcai@mail.ksu.edu.tw

No account? Create one!
By signing in, you agree to our privacy policy.

Next

點按 Next

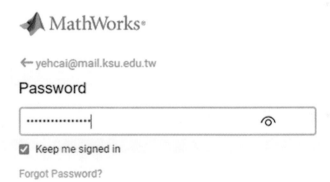

← yehcai@mail.ksu.edu.tw

Password

⊙

☑ Keep me signed in

Forgot Password?

Sign In

點按 Sign In ，>> Open MATLAB Online (basic)：啟動的 MATLAB 系統主視窗

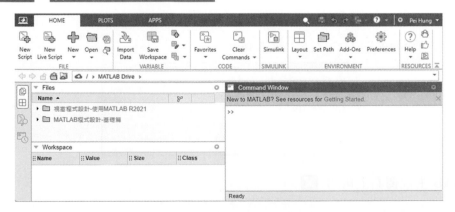

由上圖可知，主視窗分成三個小視窗，在左上方的是 Files 視窗，在左下方的是 **Workspace** 視窗，而執行命令的 **Command Window** 視窗則出現在主視窗的靠右位置。 這些視窗預設鑲靠在主視窗上，也可以按各自小視窗右上角的 獨立出來，如下圖所示

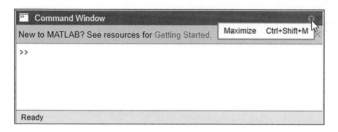

類似的動作；按 將小視窗恢復原設定

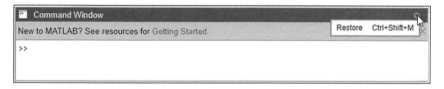

◉ 退出

離開 MATLAB 有下列幾種方式：

1. 在 Command Window 中，>>之後，鍵入 quit

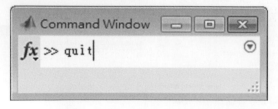

2. 按 MATLAB 主視窗右上角的 ▣

MATLAB 手機版本：google 搜尋

點按

點按<u>安裝</u>按鈕，結果如下圖所示

點按 圖示

主系統視窗	點按

>>位置，鍵入 peaks	點按 或
	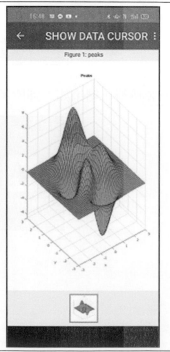

　　行動裝置的 MATLAB 執行系統畫面比較簡潔，可視為模擬設計的替代方案，但建議 MATLAB 程式設計仍然以電腦或網路線上版本的學習方式為主。

1-2　使用環境

MATLAB 主視窗包括：

　　停駐在主系統的畫面：下載安裝與執行非線上或線上執行版本，其 MATLAB 命令視窗可以脫離主系統視窗而成為獨立視窗

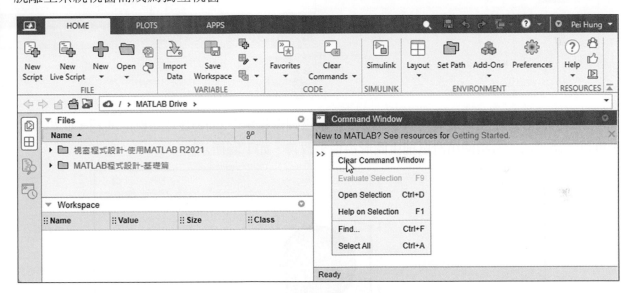

　　命令視窗(Command Window)可以讓使用者直接下達語法命令，即時執行與檢視結果的環境，例如在>>之後，鍵入內建函數 sphere，出現智慧提示，點按 fx sphere後按 Enter

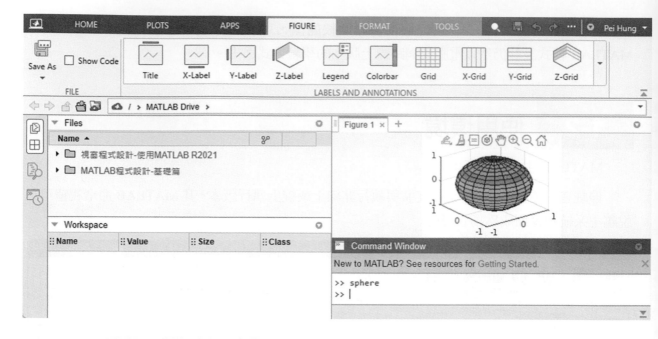

輸出結果顯然不是球體而是橢圓體，這是因為圖形視窗(Figure)長寬比例的問題，此錯誤現象可以透過語法或直接使用滑鼠拖曳圖形視窗來改善，如下圖所示。

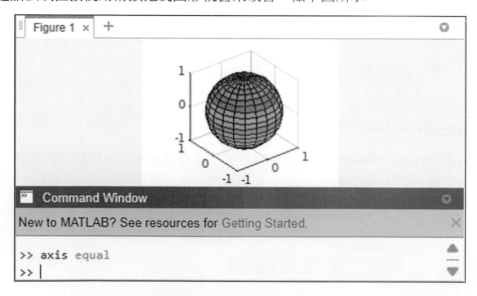

非線上執行之 MATLAB **命令視窗**上有四個小圖示：線上執行之 MATLAB 命令視窗只有極大化與恢復原狀兩種設定

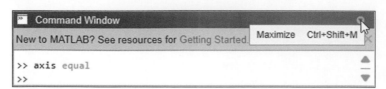

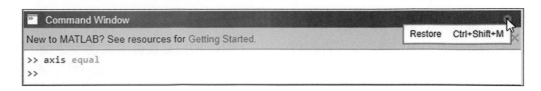

選按 `Restore Command Window` 恢復命令視窗(Command Window)預設的定位。

(2) ：極大化命令視窗

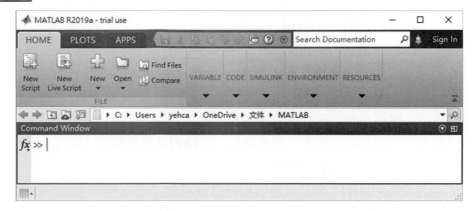

可以選按 恢復預設的定位。

(3) ：命令視窗(Command Window)解除定位

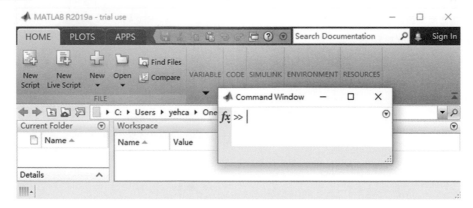

(4) ⤸ Dock ：命令視窗(Command Window)恢復定位，快速鍵[Ctrl+Shift+D]

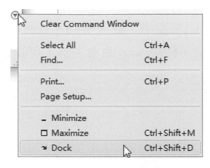

2. 命令歷史(Command History)

執行命令的歷史資料，方便使用者查詢與重複再利用；滑鼠點按命令視窗>>後面，再按向上鍵；命令歷史視窗(Command History)可以直接拖曳方式獨立視窗，或點按[⊙ / 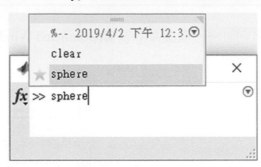]。

方便使用者查詢：曾經在命令視窗執行使用過的命令，均會按照日期依序記錄。目前命令歷史視窗中已經有兩個執行過的命令，想再執行一次繪製球體的動作，除了在命令視窗中再鍵入 sphere 之外，尚可按滑鼠雙按 sphere。

3. 現行目錄(Current Directiory)：顯示或更改現行目錄視窗

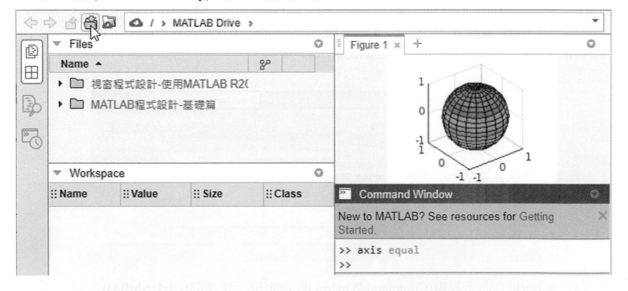

4. 工作空間(Workspace)

在命令視窗(Command Window)視窗中，鍵入 **who**，查看目前記憶體中的變數名稱；例如，在>>後面鍵入如下所示的命令，使用 who 命令查詢，可知變數有 x、y。

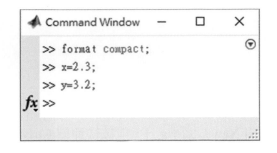 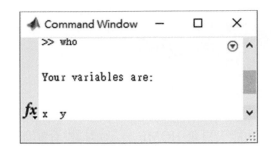

滑鼠點按工作空間(Workspace)視窗，直接拖曳拉出主系統。

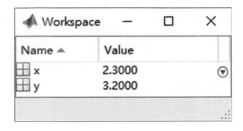

變數 x、y 的相關資料表列其中；欲增刪項目，按[View/Choose Columns]選項增刪，如下圖所示：

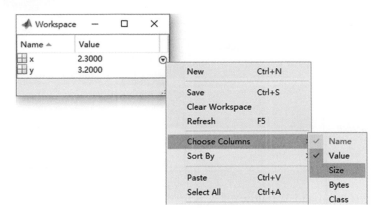

若是需要查看更詳細的變數資料，在命令視窗鍵入 **whos**。

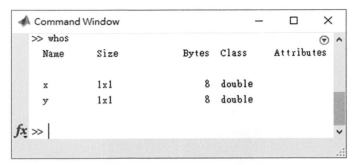

1-3 功能表

Home 之 New

功能表頁籤 HOME 分項選擇性介紹如下：滑鼠按 **[New /** 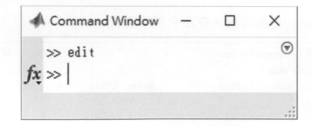 Script **]**，或按快速鍵 Ctrl+N

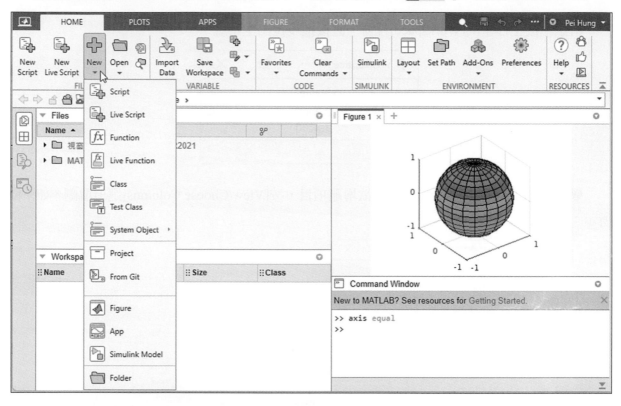

或者在命令視窗(Command Window)鍵入 edit

或者滑鼠點按工具列

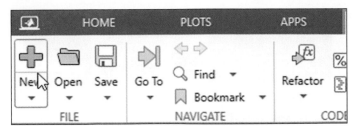

滑鼠點按[New/ fx Function]出現撰寫函式 function(或者稱為函數，或者方法)的編輯視窗

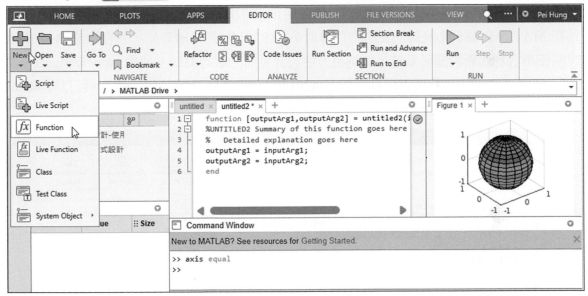

或滑鼠點按[New/ Class]出現撰寫類別 classdef 的編輯視窗

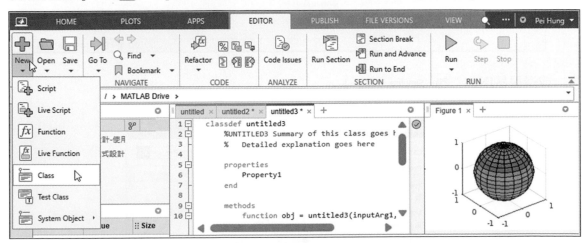

或滑鼠按[New / 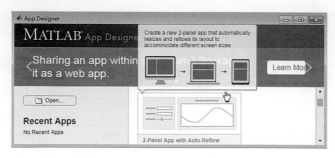 App]

功能表頁籤 APPS：Mathworks 在 R2016a 中正式推出了 GUIDE 的替代產品 App Designer，這是在 MATLAB 圖形系統轉向使用物件導向系統(R2014b)的後續產品，旨在順應 Web 的潮流，說明使用者利用新的圖形系統，能夠更方便設計更加美觀的 GUI。使用 App Designer，需要最新的 MATLAB R2016a，或者已經安裝了 R2014b 到 R2015b 之間的任一版本，可以從 Mathworks 的 File Exchange 處下載 App Designer 的安裝包進行安裝。

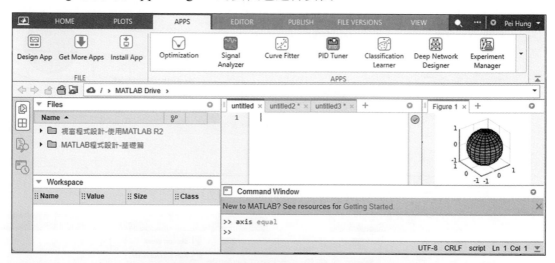

或滑鼠按[New/  Simulink Model]

Home 之 Open

滑鼠按[File / Open]，或按快速鍵 **Ctrl + O**，切換資料夾，打開已存在檔案

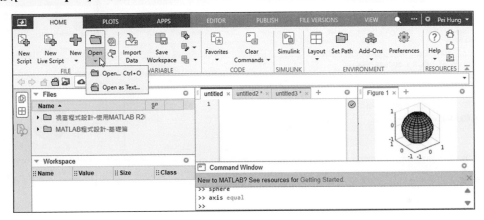

Home 之 PLOTS

功能表頁籤 PLOTS：表列所有的內建的繪圖種類

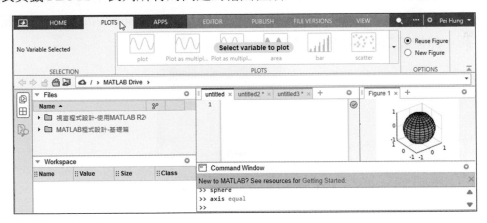

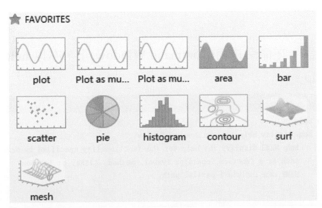

非線上執行之 MATLAB 版本：點按主系統視窗之左下角圖示 ▌▌▌▲ 之 Parallel preferences ；線上執行之 MATLAB 版本：點按主系統視窗之工具列 ⚙ 圖示

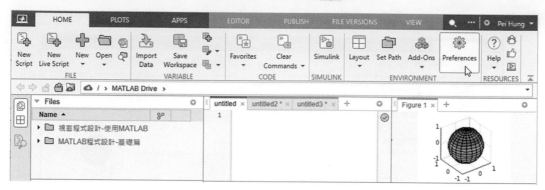

1-4 線上輔助

MATLAB 功能強大、命令眾多，實在不可能一開始學習就馬上熟悉所有相關的用法，因此，如何查詢線上輔助資料是很重要的學習單元。在命令視窗(Command Window)上，直接鍵入命令的前幾個字母，然後按 Tab 鍵；例如鍵入 plot，按 Tab 鍵。

此為所謂的模糊查詢。在命令視窗(Command Window)上，亦以 **help** 查詢，例如，鍵入 help help，查詢如何使用 help。

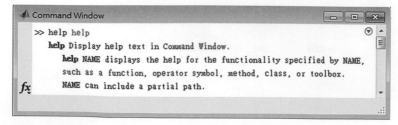

或鍵入 help，查詢一系列主題 topics

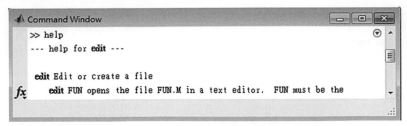

或鍵入已知 topics，例如 specfun 特殊數學函數(先清除命令視窗)

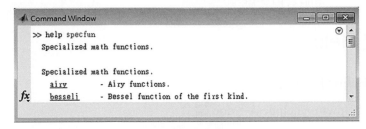

或鍵入已知函數，例如 sphere (先清除命令視窗)

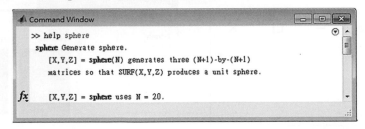

或使用 **lookfor** 查詢所有相關資料，例如 colormap

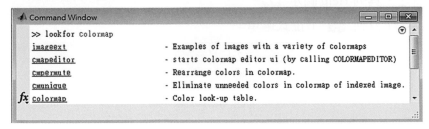

純文字的幫助訊息，命令還有 which、get、type 等。例如，查看 plot 語法

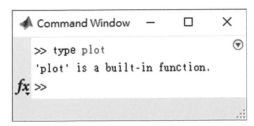

結果顯示這是內建函數。例如，查看 colormap 語法

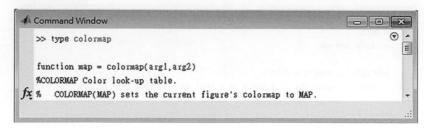

結果顯示此內建函數的所有程式碼。

工具列之 Help

打開幫助視窗(Help)的方法有：

1. 在命令視窗使用 helpwin、helpdesk、doc 指令

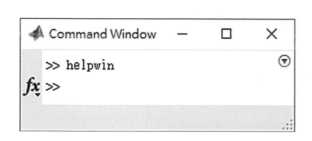

2. 點按主要視窗之工具列 Help 圖示 ②
3. 點按主要視窗之工具列 [Help] 下拉式選單

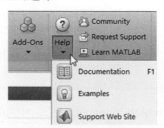

以 Documentation (快速鍵 F1)為例

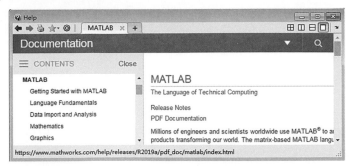

基本上，可以從 **Help** 視窗中點選所需查詢輔助資料，也可以從下拉式選單中執行，例如，按 ⊞ 展開各分項，再依需要查詢主題。

以 Examples 為例：**Create Common 2-D Plots**

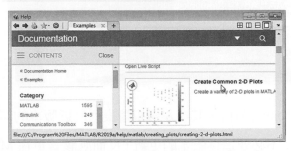

M-File 都是文字檔型態，因此可以直接反白複製，再貼到命令視窗中執行

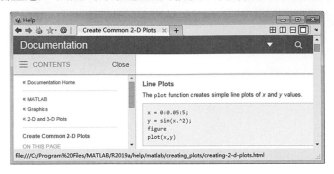

函式瀏覽視窗在命令視窗(Command Window)的>>之前也有預設：滑鼠按 ，顯示 MATLAB 各主題資料夾

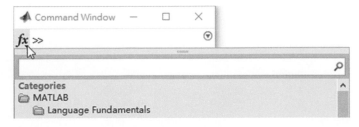

以 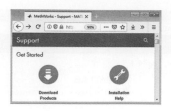 為例

這是 MathWorks 提供技術支援的相關網站，有空記得來瀏覽；另外，還有提供學習網站的
聯結 Learn MATLAB

或者查詢 Help 中的 Demos 項目，其中左邊視窗表列最近版本的新增特色。

最後，必須再三強調：不必要追逐版本的更新，反而應該著重在 MATLAB 語言本身的精熟
與應用；例如，新增物件導向程式設計的語法，以及命令視窗中 fx 的功能，只是提供使用者
更多樣的選擇與方便使用而已，並不見得每位學習者都需要。

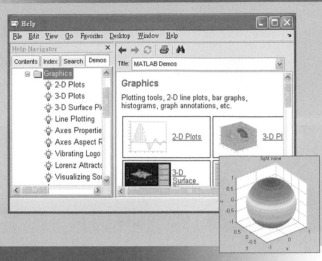

Chapter 2

基本函數

研習完本章,將學會

1. 簡單運算
2. 變數
3. 複數函數
4. 三角函數
5. 指數函數
6. 算數函數

2-1　簡單運算

　　簡單的**純量**(Scalar)幾何運算有+、-、*、/、\、^,分別介紹如下所示;將命令視窗(Command Window)獨立出來,實作練習,輸入完畢,記得按 **Enter**。首先查詢 format compact 語法:命令視窗中按 **fx**,查詢 format 函數語法的用法。

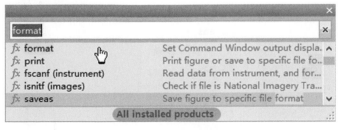

函數語法說明的視窗亦可獨立顯示：滑鼠點按並且拖曳

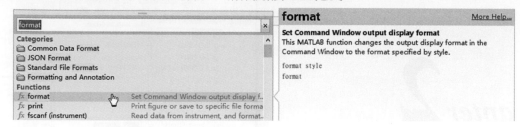

由此得知 format compact 語法可以縮小顯示的列距。點按 More Help…

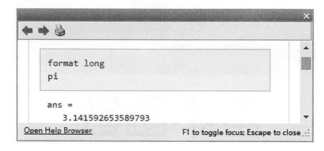

➤ ＋：加法運算

```
>> format compact
>> 2.3+3.2
ans =
    5.5000
fx >>
```

其中 ans 為系統內定的變數名稱。

➤ －：減法運算

```
>> 45.5-18.3
ans =
   27.2000
fx >>
```

➤ ＊：乘法運算

```
>> 3.14159*5
ans =
   15.7080
fx >>
```

➤ **/**：除法運算，左邊數值除以右邊數值，例如 21.9/3 或 3\21.9。

```
>> 21.9/3
ans =
    7.3000
fx >> |
```

```
>> 3\21.9
ans =
    7.3000
fx >>
```

➤ **^**：次方運算

```
>> 2.3^3.2
ans =
    14.3724
fx >>
```

數值顯示格式

舉例說明不同 format 語法的效果：以 pi 為例

➤ **format short**：short 代表顯示五位數；使用 format compact 語法，縮小顯示的列距

```
>> format short
>> pi
ans =
    3.1416
fx >> |
```

從工作空間視窗可知數值的相關資料，如下所示：

Name ▼	Value	Min	Max
ans	3.1416	3.1416	3.1416

按功能能表**[View/Choose Columns]**，新增 Size、Bytes、Class 等項目。

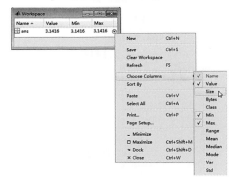

結果可知 pi 數值的大小為 1×1 陣列，8 位元，類別為 double 浮點數。

Workspace

Name	Value	Size	Bytes	Class	Min	Max
ans	3.1416	1x1	8	double	3.1416	3.1416

- **format long**：long 顯示十五位數(雙精度)或七位數(單精度)

```
>> format long
>> pi
ans =
   3.141592653589793
fx >>
```

- **format short e**：e 代表科學記號

```
>> format short e
>> pi
ans =
   3.1416e+00
fx >>
```

- **format long e**：e 代表科學記號

```
>> format long e
>> pi
ans =
     3.141592653589793e+00
fx >>
```

- **format short g**：g 代表固定或浮點格式，依最適之型式而定

```
>> format short g
>> pi
ans =
       3.1416
fx >>
```

➤ **format long g：**

```
>> format long g
>> pi
ans =
            3.14159265358979
fx >>
```

➤ **format bank：**銀行用於計算貨幣的兩位數

```
>> format bank
>> pi
ans =
            3.14
fx >>
```

範 例 1 計算 (a) 8/10 　(b) 8\10 　(c) 2^{10}

MatLab

(a) 在命令視窗(Command Window)中，使用 format compact 語法，縮小顯示的列距，按 Enter ，
　鍵入 8/10，按 Enter ，執行結果

```
>> format compact
>> 8/10
ans =
            0.80
fx >>
```

(b) 同(a)步驟，結果：

```
>> 8\10
ans =
            1.25
fx >> |
```

(c) 同(a)步驟，結果：

```
>> 2^10
ans =
            1024.00
fx >> |
```

2-2 變數

MATLAB 的輸入格式完全承襲 C 語言的規則，但不同其他程式語言，在於使用變數之前並不需要先宣告變數的資料型態；MATLAB 變數的特性有

6 大、小寫不同。

6 **變數**名稱最多 31 個字元。

6 開頭自必須是字母

6 賦予**變數**數值，在 clear 之前，命令視窗(Command Window)會記住其數值。

特殊變數

命令視窗中，按 **fx** 查詢數學常數(Constant)：

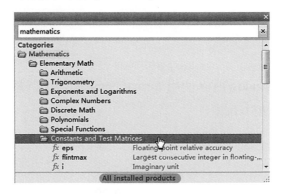

內定**特殊變數**，依序介紹如下：

➤ **eps**：傳回最精確的浮點值

```
>> format short
>> eps
ans =
    2.2204e-16
fx >>
```

➤ **i 或 j**：虛數

```
>> i
ans =
    0.0000 + 1.0000i
fx >>
```

```
>> j
ans =
    0.0000 + 1.0000i
fx >>
```

➤ **inf**：無窮大

```
>> inf
ans =
    Inf
fx >>
```

➤ **nan**：不是一個數值

```
>> nan
ans =
    NaN
fx >>
```

➤ **intmax()**：回傳整數類別的最大值

```
>> v=intmax('int64')
v =
  int64
    9223372036854775807
fx >>
```

```
>> v=intmax('int8')
v =
  int8
    127
fx >>
```

上式中=為指定運算子，意即將=運算子右邊的數值或運算結果指定給左邊的變數；按鍵盤上 ↑：叫出前一次命令文字，將 int8 更改為 int16

```
>> v=intmax('int16')
v =
  int16
    32767
fx >>
```

其餘運算結果

```
>> v=intmax('int32')
v =
  int32
    2147483647
fx >>
```

```
>> v=intmax('uint8')
v =
  uint8
    255
fx >>
```

➤ **intmin( )**：回傳整數類別的最小值

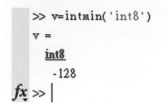
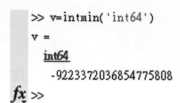

```
>> v=intmin('int8')
v =
  int8
    -128
fx >> |
```

```
>> v=intmin('int64')
v =
  int64
    -9223372036854775808
fx >>
```

➤ **realmax**：傳回最大可用之正浮點數

```
>> realmax
ans =
  1.7977e+308
fx >> |
```

➤ **realmin**：傳回最小可用之正浮點數

```
>> realmin
ans =
  2.2251e-308
fx >> |
```

例如 pi = 3.1416，是 MATLAB 系統內定值，在命令視窗(Command Window)上鍵入 pi，按 Enter

```
>> pi
ans =
  3.1416
fx >> |
```

pi 是小寫，若是鍵入大寫 PI 或 Pi，會產生執行錯誤，並提示是否為 pi，如下圖所示；

```
>> Pi
Undefined function or variable
'Pi'.
Did you mean:
fx >> pi|
```

當然，可以重新設定 pi 的值，比如 pi = 1

```
>> pi=1
pi =
       1
fx >>
```

從此之後，pi 的值不再是 3.1416，除非以 **clear** 命令清除變數設定。

```
>> clear
>> pi
ans =
       3.1416
fx >>
```

範例 2　a = 8，b = 10，c = 2，計算(a) a/b　(b) a\b　(c) c^b

MatLab

(a) 在命令視窗(Command Window)中，分別鍵入 a = 8、b = 10、c = 2，按 Enter

```
a =                    b =
     8                     10
>> b=10                >> c=2
b =                    c =
     10                    2
fx >> |                fx >>
```

鍵入 a/b，按 Enter，執行結果：

```
>> a/b
ans =
     0.8000
fx >>
```

(b) 鍵入 a\b，按 Enter，執行結果：

```
>> a\b
ans =
     1.2500
fx >>
```

(c) 鍵入 c^b，按 [Enter]，執行結果：

```
>> c^b
ans =
        1024
fx >>
```

程式碼敘述的最後加上;號代表敘述結束，效果是命令視窗不會顯示數值。

```
>> a=8;
>> b=10;
>> c=2;
>> a/b
ans =
    0.8000
fx >>
```

2-3 複數函數

以 i 或 j 或 $\sqrt{-1}$ 表示**虛數**，例如 c1 = 3 + 4i 或 c1 = 3 + 4j

```
>> c1=3+4i
c1 =
   3.0000 + 4.0000i
fx >>
```

```
>> c1=3+4j
c1 =
   3.0000 + 4.0000j
fx >>
```

複數亦可進行前一節所討論的簡單運算，例如，c2=2-i，其簡單運算結果如下所示：

```
>> c2=2-i;
>> a=c1+c2
a =
   5.0000 + 3.0000i
fx >>
```

```
>> b=c1-c2
b =
   1.0000 + 5.0000i
fx >>
```

```
>> c=c1*c2
c =
   10.0000 + 5.0000i
fx >>
```

```
>> d=c1/c2
d =
    0.4000 + 2.2000i
fx >> |
```

```
>> e=c1\c2
e =
    0.0800 - 0.4400i
fx >>
```

複數函數

$a + bi$ 是直角座標表示，可以使用**極座標**表示為

$$a + bi = M\angle\theta = Me^{i\theta}$$

其中大小 $M = \sqrt{a^2 + b^2}$，相位角 $\theta = \tan^{-1}\left(\dfrac{b}{a}\right)$。相關複數函數，使用 *fx* 查詢：選按

[📁 MATLAB / 📁 Mathematics / 📁 Elementary Math / 📁 Complex Numbers]

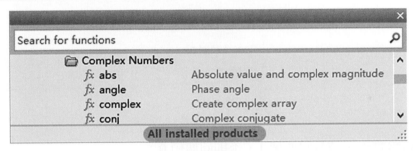

常用的複數函數，依序如下所列：

➤ **abs**：絕對值

```
>> abs(c1)
ans =
    5
fx >> |
```

➤ **angle**：徑度相位角

```
>> angle(c1)
ans =
    0.9273
fx >>
```

若以角度表示，必須乘上 180 / pi

```
>> angle(c1)*180/pi
ans =
    53.1301
fx >>
```

➤ **complex(a, b)**：複數函數，a 為實數部分，b 為虛數部分

```
>> a=3;
>> b=4;
>> c=complex(a,b)
c =
   3.0000 + 4.0000i
fx >>
```

➤ **comj()**：取共軛複數

```
>> conj(c)
ans =
   3.0000 - 4.0000i
fx >>
```

➤ **imag**：取虛數部分

```
>> imag(c)
ans =
   4
fx >>
```

➤ **isreal**：是否為實數，若真回傳值 1，否則回傳值 0

```
>> isreal(a)
ans =
  logical
   1
fx >>
```

```
>> isreal(c)
ans =
  logical
   0
fx >>
```

➤ **real**：取實數部分

```
>> real(c)
ans =
   3
fx >>
```

▶ **unwrap( )**：相位角連續性處理；例如下圖左、右分別爲未使用與有使用 unwrap()函數處理的相位角圖形

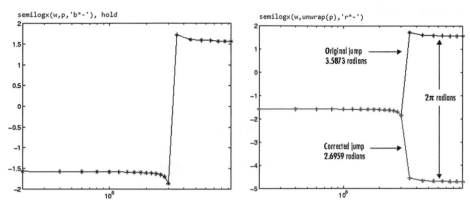

▶ sign(x)：此函數定義爲

$$\text{sign}(x) = \begin{cases} -1 & \textit{if } x < 0 \\ 0 & \textit{if } x = 0 \\ 1 & \textit{if } x > 0 \end{cases}$$

```
>>ezplot('sign(x)',[-5,5])
>>grid on;
```

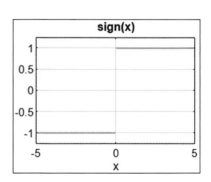

ezplot()函數提供簡易繪圖功能，部分語法如下所示：

```
>> help ezplot
 ezplot    (NOT RECOMMENDED) Easy to use function plotter

    ============================================================
    ezplot is not recommended. Use FPLOT or FIMPLICIT instead.
    ============================================================

      ezplot(FUN) plots the function FUN(X) over the default domain
      -2*PI < X < 2*PI, where FUN(X) is an explicitly defined function of X.
```

範例 3　$c1 = 1\text{-}2\,i$，$c2 = 3 + 4\,j$，求 $c1*c2$ 之 (a)絕對值 (b)徑度相位角 (c)共軛複數 (d)取實數部分、虛數部分

MatLab

在命令視窗(Command Window)中，鍵入 $c1 = 1 - 2i$、$c2 = 3 + 4j$，按 Enter

```
>> c1=1-2i;
>> c2=3+4j;
>> c=c1*c2
c =
   11.0000 - 2.0000i
fx >> |
```

(a) 絕對值

```
>> abs(c)
ans =
   11.1803
fx >>
```

(b) 徑度相位角

```
>> angle(c)
ans =
   -0.1799
fx >>
```

```
>> angle(c)*180/pi
ans =
   -10.3048
fx >>
```

(c) 共軛複數

```
>> conj(c)
ans =
   11.0000 + 2.0000i
fx >>
```

(d) 取實數部分、虛數部分

```
>> real(c)
ans =
    11
fx >>
```

```
>> imag(c)
ans =
    -2
fx >>
```

2-4　三角函數

相關三角函數，使用 fx 查詢：選按[📁 MATLAB/📁 Mathematics/📁 Elementary Math/📁 Trigonometry]

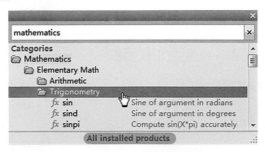

令 x = 0.5*pi，選擇比較具代表性的函數介紹如下所列：

▶ **acos()、acosh()**：反餘弦函數、反雙曲餘弦函數

```
>> x=pi/2;
>> acos(x)
ans =
   0.0000 + 1.0232i
fx >>
```

```
>> acosh(x)
ans =
    1.0232
fx >>
```

▶ **acot()、acoth()**：反餘切函數、反雙曲餘切函數

```
>> acot(x)
ans =
    0.5669
fx >>
```

```
>> acoth(x)
ans =
    0.7525
fx >>
```

▶ **acsc()、acsch()**：反餘割函數、反雙曲餘割函數

```
>> acsc(x)
ans =
    0.6901
fx >>
```

```
>> acsch(x)
ans =
    0.6000
fx >>
```

➤ **asec()、asech()**：反正割函數、反雙曲正割函數

```
>> asec(x)
ans =
    0.8807
fx >> |
```

```
>> asech(x)
ans =
    0.0000 + 0.8807i
fx >>
```

➤ **asin()、asinh()**：反正弦函數、反雙曲正弦函數

```
>> asin(x)
ans =
    1.5708 - 1.0232i
fx >>
```

```
>> asinh(x)
ans =
    1.2334
fx >> |
```

➤ **atan()、atanh()**：反正切函數、反雙曲正切函數

```
>> atan(x)
ans =
    1.0039
fx >> |
```

```
>> atanh(x)
ans =
    0.7525 + 1.5708i
fx >> |
```

➤ **cos()、cosh()**：餘弦函數、雙曲餘弦函數

```
>> cos(x)
ans =
    6.1232e-17
fx >> |
```

```
>> cosh(x)
ans =
    2.5092
fx >>
```

➤ **cot()、coth()**：餘切函數、雙曲餘切函數

```
>> cot(x)
ans =
    6.1232e-17
fx >>
```

```
>> coth(x)
ans =
    1.0903
fx >>
```

➤ **csc()、csch()**：餘割函數、雙曲餘割函數

```
>> csc(x)
ans =
    1
fx >>
```

```
>> csch(x)
ans =
    0.4345
fx >>
```

➤ **sec()、sech()**：正割函數、雙曲正割函數

```
>> sec(x)
ans =
    1.6331e+16
fx >>
```

```
>> sech(x)
ans =
    0.3985
fx >>
```

➤ **sin()、sinh()**：正弦函數、雙曲正弦函數

```
>> sin(x)
ans =
    1
fx >>
```

```
>> sinh(x)
ans =
    2.3013
fx >>
```

相關語法查詢，以 sin(x)為例：

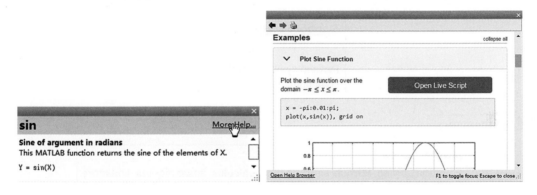

點按[?Help/📖Documentation]

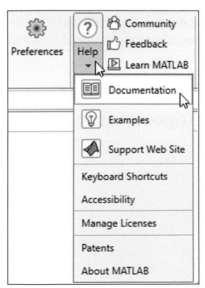

點按 Mathematics and Optimization

Documentation

R2023

Other Releas

Using MATLAB

 MATLAB

Applications

AI, Data Science, and Statistics

Resources

Release Notes

Using Simulink

Mathematics and Optimization

Installation Help

點按 Symbolic Math Toolbox

Symbolic Math Toolbox

Perform symbolic math computations

點按 Mathematics

Mathematics
Equation Solving, formula simplification, calculus, linear algebra, and more

點按 Mathematics Functions

Mathematical Functions
Logarithms and special functions

點按 Trigonometric Functions

> Trigonometric Functions

三角函數：

Trigonometric Functions	
sin	Symbolic sine function
sinc	Normalized sinc function
cos	Symbolic cosine function
tan	Symbolic tangent function
cot	Symbolic cotangent function
sec	Symbolic secant function
csc	Symbolic cosecant function

反三角函數：

Inverse Trigonometric Functions	
asin	Symbolic inverse sine function
acos	Symbolic inverse cosine function
atan	Symbolic inverse tangent
acot	Symbolic inverse cotangent function
asec	Symbolic inverse secant function
acsc	Symbolic inverse cosecant function

以 sinc()函數爲例：syms 爲符號運算，x 爲變數

```
>> syms x
>> sinc(x)

ans =

sin(pi*x)/(x*pi)
```

函數繪圖：>>fplot(sinc(x))

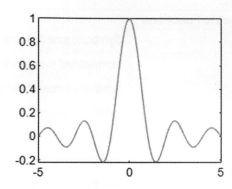

函數繪圖：>>fplot(tan(x), [-pi, pi])

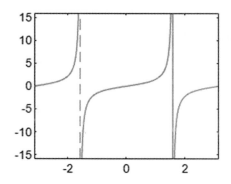

函數繪圖：

>>ezplot(tan(x), [-pi, pi])

>>grid on

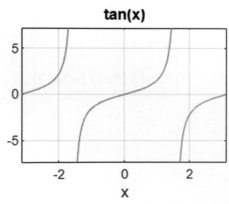

其餘函數，比照上述繪圖語法練習實作。

2-5　指數函數

相關**指數**與**對數**函數，使用 fx 查詢：選按[📁 MATLAB/📁 Mathematics/📁 Elementary Math /📁 Exponents and Logarithms]

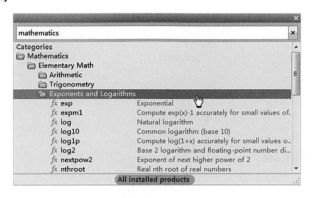

令 x = 2，選擇比較具代表性的函數依序介紹如下所列：

➤ **exp()**：指數函數

```
>> x=2;
>> exp(x)
ans =
    7.3891
fx >>
```

➤ **log()**：自然對數函數

```
>> log(x)
ans =
    0.6931
fx >> |
```

➤ **log10()**：以 10 為底的對數

```
>> log10(x)
ans =
    0.3010
fx >>
```

➤ **log2()**：以 2 為底的對數

```
>> log2(x)
ans =
    1
fx >> |
```

➤ **sqrt()**：開根號函數

```
>> sqrt(x)
ans =
    1.4142
fx >>
```

函數繪圖：使用 ezplot()語法

➤ exp(x)：

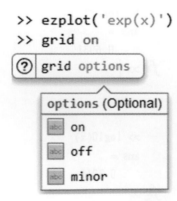

```
>> ezplot('exp(x)')
>> grid
```

fx grid	Display or hide axes grid lines	
fx griddata	Interpolate 2-D or 3-D scattered data	
fx griddatan	Interpolate N-D scattered data	
fx griddedInterpolant	Gridded data interpolation	
fx gridtop	Grid layer topology function	

```
>> ezplot('exp(x)')
>> grid on
```

? grid options

options (Optional)
abc on
abc off
abc minor

出現智慧提示視窗，可以直接點按使用

>>ezplot('exp(x)')

>>grid on;

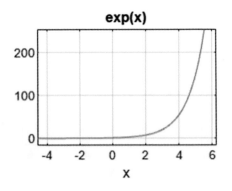

➤ log(x)：

>>ezplot('log(x)')

>>grid on;

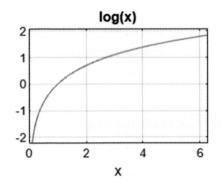

➤ log10(x)：

>>ezplot('log10(x)')

>>grid on;

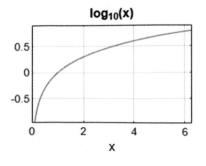

➤ sqrt(x)：

>> ezplot('sqrt(x)')

>>grid on;

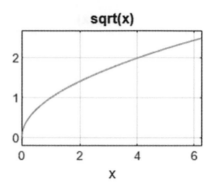

2-6 算數函數

相關算數函數，使用 **fx** 查詢：選按[📁 MATLAB/📁 Mathematics/📁 Elementary Math/📁 Arithmetic]

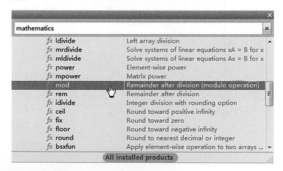

令 x = 2.46，選擇比較具代表性的函數依序介紹如下所列：

➤ **ceil()**：不小於最小整數

```
>> x=2.46;
>> ceil(x)
ans =
      3
fx >>
```

➤ **fix()**：捨去小數點部分

```
>> fix(x)
ans =
     2
fx >>
```

➤ **floor()**：最大整數

```
>> floor(x)
ans =
     2
fx >>
```

➤ **round()**：最接近整數

```
>> round(x)
ans =
     2
fx >>
```

➤ **power()**：次方

```
>> power(x,2)
ans =
     6.0516
fx >>
```

➤ **mod(x, y)**：x 被 y 除的餘數；類似的語法為 rem(x, y)

```
>> mod(5,2)
ans =
     1
fx >>
```

```
>> rem(5,3)
ans =
     2
fx >>
```

➤ **gcd(x, y)**：x、y 的最大公因數

```
>> x=[2,5,6;10,15,18];
>> y=[3,4,8;5,6,10];
>> gcd(x,y)
ans =
     1     1     2
     5     3     2
fx >>
```

➤ **lcm (x, y)**：x、y 的最小公倍數

```
>> lcm(x,y)
ans =
     6     20     24
    10     30     90
fx >>
```

函數繪圖：使用 ezplot()語法

➤ ceil(x)：

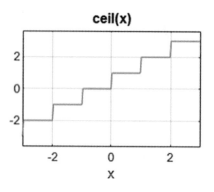

>>ezplot('ceil(x)', [-3,3])

>>grid on

➤ floor(x)：

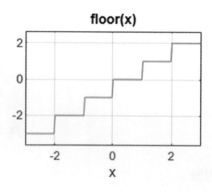

>> ezplot('floor(x)', [-3,3])

>>grid on

其餘函數，比照上述繪圖語法練習實作。

範 例　4　x = 3.6，求　(a) fix(x)，(b) floor(x)，(c) ceil(x)，(d) round(x)

MatLab

(a) 在命令視窗(Command Window)中，依題目要求鍵入如下所示之數值

```
>> fix(x)
ans =
     3
fx >>
```

(b) 同(a)步驟，鍵入 **floor(x)**，按 Enter ，結果：

```
>> floor(x)
ans =
     3
fx >>
```

(c) 同(a)步驟，鍵入 **ceil(x)**，結果：

```
>> ceil(x)
ans =
     4
fx >>
```

(d) 同(a)步驟，鍵入 **round(x)**，結果：

```
>> round(x)
ans =
     4
fx >>
```

習題

1.　查詢加、減之函數語法運算，變數為亂數 2×2 浮點數陣列型態。

```
a =
     0.3786    0.5328
     0.8116    0.3507

>> plus(a,b)
ans =
     1.3176    1.0830
     1.6875    0.9732
```

```
b =
     0.9390    0.5502
     0.8759    0.6225

>> minus(a,b)
ans =
    -0.5604   -0.0173
    -0.0644   -0.2717
```

2.　查詢向量元素之總加、總乘積之函數語法運算。

```
>> a = sum(1:100)
a =
        5050
```

```
>> b = prod(1:7)
b =
        5040
```

3.　查詢向量 x 的累計元素總和、總乘積之函數語法運算，變數為亂數 2×2 整數陣列型態。

```
>> a = randn(2)
a =
    -0.4446    0.2761
    -0.1559   -0.2612
```

```
>> cumsum(a)
ans =
    -0.4446    0.2761
    -0.6006    0.0149
```

```
>> cumprod(a)
ans =
    -0.4446    0.2761
     0.0693   -0.0721
```

4.　查詢以角度輸入的三角函數語法，並計算角度分別為 0、π/2、π 的數值。

```
>> sind(0)
ans =
     0
```

```
>> sind(90)
ans =
     1
```

```
>> sind(180)
ans =
     0
```

```
>> cosd(0)
ans =
     1
```

```
>> cosd(90)
ans =
     0
```

```
>> cosd(180)
ans =
    -1
```

```
>> tand(0)
ans =
     0
```

```
>> tand(90)
ans =
     Inf
```

```
>> tand(180)
ans =
     0
```

5. 查詢以 π 為單位輸入的三角函數語法，並計算角度分別為 0、1/2、1、3/2、2 的數值。

```
>> a = [0, 0.5, 1, 1.5, 2];
>> sinpi(a)                    >> cospi(a)
ans =                          ans =
     0    1    0   -1    0          1    0   -1    0    1
```

6. 查詢角度與弳度互換函數語法，並計算角度分別為 0、π/2、π、π3/2、2π 的數值。

```
>> a = [0, 0.5, 1, 1.5, 2]*pi;
>> rad2deg(a)
ans =
     0    90   180   270   360
```

7. 查詢大於 0，輸出為 1，小於 0，輸出為-1 的函數語法，並以亂數 1×5 整數陣列型態測試。

```
>> a = ceil(randn(1,5))        >> sign(a)
a =                            ans =
     2    1    1    0   -2          1    1    1    0   -1
```

8. 查詢輸出質數的函數語法，並以找出 25 以內的質數。

```
>> p = primes(25)
p =
     2    3    5    7    11   13   17   19   23
```

9. 查詢雙曲線三角函數與 ezplot()的函數語法，並繪製二維圖形。

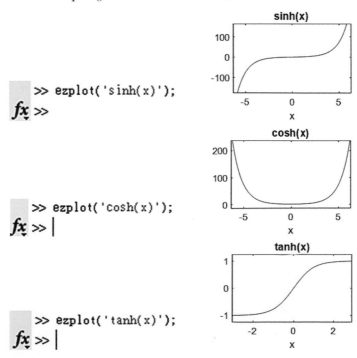

```
>> ezplot('sinh(x)');
>>
```

```
>> ezplot('cosh(x)');
>>
```

```
>> ezplot('tanh(x)');
>>
```

10. 查詢反三角函數與 ezplot()的函數語法，並繪製二維圖形。

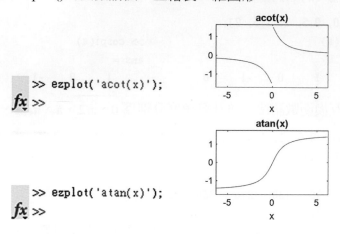

```
>> ezplot('acot(x)');
>>
```

```
>> ezplot('atan(x)');
>>
```

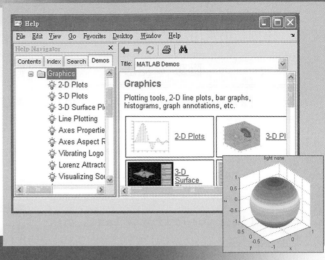

Chapter **3**

陣列與運算

3-1　簡易陣列

　　針對單一的**純量**(Scalar)的幾何簡單計算,當然很容易處理;但是一旦變數量增加,就無法輕鬆處理計算,因此必須引用**陣列**(Array)來處理這種大量的數據;陣列可視為矩陣,而矩陣可區分為列向量(row vector)與行向量(column vector)兩種。

陣列結構常用語法有：

函數 & 語法	描述
`x = [2, 2*pi, sqrt(2), 2-3j]`	產生包含任意元素的列向量
`x = first : last`	從 `first` 開始，每次遞增 1 到 `last`
`x = first : incrtment : last`	從 `first` 開始，每次以 `increment` 值遞增到 `last`
`x = linspace(first, last, n)`	產生列向量 (陣列) `x`，從 `first` 開始，到 `last` 結束，有 `n` 個元素
`x = logspace(first, last, n)`	產生列向量 (陣列) `x`，從 10^{first} 開始，到 10^{last} 結束，有 `n` 個元素

　　上列表格中使用兩個函式(或者稱為函數)：線性空間 **linspace()** 與對數空間 **logspace()**，比照之前學習新語法的慣例，事先使用命令視窗中的 fx 查詢。查詢欄位中鍵入 linspace：

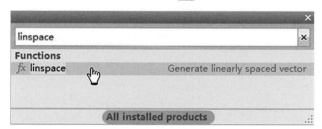

滑鼠移至第一項，出現如下所示的 linspace 語法說明

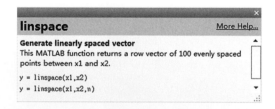

需要更多協助資料，可以再按視窗右上角的 More Help... ；同樣步驟查詢 logspace()語法說明

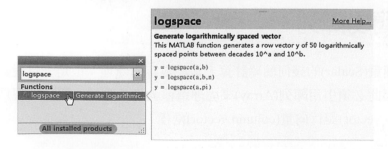

例如 在命令視窗(Command Window)中鍵入 x = [1 2 3 4 5]或 x = [1, 2, 3, 4, 5]，按 [Enter]

```
>> format compact
>> x=[1 2 3 4 5]
x =
     1     2     3     4     5
>>
```

例如 鍵入 x = 1:5，按 [Enter]

```
>> x=1:5
x =
     1     2     3     4     5
>>
```

例如 鍵入 x = 1:2:9，按 [Enter]

```
>> x=1:2:9
x =
     1     3     5     7     9
>>
```

例如 鍵入 x = linspace(1, 10, 4)，按 [Enter]；linspace()為線性空間函數。

```
>> x=linspace(1,10,4)
x =
     1     4     7    10
>>
```

例如 鍵入 x = logspace(1, 3, 3)，按 [Enter]；logspace()為對數空間函數。

```
>> x=logspace(1,3,3)
x =
    10   100   1000
>>
```

函數繪圖：使用 ezplot()語法

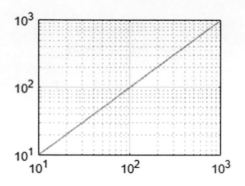

```
>> x = logspace(1,3,10000);
>>y = x;
>>loglog(x,y);
>>grid on;
```

loglog()函數是雙對數座標軸繪圖語法。

Array Indexing

已知陣列大小，透過索引值的指定，可以找出並且顯示所需要的陣列範圍值。

例如 欲顯示前五個值：前一個命令 x = 1 : 1 : 10，有；號，因此不會顯示出數值

```
>> x=1:1:10;
>> x(1:5)
ans =
     1     2     3     4     5
fx >> |
```

例如 欲顯示最後五個值：

```
>> x(6:end)
ans =
     6     7     8     9    10
fx >>
```

例 如 ☰ 欲顯示從第二個開始，每隔二個值遞增：

```
>> x(2:2:end)
ans =
     2     4     6     8    10
fx >>
```

例 如 ☰ 欲顯示從第五個開始，每隔一個值遞減：

```
>> x(5:-1:1)
ans =
     5     4     3     2     1
fx >>
```

最後請自行練習輸入 x(:)，結果為何？

Array Orientation

列 row 向量(陣列)改成行 column 向量(陣列)，使用

6　分號；。

6　轉置運算子(Ttranspose operator)。

例 如 ☰ 鍵入 x = [1; 2; 3]，按 Enter

```
>> x=[1;2;3]
x =
     1
     2
     3
fx >>
```

或鍵入 x = [1 2; 3 4;5 6]，按 Enter

```
>> x=[1,2;3,4;5,6]
x =
     1     2
     3     4
     5     6
fx >>
```

欲將列 row 向量改成行 column 向量：使用轉置運算子'，重做上述範例，結果如下所示：

3-2 點積與叉積

兩向量 $\vec{A}$、$\vec{B}$ 之**點積**(Dot product)或**純量積**，定義為

$$\vec{A}\cdot\vec{B} = A_x B_x + A_y B_y + A_z B_z$$

或

$$\vec{A}\cdot\vec{B} = |\vec{A}||\vec{B}|\cos(\vec{A}\cdot\vec{B})$$

常用語法有

語法	描述
dot($\vec{A}$，$\vec{B}$)	兩向量 $\vec{A}$、$\vec{B}$ 之點積或純量積

使用命令視窗上的 fx 查詢 **dot()** 函式語法，結果顯示如下：

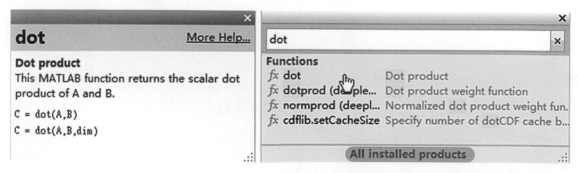

兩向量 $\vec{A}$、$\vec{B}$ 之**叉積**(Cross product)或**向量積**，定義為

$$\vec{A}\times\vec{B} = (A_y B_z - A_z B_y)\hat{x} + (A_z B_x - A_x B_z)\hat{y} + (A_x B_y - A_y B_x)\hat{z}$$

或以行列式表示

$$\vec{A} \times \vec{B} = \begin{vmatrix} \hat{x} & \hat{y} & \hat{z} \\ A_x & A_y & A_z \\ B_x & B_y & B_z \end{vmatrix} = (A_yB_z - A_zB_y)\hat{x} + (A_zB_x - A_xB_z)\hat{y} + (A_xB_y - A_zB_x)\hat{z}$$

或

$$\vec{A} \times \vec{B} = |\vec{A}|\,|\vec{B}|\sin(\vec{A},\vec{B})\hat{n}$$

其中 $\hat{n}$：垂直 $\vec{A}$、$\vec{B}$ 所構成平面之單位向量。

常用語法有

語法	描述
Cross （$\vec{A}$，$\vec{B}$）	兩向量 $\vec{A}$、$\vec{B}$ 之叉積或向量積

使用命令視窗上的 **fx** 查詢 cross()函式語法，結果顯示如下：

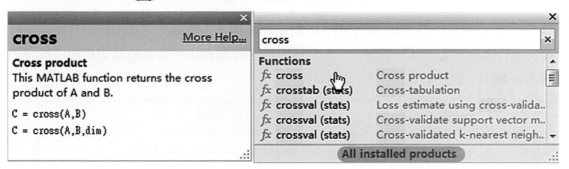

範 例　1　求點積與叉積，假設 $\vec{A} = \hat{x} + 2\hat{y} + 3\hat{z}, \vec{B} = -2\hat{x} + 3\hat{y} - \hat{z}$

點積：使用 $\vec{A} \cdot \vec{B} = A_xB_x + A_yB_y + A_zB_z$

```
>> A=[1 2 3];
>> B=[-2 3 -1];
>> C=dot(A,B)
C =
     1
fx >> |
```

$$\vec{A} \cdot \vec{B} = -2 + 6 - 3 = 1$$

叉積：使用 $\vec{A} \times \vec{B} = \begin{vmatrix} \hat{x} & \hat{y} & \hat{z} \\ A_x & A_y & A_z \\ B_x & B_y & B_z \end{vmatrix}$

$$\vec{A} \times \vec{B} = \begin{vmatrix} \hat{x} & \hat{y} & \hat{z} \\ 1 & 2 & 3 \\ -2 & 3 & -1 \end{vmatrix} = \begin{vmatrix} 2 & 3 \\ 3 & -1 \end{vmatrix} \hat{x} - \begin{vmatrix} 1 & 3 \\ -2 & -1 \end{vmatrix} \hat{y} + \begin{vmatrix} 1 & 2 \\ -2 & 3 \end{vmatrix} \hat{z} = -11\hat{x} - 5\hat{y} + 7\hat{z}$$

```
>> D=cross(A,B)
D =
    -11    -5     7
fx >>
```

3-3   簡易運算

　　陣列運算與矩陣運算有所不同，前者針對陣列中每一元素進行運算，而後者則依照數學之線性代數進行運算，其中加法與減法，陣列運算與矩陣運算兩種運算的結果相同。假設陣列大小相同之 A 與 B，純量 c，常用語法有

語法	描述
A + c	純量相加（Scalar addition）
A - c	純量相減（Scalar subtraction）
A * c	純量相乘（Scalar multiplication）
A / c	純量相除（Scalar division）
A + B	陣列相加（Array addition）
A .* B	陣列相乘（Array multiplication）
A ./ B	陣列右相除（Array right division）
A .\ B	陣列左相除（Array left division）
A .^ c c .^ A A .^ B	陣列次方（Array exponentiation）

例 如 在命令視窗(Command Window)中鍵入 g = [1,2,3,4;5,6,7,8;9,10,11,12]，按 [Enter]

```
>> g=[1,2,3,4;5,6,7,8;9,10,11,12]
g =
     1     2     3     4
     5     6     7     8
     9    10    11    12
fx >>
```

h = [1,1,1,1;2,2,2,2;3,3,3,3]，按 [Enter]

```
>> h=[1,1,1,1;2,2,2,2;3,3,3,3]
h =
     1     1     1     1
     2     2     2     2
     3     3     3     3
fx >>
```

例 如 陣列相加(Array addition)：鍵入 **g + h**，按 [Enter]

```
>> g+h
ans =
     2     3     4     5
     7     8     9    10
    12    13    14    15
fx >>
```

例 如 鍵入 **2*g-h**，按 [Enter]

```
>> 2*g-h
ans =
     1     3     5     7
     8    10    12    14
    15    17    19    21
fx >>
```

例 如 陣列相乘(Array multiplication)：鍵入 **g.*h**，按 [Enter]

```
>> g.*h
ans =
     1     2     3     4
    10    12    14    16
    27    30    33    36
fx >>
```

若是鍵入 **g*h**，按 [Enter]，將出現錯誤訊息

```
>> g*h
Error using *
Incorrect dimensions for matrix
multiplication. Check that the number of
columns in the first matrix matches the
number of rows in the second matrix. To
```

例 如 陣列右相除(Array right division)：鍵入 **g. / h**，按 [Enter]

```
>> g./h
ans =
    1.0000    2.0000    3.0000    4.0000
    2.5000    3.0000    3.5000    4.0000
    3.0000    3.3333    3.6667    4.0000
>>
```

例 如 陣列左相除(Array left division)：鍵入 **g. \ h**，按 [Enter]

```
>> g .\ h
ans =
    1.0000    0.5000    0.3333    0.2500
    0.4000    0.3333    0.2857    0.2500
    0.3333    0.3000    0.2727    0.2500
>>
```

例 如 陣列右相除但沒有點(dot)：鍵入 **g / h**，按 [Enter]

```
ans =
         0         0    0.8333
         0         0    2.1667
         0         0    3.5000
>>
```

```
>> g/h
Warning: Rank deficient, rank = 1, tol =
5.329071e-15.
```

或鍵入 h/g，按 **Enter**

```
ans =
   -0.1250         0    0.1250
   -0.2500         0    0.2500
   -0.3750         0    0.3750
>>
```

```
>> h/g
Warning: Rank deficient, rank = 2, tol =
1.875718e-14.
```

例 如 ▋ 陣列次方(Array exponentitation)：鍵入 **g.^2**，按 Enter

```
>> g.^2
ans =
      1      4      9     16
     25     36     49     64
     81    100    121    144
fx >>
```

若是鍵入 **g^2**，則出現錯誤訊息

```
>> g^2                                    ⊙
Error using ^ (line 51)
Incorrect dimensions for raising a matrix
to a power. Check that the matrix is
square and the power is a scalar. To
fx perform elementwise matrix powers, use
```

鍵入 **g.^-1**，按 Enter

```
>> g.^-1                                  ⊙
ans =
    1.0000    0.5000    0.3333    0.2500
    0.2000    0.1667    0.1429    0.1250
    0.1111    0.1000    0.0909    0.0833
fx >>
```

例 如 ▋ 鍵入 **2.^g**，按 Enter

```
>> 2.^g
ans =
        2         4         8        16
       32        64       128       256
      512      1024      2048      4096
fx >> |
```

例 如 ▋ 鍵入 **g.^h**，按 Enter

```
>> g.^h
ans =
        1         2         3         4
       25        36        49        64
      729      1000      1331      1728
fx >> |
```

3-4 標準陣列

標準陣列(Standard array)均由 0 與 1 所構成，常用語法有：

函數	描述

ones(n)	n by n array containing 1
	
	`>> ones(2)`
	`ans =`
	`    1    1`
	`    1    1`
	`fx >> |`

zeros(n)	n by n array containing 0
	
	`>> zeros(2)`
	`ans =`
	`    0    0`
	`    0    0`
	`fx >> |`

ones(r, c)	r by c array containing 1
	
	`>> ones(2,3)`
	`ans =`
	`    1    1    1`
	`    1    1    1`
	`fx >> |`

zeros(r, c)	r by c array containing 0
	
	`>> zeros(2,3)`
	`ans =`
	`    0    0    0`
	`    0    0    0`
	`fx >>`

使用命令視窗上的 fx 查詢標準陣列相關語法，結果顯示如下：

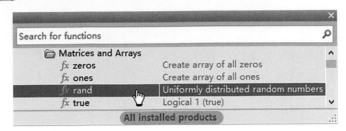

例 如　在命令視窗(Command Window)中鍵入 **ones(3)**，按 Enter

```
>> ones(3)
ans =
     1     1     1
     1     1     1
     1     1     1
fx >> |
```

例 如　鍵入 zeros(2, 5)，按 Enter

```
>> zeros(2, 5)
ans =
     0     0     0     0     0
     0     0     0     0     0
fx >>
```

例 如　鍵入 g=[1,2,3,4;5,6,7,8;9,10,11,12]，按 Enter

```
>> g=[1,2,3,4;5,6,7,8;9,10,11,12]
g =
      1     2     3     4
      5     6     7     8
      9    10    11    12
fx >>
```

輸入 size(g)，按 Enter

```
>> size(g)
ans =
      3     4
fx >>
```

鍵入 ones(size(g))、eye(size(g))，按 [Enter]

```
>> ones(size(g))
ans =
     1     1     1     1
     1     1     1     1
     1     1     1     1
fx >>
```

```
>> eye(size(g))
ans =
     1     0     0     0
     0     1     0     0
     0     0     1     0
fx >> |
```

random 與 diag

函數	描述

rand(n)	n by n array containing 介於 0~1 之間的亂數
	
	 `>> rand(2)`
	`ans =`
	`    0.8961    0.8840`
	`    0.5975    0.9437`
	`fx >> |`

rand(r,c)	r by c array containing 介於 0~1 之間的亂數
	
	 `>> rand(2,3)`
	`ans =`
	`    0.5768    0.4465    0.5212`
	`    0.0259    0.6463    0.3723`
	`fx >>`

randn(n)	n by n array containing 的亂數，包括負數
	
	 `>> randn(2)`
	`ans =`
	`    1.7710    2.7304`
	`    0.2213   -0.2962`
	`fx >> |`

randn(r,c)	r by c array containing 的亂數，包括負數
	
	 `>> randn(2,3)`
	`ans =`
	`    0.5643    2.7292   -0.7903`
	`    1.5826    0.3036    0.8034`
	`fx >>`

函數	描述

diag(a)	將 a 陣列值排在主 diagonal 上
	
	`>> diag(1:1)`
	`ans =`
	`    1`
	`fx >>`
	
	`ans =`
	`    1    0`
	`    0    2`
	`fx >>│`
	
	`>> diag(1:3)`
	`ans =`
	`    1    0    0`
	`    0    2    0`
	`    0    0    3`
	`fx >>`
	
	`>> diag(1:4)`
	`ans =`
	`    1    0    0    0`
	`    0    2    0    0`
	`    0    0    3    0`
	`    0    0    0    4`
	`fx >>`

diag(a,1)	在 diag(a) 陣列左方加上一行一列
	
	`>> diag(1:4,1)`
	`ans =`
	`    0    1    0    0    0`
	`    0    0    2    0    0`
	`    0    0    0    3    0`
	`    0    0    0    0    4`
	`    0    0    0    0    0`

diag(a,-2)	在 diag(a) 陣列往下壓二行二列
	
	`>> diag(1:4,-2)`
	`ans =`
	`    0    0    0    0    0    0`
	`    0    0    0    0    0    0`
	`    1    0    0    0    0    0`
	`    0    2    0    0    0    0`
	`    0    0    3    0    0    0`
	`    0    0    0    4    0    0`

例 如 在命令視窗(Command Window)中鍵入 **rand(3)**，按 Enter

```
>> rand(3)
ans =
    0.0721    0.9337    0.7567
    0.4067    0.8110    0.4170
    0.6669    0.4845    0.9718
fx >>
```

例 如 在命令視窗(Command Window)中鍵入 **rand(1, 5)**，按 Enter

```
>> rand(1, 5)
ans =
    0.7844    0.8828    0.9137    0.5583    0.5989
fx >> |
```

例 如 在命令視窗(Command Window)中鍵入 **randn(2)**，按 Enter

```
>> randn(2)
ans =
   -0.6327   -0.0754
    1.6120   -0.4732
fx >>
```

例 如 在命令視窗(Command Window)中鍵入 **randn(2, 5)**，按 Enter

```
>> randn(2, 5)
ans =
    2.1842    0.7163    0.4340   -1.0922   -0.4049
    0.8099   -1.0056    0.5201   -0.2258    0.5279
fx >>
```

例 如 在命令視窗(Command Window)中鍵入 **diag(2:4)**，按 Enter

```
>> diag(2:4)
ans =
    2    0    0
    0    3    0
    0    0    4
fx >>
```

接續鍵入 diag(2:4, 1)，按 [Enter]

```
>> diag(2:4, 1)
ans =
     0     2     0     0
     0     0     3     0
     0     0     0     4
     0     0     0     0
fx >> |
```

鍵入 diag(2:4, -2)，按 [Enter]

```
>> diag(2:4, -2)
ans =
     0     0     0     0     0
     0     0     0     0     0
     2     0     0     0     0
     0     3     0     0     0
     0     0     4     0     0
fx >>
```

3-5　陣列控制

使用命令視窗上的 **fx** 查詢陣列控制相關語法，結果顯示如下：選取 **reshape** 查詢

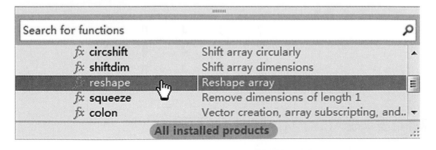

例如鍵入 A = [1, 2, 3; 4, 5, 6; 7, 8, 9]，按 [Enter]

```
>> A=[1, 2, 3; 4, 5, 6;7, 8, 9]
A =
     1     2     3
     4     5     6
     7     8     9
fx >>
```

將第三列、第三行的值改為 10：鍵入 **A(3, 3)=10**，按 [Enter]

```
>> A(3, 3)=10
A =
     1     2     3
     4     5     6
     7     8    10
fx >>
```

將第一列、第六行的值改為 1：鍵入 **A(1, 6)=1**，按 [Enter]

```
>> A(1, 6)=1
A =
     1     2     3     0     0     1
     4     5     6     0     0     0
     7     8    10     0     0     0
fx >>
```

將第四行的值均改為 4：鍵入 **A(:, 4)=4**，按 [Enter]（ :代表所有）

```
>> A(:, 4)=4
A =
     1     2     3     4     0     1
     4     5     6     4     0     0
     7     8    10     4     0     0
fx >>
```

當然，上述運算亦可表示成 A(:, 4)=[4; 4; 4]，按 [Enter]

```
>> A(:,4)=[4; 4; 4]
A =
     1     2     3     4     0     1
     4     5     6     4     0     0
     7     8    10     4     0     0
fx >>
```

重新鍵入 A = [1,2,3;4,5,6;7,8,9]，按 [Enter]；將列的次序顛倒，並設定給 B 陣列，鍵入 B = A(3:-1:1, 1:3)，按 [Enter]

```
>> A=[1,2,3;4,5,6;7,8,9];
>> B=A(3:-1:1, 1:3)
B =
     7     8     9
     4     5     6
     1     2     3
fx >> |
```

或將 3 改為 **end**

```
>> B=A(3:-1:1, 1:end)
B =
     7     8     9
     4     5     6
     1     2     3
fx >>
```

或將行的位置改為：

```
>> B=A(3:-1:1, :)
B =
     7     8     9
     4     5     6
     1     2     3
fx >>
```

例 如 將陣列 A，陣列 B 的第二行、第三行合成為陣列 C：鍵入 **C=[A B(: , [2 3])]**，按 [Enter]

```
>> C=[A B(: , [2 3])]
C =
     1     2     3     8     9
     4     5     6     5     6
     7     8     9     2     3
fx >> |
```

例 如 ： 將陣列 A 設定給只有一行數據的陣列 B：鍵入 **B = A(:)**，按 [Enter]

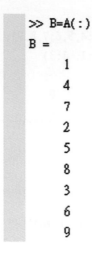

```
>> B=A(:)
B =
     1
     4
     7
     2
     5
     8
     3
     6
     9
```

轉換為一列數據的陣列 B：鍵入 **B = B.'**，按 [Enter]

```
>> B = B.'
B =
     1    4    7    2    5    8    3    6    9
fx >> |
```

或鍵入 B = reshape(A, 1, 9)，按 [Enter]

```
>> B=reshape(A, 1, 9)
B =
     1    4    7    2    5    8    3    6    9
fx >>
```

或鍵入 B = reshape(A, [1, 9])，按 [Enter]

```
>> B=reshape(A, [1, 9])
B =
     1    4    7    2    5    8    3    6    9
fx >>
```

3-6　陣列排序

使用命令視窗上的 fx 查詢陣列控制相關語法，結果顯示如下：選取 **sort** 查詢

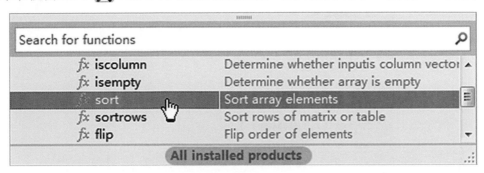

排序(sort)：一維或二維陣列，上升或下降排序

函數	描述
sort(x)	x 陣列從小至大排序
sort(A, dim)	x 陣列從小至大排序，針對特定的維度
sort(A, mode)	x 陣列從小至大排序，mode：預設'ascend'從小至大，'descend'從大至小

例 如 使用 **x=randperm(7)**：產生 1~7 的亂數

```
>> x=randperm(7)
x =
     1    4    5    6    3    7    2
fx >> |
```

使用 sort()語法：將亂數從小至大排序，鍵入 **x_sort=sort(x)**

```
>> x_sort=sort(x)
x_sort =
     1    2    3    4    5    6    7
fx >>
```

使用 sort()語法：除了將亂數從小至大排序，亦可顯示索引(index)，鍵入**[x_sort, x_index]=sort(x)**

```
>> [x_sort, x_index]=sort(x)
x_sort =
     1     2     3     4     5     6     7
x_index =
     1     7     5     2     3     4     6
fx >> |
```

如果要從大至小排序，使用 sort(x, 'descend')語法

```
>> sort(x, 'descend')
ans =
     7     6     5     4     3     2     1
fx >>
```

若不使用函式語法，只能將從小至大排序的結果再顛倒，鍵入 **x_sort_d=x_sort(end:-1:1)**

```
>> x_sort_d=x_sort(end:-1:1)
x_sort_d =
     7     6     5     4     3     2     1
fx >>
```

針對二維陣列，sort()同樣可以排序，但是動作有些不同；例如，產生一個 6 行、4 列陣列，其中元素均為 1~6 的亂數，鍵入 x=[randperm(6); randperm(6); randperm(6); randperm(6)]

```
>> x=[randperm(6); randperm(6); randperm(6); randperm(6)]
x =
     3     4     2     1     5     6
     2     6     5     4     3     1
     3     2     4     5     6     1
     2     3     4     1     5     6
fx >> |
```

使用 sort()語法排序，發現是行排序，而非行列皆排序，結果如下所示；鍵入 **[x_sort, x_index]=sort(x)**

```
>> [x_sort, x_index]=sort(x)
x_sort =
     2     2     2     1     3     1
     2     3     4     1     5     1
     3     4     4     4     5     6
     3     6     5     5     6     6
x_index =
     2     3     1     1     2     2
     4     4     3     4     1     3
     1     1     4     2     4     1
     3     2     2     3     3     4
```

3-7　陣列搜尋

搜尋(find)：一維或二維陣列，搜尋陣列中符合條件的索引(index)

函數	描述
`find(條件式)`	搜尋一維陣列中，符合條件的索引 index
`[i, j] = find(條件式)`	搜尋二維陣列中，符合條件的索引 index

例如 產生-3 ~ 3 的整數：鍵入 **x = -3:3**

```
>> x=-3:3
x =
    -3    -2    -1     0     1     2     3
fx >>
```

使用 find()語法：找出絕對值大於 1 的整數，回傳值為索引(index)，意即第一、第二、第六與第七個值符合條件；例如 **id = find(abs(x)>1)**

```
>> id=find(abs(x)>1)
id =
     1     2     6     7
fx >>
```

透過索引(index)，設定給另一變數 y；例如 **y = x(id)**

```
>> y=x(id)
y =
    -3    -2     2     3
fx >>
```

針對二**維陣列**，find()語法同樣可以搜尋符合條件的索引(index)。

例 如 產生 3 行 3 列的陣列，**x=[1,2,3;4,5,6;7,8,9]**，使用 find()語法搜尋，元素值大於 5 的索引值，例如**[i, j]=find(x>5)**

```
>> x=[1,2,3;4,5,6;7,8,9]
x =
     1     2     3
     4     5     6
     7     8     9
fx >> |
```

```
>> [i, j]=find(x>5);
>> i=i'
i =
     3     3     2     3
>> j=j'
j =
     1     2     3     3
```

● max()與 min()

最大(**max**)與最小(**min**)：一維或二維陣列，找出陣列中最大與最小值

函數	描述
`max(x)`	一維或二維陣列 x 中，找出最大值
`[mx, id] = max(x)`	一維或二維陣列 x 中，找出最大值與索引值
`min(x)`	一維或二維陣列 x 中，找出陣列中最小值
`[mn, id] = min(x)`	一維或二維陣列 x 中，找出陣列中最小值與索引值

使用命令視窗上的 **fx** 查詢 max()相關語法，結果顯示如下：

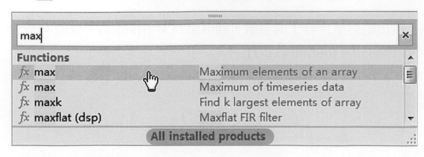

例如　產生 5 個亂數的列陣列，x = **rand(1, 5)**

```
>> x=rand(1, 5)
x =
    0.7223    0.4001    0.8319    0.1343    0.0605
fx >>
```

回傳最大值：使用 **max(x)**語法

```
>> max(x)
ans =
    0.8319
fx >> |
```

或回傳最大值與索引值：id = 3，表示第四個亂數值最大；例如**[mx, id]= max(x)**

```
>> [mx, id]=max(x)
mx =
    0.8319
id =
    3
fx >> |
```

若是回傳最小值：**min(x)**

```
>> min(x)
ans =
    0.0605
fx >>
```

或回傳最小值與索引值：id = 5，表示第五個亂數值最小；例如**[mx, id]= min(x)**

```
>> [mx, id]=min(x)
mx =
    0.0605
id =
    5
fx >> |
```

例 如 ▆ 產生 5 行、4 列亂數的陣列，**x = rand(4, 5)**

```
>> x=rand(4, 5)
x =
    0.0842    0.0117    0.6311    0.9969    0.4300
    0.1639    0.5399    0.8593    0.5535    0.4918
    0.3242    0.0954    0.9742    0.5155    0.0710
    0.3017    0.1465    0.5708    0.3307    0.8877
fx >> |
```

回傳最大值與索引值：由輸出結果可知，回傳值為行最大與索引；例如**[mx, id]=max(x)**

```
>> [mx, id]=max(x)
mx =
    0.3242    0.5399    0.9742    0.9969    0.8877
id =
      3       2       3       1       4
fx >>
```

若是回傳最小值與索引值：例如[mx, id]= min(x)

```
>> [mx, id]=min(x)
mx =
    0.0842    0.0117    0.5708    0.3307    0.0710
id =
      1       1       4       4       3
fx >>
```

3-8　陣列控制函數

　　MATLAB 有提供陣列的控制函數，可以實作一般的陣列控制，這些操作控制有別於前述內容中，所介紹過的陣列產生與控制語法，值得參考使用。

函數	描述

flipud(x)	將 x 陣列，上下方向顛倒
	
	`>> x=[1,-2;3,4]`
	`x =`
	`     1    -2`
	`     3     4`
	`fx >> |`
	
	`>> flipud(x)`
	`ans =`
	`     3     4`
	`     1    -2`
	`fx >> |`

fliplr(x)	將 x 陣列，左右方向顛倒
	
	`>> fliplr(x)`
	`ans =`
	`    -2     1`
	`     4     3`
	`fx >>`

rot90(x)	將 x 陣列，逆時針旋轉 90 度
	
	`>> rot90(x)`
	`ans =`
	`    -2     4`
	`     1     3`
	`fx >> |`

函數	描述

`rot90(x, 2)`	將 x 陣列，逆時針旋轉 2×90 度
	
	`>> rot90(x, 2)`
	`ans =`
	　　　　4　　　3
	　　　-2　　　1
	
	_fx_ `>>`

`reshape(x, n, m)`	將 x 陣列重新排列成 n 列、m 行，以行方式

`diag(x)`	顯示 x 陣列的對角線
	
	`>> diag(x)`
	`ans =`
	　　　　1
	　　　　4
	
	_fx_ `>>`

`triu(x)`	顯示 x 陣列的右上部，其餘設定為 0
	
	`>> triu(x)`
	`ans =`
	　　　　1　　　-2
	　　　　0　　　　4
	
	_fx_ `>>` |

`tril(x)`	顯示 x 陣列的左下部，其餘設定為 0
	
	`>> tril(x)`
	`ans =`
	　　　　1　　　　0
	　　　　3　　　　4
	
	_fx_ `>>` |

`knor(x, y)`	顯示 x 陣列的各元素乘上 y 陣列

`repmat(x, [n, n])`	顯示 x 陣列，重複為 n 列、n 行
	
	`>> repmat(x, [2, 2])`
	`ans =`
	　　　1　　-2　　　1　　-2
	　　　3　　　4　　　3　　　4
	　　　1　　-2　　　1　　-2
	　　　3　　　4　　　3　　　4
	
	_fx_ `>>`

例 如　產生 3 行、3 列的陣列 x = [1, 2, 3; 4, 5, 6; 7, 8, 9]

```
>> x=[1,2,3;4,5,6;7,8,9]
x =
     1     2     3
     4     5     6
     7     8     9
fx >>
```

使用 flipud(x)語法：將 x 陣列，上下方向顛倒

```
>> flipud(x)
ans =
     7     8     9
     4     5     6
     1     2     3
fx >>
```

使用 fliplr(x)語法：將 x 陣列，左右方向顛倒

```
>> fliplr(x)
ans =
     3     2     1
     6     5     4
     9     8     7
fx >> |
```

使用 rot90(x)語法：將 x 陣列，逆時針旋轉 90 度

```
>> rot90(x)
ans =
     3     6     9
     2     5     8
     1     4     7
fx >> |
```

使用 rot90(x, 3)語法：將 x 陣列，逆時針旋轉 3*90 度

```
>> rot90(x,3)
ans =
     7     4     1
     8     5     2
     9     6     3
fx >>
```

例 如 ▌ 使用 reshape()語法，將 y = 1：10 陣列，重新排列成 2 列、5 行 reshape(y, 2, 5)

```
>> y=1:10;
>> reshape(y, 2, 5)
ans =
     1     3     5     7     9
     2     4     6     8    10
fx >>
```

使用 diag(x)語法：顯示 x 陣列的對角線元素

```
>> diag(x)
ans =
     1
     5
     9
fx >>
```

再以 diag(ans)顯示

```
>> diag(ans)
ans =
     1     0     0
     0     5     0
     0     0     9
fx >>
```

使用 triu(x)語法：顯示 x 陣列的右上部，其餘設定為 0

```
>> triu(x)
ans =
     1     2     3
     0     5     6
     0     0     9
fx >>
```

使用 tril(x)語法：顯示 x 陣列的左下部，其餘設定為 0

```
>> tril(x)
ans =
     1     0     0
     4     5     0
     7     8     9
fx >>
```

使用 kron(x, y)語法：顯示 x 陣列的各元素乘上 y 陣列，重新設定 x = [1, 2; 3, 4]，
y = [1, 0; 0, -1]

```
>> x=[1,2;3,4];   y=[1,0;0,-1];
>> kron(x, y)
ans =
     1     0     2     0
     0    -1     0    -2
     3     0     4     0
     0    -3     0    -4
fx >> |
```

或表示成[x(1,1)*y, x(1,2)*y; x(2,1)*y, x(2,2)*y]

```
>> [x(1,1)*y, x(1,2)*y; x(2,1)*y, x(2,2)*y]
ans =
     1     0     2     0
     0    -1     0    -2
     3     0     4     0
     0    -3     0    -4
```

最後，說明 repmat(x, [1, 3])語法：

```
>> repmat(x, [1, 3])
ans =
     1     2     1     2     1     2
     3     4     3     4     3     4
fx >> |
```

或表示成

```
>> [x, x, x]
ans =
     1     2     1     2     1     2
     3     4     3     4     3     4
fx >> |
```

習題

1. 查詢 ndgrid()與 meshgrid()語法，並測試有何不同？

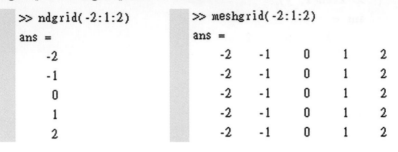

```
>> ndgrid(-2:1:2)        >> meshgrid(-2:1:2)
ans =                    ans =
    -2                         -2    -1     0     1     2
    -1                         -2    -1     0     1     2
     0                         -2    -1     0     1     2
     1                         -2    -1     0     1     2
     2                         -2    -1     0     1     2
```

```
>> ndgrid(-2:1:2, -2:1:2)            >> meshgrid(-2:1:2, -2:1:2)
ans =                                ans =
   -2   -2   -2   -2   -2               -2   -1    0    1    2
   -1   -1   -1   -1   -1               -2   -1    0    1    2
    0    0    0    0    0               -2   -1    0    1    2
    1    1    1    1    1               -2   -1    0    1    2
    2    2    2    2    2               -2   -1    0    1    2
```

2. 查詢最大陣列維度長度的函數語法並測試。

```
>> a = 1:10;            >> v = zeros(4, 6);
>> length(a)           >> length(v)
ans =                  ans =
    10                      6
```

3. 查詢陣列大小的函數語法並測試。

```
>> a = rand(4, 5);
>> size(a)
ans =
    4     5
```

4. 查詢陣列維度大小的函數語法並測試。

```
>> a = rand(3, 4);     >> a = rand(1, 7);
>> ndims(a)            >> ndims(a)
ans =                  ans =
    2                      2
```

5. 查詢陣列元素個數的函數語法並測試。

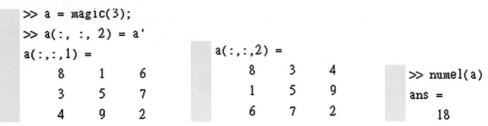

```
>> a = magic(3);
>> a(:, :, 2) = a'
a(:,:,1) =
     8     1     6
     3     5     7
     4     9     2
```

```
a(:,:,2) =
     8     3     4
     1     5     9
     6     7     2
```

```
>> numel(a)
ans =
    18
```

6. 查詢是否為向量的函數語法並測試。

```
>> a = randn(2);
>> isvector(a)
ans =
  logical
   0
```

```
>> b = rand(1, 5);
>> isvector(b)
ans =
  logical
   1
```

7. 查詢是否為矩陣的函數語法並測試。

```
>> a = rand(3);
>> ismatrix(a)
ans =
  logical
   1
```

```
>> b = rands(1, 4);
>> ismatrix(b)
ans =
  logical
   1
```

```
>> c = zeros(2,3,2);
>> ismatrix(c)
ans =
  logical
   0
```

8. 查詢是否為列向量、行向量的函數語法並測試。

```
>> a
a =
    0.1280    0.0326    0.6692
    0.9991    0.5612    0.1904
    0.1711    0.8819    0.3689
```

```
>> isrow(a)
ans =
  logical
   0
```

```
>> b
b =
    0.2895   -0.2475   -0.6182   -0.1435
```

```
>> isrow(b)
ans =
  logical
   1
```

9. 查詢陣列元素排序、矩陣或表格行(column)排序的函數語法，並測試有何異同？

```
>> a = fix(rand(3)*10)          >> sort(a)
a =                             ans =
     2     4     9                   2     4     6
     4     8     6                   4     5     9
     5     5     9                   5     8     9

>> sortrows(a)                  >> sortrows(a, 2)
ans =                           ans =
     2     4     9                   2     4     9
     4     8     6                   5     5     9
     5     5     9                   4     8     6
```

10. 查詢轉置向量或矩陣的函數語法並測試。

```
>> a = fix(rand(3)*10)          >> transpose(a)
a =                             ans =
     6     6     8                   6     7     3
     7     4     2                   6     4     8
     3     8     6                   8     2     6
```

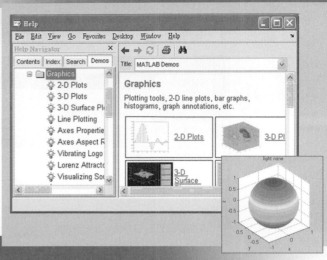

Chapter **4**

關係與邏輯運算

學習重點

研習完本章,將學會

1. M 檔案
2. 有用的函數
3. 關係運算
4. 邏輯運算
5. 函數

4-1　M 檔案

　　變數較少或簡單的問題,直接在**命令視窗(Command Window)**命令視窗中鍵入執行,是快速且有效率的;然而,當變數逐漸增加,問題越來越複雜時,直接鍵入執行的方式將變得非常繁瑣,因此,撰寫簡單的 Script 文字檔,以檔案執行的方式,將是爾後學習 **MATLAB** 的主要方法之一。呼叫使用編輯**(Editor)**視窗,可以按**[New Script]**,如下圖所示:

結果出現一**編輯(Editor)**視窗，這就是撰寫與修改 Script 文字檔的地方：

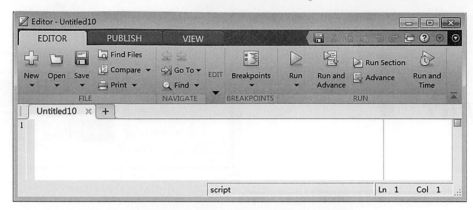

現在以 **c1 = 1-2i** 為例，鍵入後加上分號(若不加分號，會直接顯示 c1 的數值)

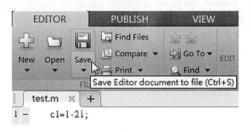

以 test 為檔名儲存

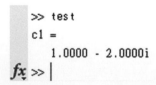

按 ▶，命令視窗(Command Window)中出現 c1 的數值

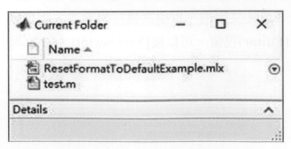

回命令視窗(Command Window)，鍵入 test 後，結果一樣；按 ✕ 關閉編輯視窗。現在現行的資料夾已經有一 test.m 檔案，從 **Current Directory** 視窗可以很快找到，如下圖所示：

此時可以雙按打開檔案，或按滑鼠右鍵，選按 Open ，或按快速鍵 Enter

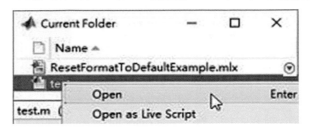

或直接選按執行 Run 。

4-2　有用的函數

常用語法有：

➤ **beep**：電腦發聲。

➤ **input**：輸入。

命令視窗中按 𝑓𝑥 查詢 input()函式的語法，輸入關鍵字 input，系統自動顯示查詢結果如下：

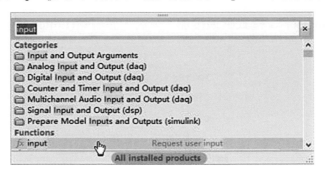

滑數點按如下圖所示：

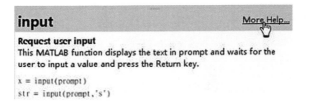

滑鼠點按 More Help... 查看說明與範例；例如使用 input()語法設定 c1 = 3 + 4i

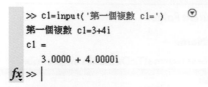

> **disp()**：顯示數值。命令視窗中按 ***fx*** 查詢 disp()函式的語法

延續前述 input()函式輸入 c1，現在使用 **disp()**語法顯示數值

```
>> disp(c1)
    1.0000 - 2.0000i
fx >>
```

> **echo on**：顯示 script 內容；程式碼最後加上分號，於編輯(Editor)視窗中按 ▶ 執行，結果
如下圖所示

```
>> test
c1=1-2i
c1 =
    1.0000 - 2.0000i
fx >> |
```

從輸出結果可以明顯看到 echo on 的效果，這種功能在除錯與顯示上特別有用。

> **echo off**：關閉 script 內容

```
>> c1=1-2i;
>> echo off
fx >>
```

於編輯(Editor)視窗中按 ▶ 執行，其中注意命令視窗上不再有任何文字顯示。

➤ **pause()**：暫停或暫停 n 秒，直到使用者按鍵。例如延續檔案 test，編輯(Editor)視窗中修改程式碼如下所示：

```
test.m  ×  +
1 -      c1=1-2i;
2 -      pause(3);
3 -      disp(c1);
```

按 ▶ 執行，其中注意必須等待 3 秒才會顯示數值的現象。

➤ **waitforbuttonpress**：等待使用者按鍵或滑鼠鍵

由查詢可知，系統偵測到滑鼠鍵按下，回傳值等於 0。若是系統偵測到按鍵，則回傳值等於 1；例如延續檔案 test，編輯(Editor)視窗中修改程式碼如下所示：

```
1 -    c1=1-2i;       c2=3+4i;
2 -    w=waitforbuttonpress;
3 -    if w==0
4 -        disp('Button click');    disp(c1);
5 -    else
6 -        disp('Key press');    disp(c2);
7 -    end
```

其中行號 1 設定兩複數 c1、c2，行號 2 設定回傳值給變數 w，行號 3~7 為 if~else 雙判斷選擇語法，意即判斷回傳值 w 若等於 0，執行行號 4 的敘述：顯示 Button click 字樣，以及複數 c1 數值，行號 5 若回傳值 w 不等於 0，執行行號 6 的敘述：顯示 Key click 字樣，以及複數 c2 數值。

範例 **1**　c3 = c1×c2，輸入 c1 與 c2，再顯示 c3 之　(a)大小　(b)相位角　(c)實數部分　(d)虛數部分

MatLab　以 ☞ Editor 撰寫，並命名為 myfirst1

```
1.  %   script M-files myfirst1
2.  c1 = input('第一個複數 c1 = ');
3.  c2 = input('第二個複數 c2 = ');
4.  disp('c3 = c1*c2 =');
5.  c3 = c1*c2;
6.  disp(c3);
7.  disp('c3 絕對值 = ');
```

```
8.  disp(abs(c3));
9.  disp('c3 相位角 = ');
10. disp(angle(c3)*180/pi);
11. disp('c3 實數部分 = ');
12. disp(real(c3));
13. disp('c3 虛數部分 = ');
14. disp(imag(c3));
```

附書光碟處理：複製並貼上在所期望放置的資料夾中，如下所示：

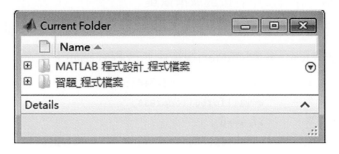

MATLAB 主系統視窗中，滑鼠點按工具列 📂 打開檔案，選按 ▢ **MATLAB 程式設計_程式檔案**，在檔案名稱欄位中輸入任何字母時，以此字母開揩的檔案就會表列顯示，輸入 myf 之後，直接滑鼠點按，或移動鍵盤 ⬆，將檔案 myfirst1.m 送入，按 **開啟舊檔(O)**。

▶ 執行結果　在編輯(Editor)視窗中，按工具列 ToolBar 的 ▷ 圖示，或回命令視窗(Command Window)，鍵入檔名：myfirst1；鍵入檔名之前，先在 Current Directory 視窗中，雙按 ▢ **MATLAB 程式設計_程式檔案** 資料夾，切換檔案執行路徑。

或在 Current Directory 視窗中，滑鼠右鍵按 myfirst1，選擇 Run (快速鍵 F9)，結果：

4-3　關係運算

MATLAB 的關係運算子，如下表所示，其中 0 代表僞，1 代表眞

函數	描述

<	小於：鍵入 a=3.2<2.3，輸出為 0
	
	``
	>> format compact
	>> a=3.2<2.3
	a =
	   logical
	     0
	fx >>
	``
	
	其中 a 為變數

<=	小於或等於：鍵入 a=-3.2<=2.3，輸出為 1
	
	``
	>> a=-3.2<=2.3
	a =
	   logical
	     1
	fx >> |
	``

函數	描述
>	大於：鍵入 a=3.2>2.3，輸出為 1 ```\n>> a=3.2>2.3\na =\n logical\n 1\n```
>=	大於或等於：鍵入 a=-3.2>=2.3，輸出為 0 ```\n>> a=-3.2>=2.3\na =\n logical\n 0\nfx >>\n```

==	等於：鍵入 a=-3.2==2.3，輸出為 0
	
	```\n>> a=-3.2==2.3\na =\n logical\n 0\nfx >> |\n```
	
	雙等號是關係運算時使用，若是使用單等號會產生錯誤
	
	```\n>> a=-3.2=2.3 ⊙\n a=-3.2=2.3\n ↑\nError: Incorrect use of\n'=' operator. To assign\n```

~=	不等於：鍵入 a=-3.2~=2.3，輸出為 1 ```\n>> a=-3.2~=2.3\na =\n logical\n 1\nfx >>\n```

例如，產生一陣列 x = [1, 2, 3; 4, 5, 6; 7, 8, 9]

```
>> x=[1,2,3;4,5,6;7,8,9]
x =
     1     2     3
     4     5     6
     7     8     9
fx >> |
```

令 y =(x >= 4)，結果如下圖所示，>= 4 者，顯示 1，其餘顯示 0

```
>> y =( x >= 4)
y =
  3×3 logical array
   0   0   0
   1   1   1
   1   1   1
fx >> |
```

查詢 input()語法：

```
>> help input                                              ⊙
 input  Prompt for user input.
    RESULT = input(PROMPT) displays the PROMPT string on the s(
    for input from the keyboard, evaluates any expressions in
fx  and returns the value in RESULT. To evaluate expressions,
```

查詢 if 語法：

```
if expression
   statements
ELSEIF expression
   statements
ELSE
   statements
fx END
```

查詢 fprintf()語法：

```
x = 0:.1:1;
y = [x; exp(x)];
fid = fopen('exp.txt','w');
fprintf(fid,'%6.2f  %12.8f\n',y);
fx fclose(fid);
```

範 例 **2** 兩數比大小：使用 input、if 與 fprintf 語法，輸入兩變數，決定何者最大、最小

```
>> TwoVariableMaxMin
第一個變數 no1 = 2.3
第二個變數 no2 = 3.2
最大 ： 3.20
最小 ： 2.30
fx >> |
```

MatLab 檔名 TwoVariableMaxMin：修改部分原程式碼

```
1.  % input two variables
2.    no1 = input('第一個變數 no1 = ');
3.    no2 = input('第二個變數 no2 = ');
4.  % 比大小
5.  if no1 >= no2
6.     fprintf('最大 ： %5.2f\n', no1);
7.     fprintf('最小 ： %5.2f\n', no2);
8.  else
9.     fprintf('最大 ： %5.2f\n', no2);
10.    fprintf('最小 ： %5.2f\n', no1');
11. end
```

行號 **1**：%為註解符號

行號 **2~3**：使用 input()語法輸入變數 no1 與 no2

行號 **5~11**：使用 if~else~end 語法判斷兩變數何者最大，何者最小；如果變數 no1 大於等於 no2 (行號 5)，執行 fprintf 何者最大與最小(行號 6~7)

▶ 執行結果　在編輯(Editor)視窗中，按 ToolBar ▷，回命令視窗(Command Window)，鍵入檔名：TwoVariableMaxMin，或在 Current Directory 視窗中，滑鼠右鍵按 Two VariableMaxMin，選擇 Run ，結果如題目欄中所示。

4-4　邏輯運算

MATLAB 的邏輯運算子，主要有：

and：&

or：|

not：~

xor：

各邏輯運算子的簡單範例說明，如下表所示：

函數	描述

&	& : and
	
	`>> a=0;`
	`>> b=1;`
	`>> a & b`
	`ans =`
	　　logical
	　　0

|	| : or
	
	`>> a | b`
	`ans =`
	　　logical
	　　1
	_fx_ `>>`

~	~ : not
	
	`>> ~a`
	`ans =`
	　　logical
	　　1
	_fx_ `>> |`

在命令視窗中按 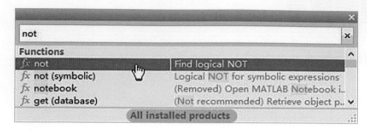 查詢邏輯運算子：

例如，產生一陣列 x=[1,2,3;4,5,6;7,8,9]

```
>> x=[1,2,3;4,5,6;7,8,9]
x =
     1     2     3
     4     5     6
     7     8     9
fx >>
```

令 **y = (x >= 4)**，結果如下圖所示，**>=4** 者，顯示 **1**，其餘顯示 **0**

```
>> y = (x >= 4)
y =
  3×3 logical array
  0   0   0
  1   1   1
  1   1   1
fx >> |
```

令 **z = ~(x >= 4)**，結果如下圖所示

```
>> z = ~(x >= 4)
z =
  3×3 logical array
  1   1   1
  0   0   0
  0   0   0
fx >>
```

或令 **z = (x > 2) & (x < 6)**，結果如下圖所示

```
>> z = (x > 2) & (x < 6)
z =
  3×3 logical array
  0   0   1
  1   1   0
  0   0   0
fx >> |
```

邏輯運算通常是配合控制流程 if 使用，此學習單元在下一章詳述。

範例 **3** 大樂透 49 取 6：使用 round()，rand()語法取亂數，亂數決定六個樂透號碼，但是六個號碼不得重複

```
>> lotto
       4    36    14    21    27    46
fx >>
```

MatLab 檔名 lotto：使用&處理號碼不重覆的要求

```
1.   clear;
2.   x1 = round(rand*48)+1;              % 亂數取值 ： 49 取 6
3.   x2 = round(rand*48)+1;
4.   x3 = round(rand*48)+1;
5.   x4 = round(rand*48)+1;
6.   x5 = round(rand*48)+1;
7.   x6 = round(rand*48)+1;
8.      x = [x1 x2 x3 x4 x5 x6];         % 六個號碼合成列陣列
9.   if(x1~=x2)&&(x1~=x3)&&(x1~=x4)&&(x1~=x5)&&(x1~=x6)&&...
10.  (x2~=x3)&&(x2~=x4)&&(x2~=x5)&&(x2~=x6)&&...
11.  (x3~=x4)&&(x3~=x5)&&(x3~=x6)&&...
12.  (x4~=x5)&&(x4~=x6)&&...
13.  (x5~=x6)
14.  disp(x);                           % 於 Command Window 中顯示
15.  end
```

行號 2~7：亂數取值，範圍 1~49

行號 8：六個號碼合成列陣列

行號 9~13：if~end 語法判斷兩變數是否重複，因為號碼不能重複，故使用&語法(&&與&語法有何不同)

▶ 執行結果 在編輯(Editor)視窗中，按 ToolBar ▶，回命令視窗(Command Window)，鍵入檔名：lotto，或在 Current Directory 視窗中，滑鼠右鍵按 lotto，選擇 Run ，結果：

```
>> lotto
      21    48    15    35    33    27
fx >>
```

請自行練習修改程式碼，讓程式可以自動顯示 x 的六個數值。自行以 help 查詢 line()的語法，以備後用。

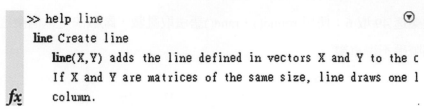

```
>> help line
line Create line
    line(X,Y) adds the line defined in vectors X and Y to the c
    If X and Y are matrices of the same size, line draws one l
    column.
```

範 例 4 使用 line()語法畫線，並亂數決定兩變數，其值非 0 即 1。若

(1) 其值為(1, 1)：前者控制線寬 5~10，後者亂數控制顏色

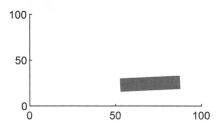

(2) 其值為(1, 0)：前者控制線寬 5~10，後者控制顏色為紅色

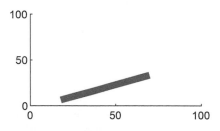

(3) 其值為(0, 1)：前者控制線寬為 1，後者亂數控制顏色

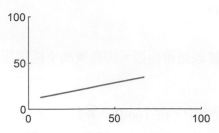

(4)　其值為(0, 0)：前者控制線寬為 1，後者控制顏色為紅色

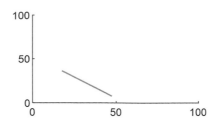

| MatLab | 檔名：LogicLine，程式碼：(原程式碼的&已經更改為&&)

```
1.  clear;                              % 清除
2.  clf;                                % 清除圖形
3.      x1 = rand(1)*100;               % 0~100 取亂數
4.      y1 = rand(1)*50;                % 0~50 取亂數
5.      x2 = rand(1)*100;               % 0~100 取亂數
6.      y2 = rand(1)*50;                % 0~50 取亂數
7.      x = [x1, x2];                   % 點座標值
8.      y = [y1, y2];
9.  % 檢查值：非 0 即 1
10.     checkno1 = round(rand);
11.     checkno2 = round(rand);
12. % 固定座標範圍大小
13.     axis([0, 100, 0, 100]);
14. % 兩點連線：亦可使用 plot
15. if checkno1==1 && checkno2==1
16.    line(x, y, 'LineWidth', round(rand*5)+5, 'Color', [rand, rand, rand]);
17. end
18. if checkno1==1 && checkno2==0
19.    line(x, y, 'LineWidth', round(rand*5)+5, 'Color',[1, 0, 0]);
20. end
21. if checkno1==0 && checkno2==1
22.    line(x, y, 'LineWidth', 1, 'Color',[rand, rand, rand]);
23. end
24. if checkno1==0 && checkno2==0
25.    line(x, y, 'LineWidth', 1, 'Color',[1, 0, 0]);
26. end
```

行號 3~6：亂數取值，範圍 0~100

行號 7~8：合成點座標值之列陣列

行號 10~11：亂數檢查值，非 0 即 1

行號 15~17：if~end 單一判斷語法，意即若變數 checkno1 與 checkno2 皆等於 1，就執行行號
16 的敘述，其中 round()為取整數的動作，rand 為亂數

▶ 執行結果　在編輯(Editor)視窗中，按 ToolBar ▣，或按快速鍵 F5，或在命令視窗鍵入
LogicLine，結果：

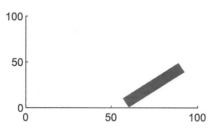

◉ 練習　三數比大小：使用 input()、if 與 fprintf()語法，輸入三變數，決定何者最大、最小

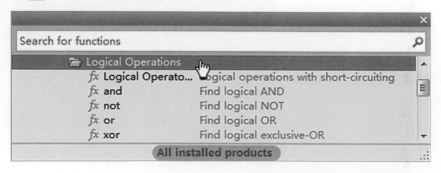

```
>> TripleVariableMaxMin
第一個變數 no1 = 2.3
第二個變數 no2 = 3.2
第三個變數 no3 = -5.6
最大為    3.20
最小為   -5.60
fx >>
```

4-5 函數

MATLAB 的關係與邏輯函數，除了上述所介紹的常用函數外，其餘函數的簡單說明如下；
在命令視窗中按 fx，查詢所有的邏輯運算子，結果為

Search for functions	🔍
📁 Logical Operations	
fx Logical Operato...	Logical operations with short-circuiting
fx and	Find logical AND
fx not	Find logical NOT
fx or	Find logical OR
fx xor	Find logical exclusive-OR
All installed products	

函數	描述

all(x)	逐行檢查陣列 x，全部不為零元素，回傳 True=1
	
	`>> x=[0,1,2;3,0,4;5,6,0]`
	`x =`
	`    0    1    2`
	`    3    0    4`
	`    5    6    0`
	
	`>> all(x)`
	`ans =`
	`  1×3 logical array`
	`   0   0   0`
	`fx >>`

any(x)	逐行檢查陣列 x，有不為零元素，回傳 True=1
	
	`>> any(x)`
	`ans =`
	`  1×3 logical array`
	`   1   1   1`
	`fx >>`

find(x)	檢查陣列 x，有不為零元素的位置
	
	`>> find(x)`
	`ans =`
	`     2`
	`     3`
	`     4`
	`     6`
	`     7`
	`     8`

isfinite(y)	檢查陣列 y，元素值是否為有限值
	
	`>> y=[inf,2,3;4,nan,6;7,8,0]`
	`y =`
	`   Inf     2     3`
	`     4   NaN     6`
	`     7     8     0`
	`fx >>`
	
	`>> isfinite(y)`
	`ans =`
	`  3×3 logical array`
	`   0   1   1`
	`   1   0   1`
	`   1   1   1`
	`fx >>`

函數	描述

isinf(y)	檢查陣列 y，元素值是否為無限值
	
	``
	>> A(:,4)=[4; 4; 4]
	A =
	     1 2 3 4 0 1
	     4 5 6 4 0 0
	     7 8 10 4 0 0
	fx >>
	``

isnan(y)	檢查陣列 y，元素值是否為非數值
	
	``
	>> isnan(y)
	ans =
	  3×3 logical array
	   0 0 0
	   0 1 0
	   0 0 0
	fx >>
	``

isnumeric(y)	檢查陣列 y，元素值是否為數據
	
	``
	>> isnumeric(y)
	ans =
	  logical
	   1
	fx >> |
	``

isempty(y)	檢查陣列 y，元素值是否為空陣列
	
	``
	>> isempty(y)
	ans =
	  logical
	   0
	fx >> |
	``

isstr(z)	檢查陣列 z，元素值是否為字串陣列
	
	``
	>> z='string'
	z =
	    'string'
	>> isstr(z)
	ans =
	  logical
	   1
	fx >> |
	``

習題

1. 查詢等於、不等於的函數語法，並測試

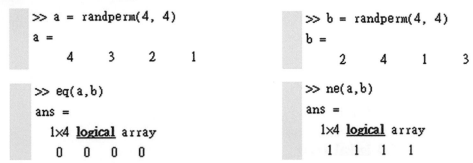

```
>> a = randperm(4, 4)
a =
      4     3     2     1

>> eq(a,b)
ans =
  1×4 logical array
    0    0    0    0
```

```
>> b = randperm(4, 4)
b =
      2     4     1     3

>> ne(a,b)
ans =
  1×4 logical array
    1    1    1    1
```

2. 查詢大於等於、大於的函數語法，並測試

```
>> ge(a,b)
ans =
  1×4 logical array
    1    0    1    0
```

```
>> gt(a,b)
ans =
  1×4 logical array
    1    0    1    0
```

3. 查詢小於等於、小於的函數語法，並測試

```
>> le(a,b)
ans =
  1×4 logical array
    0    1    0    1
```

```
>> lt(a,b)
ans =
  1×4 logical array
    0    1    0    1
```

4. 查詢及閘的函數語法，並測試

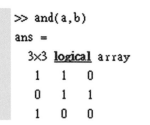

```
>> a = [5 7 0; 0 2 9; 5 0 0]
a =
      5     7     0
      0     2     9
      5     0     0
```

```
>> b = [6 6 0; 1 3 5; -1 0 0]
b =
      6     6     0
      1     3     5
     -1     0     0
```

```
>> and(a,b)
ans =
  3×3 logical array
    1    1    0
    0    1    1
    1    0    0
```

5. 查詢或閘的函數語法，並測試

```
>> or(a,b)
ans =
  3×3 logical array
   1   1   0
   1   1   1
   1   0   0
```

6. 查詢互斥或閘的函數語法，並測試

```
>> xor(a,b)
ans =
  3×3 logical array
   0   0   0
   1   0   0
   0   0   0
```

7. 查詢是否符合邏輯運算的函數語法，並測試

```
>> islogical(5>7)          >> islogical(5)
ans =                      ans =
  logical                    logical
   1                          0
```

8. 查詢可將數值轉換成邏輯表示的函數語法，並測試

```
                                    >> logical(mod(a,2))
>> a = [1 -3 2;5 4 7;-8 1 3]        ans =
a =                                   3×3 logical array
   1   -3    2                         1   1   0
   5    4    7                         1   0   1
  -8    1    3                         0   1   1
```

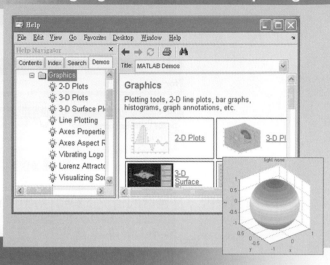

Chapter 5

控制流程

學習重點

研習完本章，將學會

1. for 迴圈
2. while 迴圈
3. if
4. switch~case

5-1　for 迴圈

重複執行命令的敘述，語法可以簡單表示爲

```
for x = array
        敘述
end
```

使用 fx 查詢詳細的語法說明：

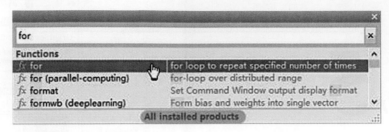

例如，陣列變數 x 是遞增的情況：x = 1(初始值) : 1(步進值) : 10(終止值)

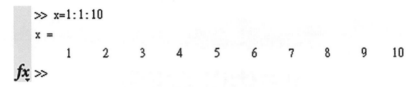

由此遞增方式，套用 for 迴圈語法計算累加值 1 + 2 + 3 +…+ 10

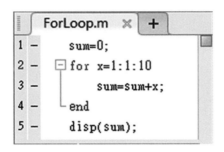

行號 1：設定初始值等於 0

行號 2~4：for 迴圈語法，首先設定陣列值 x 從 1 到 10，步進值為 1(行號 2)，然後累加處理(行號 3)

行號 5：使用 disp()語法顯示累加值

　　在 Editor 視窗撰寫上述語法，另存新檔於欲存檔的位置，按 $\blacktriangleright$ 執行，因非預設路徑，MATLAB 會有詢問動作：例如切換到 MATLAB 程式設計_程式檔案 資料夾為例：

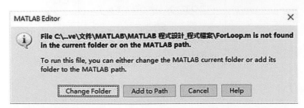

按 `Change Directory` ，結果在命令視窗(Command Window)上顯示 55

```
>> ForLoop
    55
fx >>
```

又例如陣列變數 x 是遞減的情況：**x=10:-1:1**

```
>> x=10:-1:1
x =
    10    9    8    7    6    5    4    3    2    1
fx >>
```

由此遞減方式，套用 for 迴圈語法計算各數值的平方值

```
1 -    clear;
2 -    for x=10:-1:1
3 -        y(x) = x^2;
4 -    end
5 -    disp(y);
```

複製上述語法後，在命令視窗(Command Window)執行，結果為

```
>> ForLoop2
     1    4    9    16    25    36    49    64    81    100
fx >>
```

再例如迴圈變數設定是陣列的情況

```
1 -    array = randperm(10);
2 -    for x = array
3 -        y(x) = x^2;
4 -    end
5 -    disp(array);        disp(y);
```

複製上述語法後，在命令視窗(Command Window)執行，結果為

```
>> ForLoop3
     6    4    2    5    10    9    7    8    3    1
     1    4    9    16    25    36    49    64    81    100
fx >>
```

Nest Loop

如同其他程式語言，for 迴圈當然可以多層結構，例如雙 for 迴圈語法

```
for j = 1:9
    for i = 1:9
        y(i,j) = i * j;
    end
end
    y
```

複製上述語法後，在命令視窗(Command Window)測試執行後，在 Editor 視窗撰寫上述語法，另存新檔(可任意欲存檔的位置)

```
1 -    clear;        % 清除變數
2 -  ┌ for j=1:9    % 外for迴圈
3 -  │   for i=1:9     %內for迴圈
4 -  │       y(i,j)=i*j;
5 -  │   end
6 -  └ end
7 -    disp(y);      % 顯示
```

回命令視窗(Command Window)視窗，鍵入 NestLoop，按 Enter

```
>> NestLoop
   1    2    3    4    5    6    7    8    9
   2    4    6    8   10   12   14   16   18
   3    6    9   12   15   18   21   24   27
   4    8   12   16   20   24   28   32   36
   5   10   15   20   25   30   35   40   45
   6   12   18   24   30   36   42   48   54
   7   14   21   28   35   42   49   56   63
   8   16   24   32   40   48   56   64   72
   9   18   27   36   45   54   63   72   81
```

vectorized

MATLAB 主要是**矩陣**型態處理運算，因此，陣列**向量化**的處理速度自然是比 **for 迴圈**快，換言之，針對 MATLAB 語言，運算處理要避免使用 **for 迴圈**。例如 99 乘法表

```
1 -    clear;             % 清除變數
2 -    j=1:9;             % 外迴圈
3 -    i=1:9;             % 內迴圈
4 -    [I,J]=meshgrid(i, j);    % 陣列向量化
5 -    y=I.*J;
6 -    disp(y);           % 顯示
```

行號 4：meshgrid()語法，簡單來說就是 x、y 座標由向量 x、y 定義；相關語法可自行查詢

▶ 執行結果　如上圖 99 乘法表所示

範 例　**1**　使用 line()與 for 迴圈語法，在 0~30 之間，畫出 20 條直線，如下圖所示

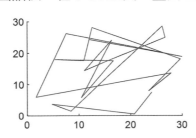

MatLab　參考檔案 ForTest.m

```
1.  clear;                  % 清除
2.  clf;                    % 清除圖形
3.  for i = 1:1:20          % for Loop
4.      x(i) = rand(1)*30;  % 0~30 取亂數
5.      y(i) = rand(1)*30;  % 0~30 取亂數
6.  end
7.      line(x,y);          % 連線
```

▶ 執行結果　在 Editor 視窗中，按 ToolBar ▷，或按快速鍵 **F5**，或回 ▲ MATLAB，在命令
視窗(Command Window)鍵入 ForTest，結果：

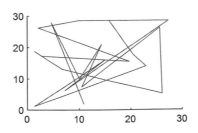

🔘 說明

1. 若無陣列變數，直線將變成點，這是因為 for 迴圈每次重複執行，新值會取代舊值的緣故(參考檔案 ForTest2.m)

```
1 -    clear;       % 清除
2 -    clf;         % 清除圖形
3 - ⊟for i = 1:1:20  % for Loop
4 -        x = rand(1)*30;    % 0~30取亂數
5 -        y = rand(1)*30;    % 0~30取亂數
6 -        line(x,y);          % 連線
7 - └ end
```

2. 若將 line()語法，移至 for 迴圈外面，基於上述的原因，只得到最後一組(x, y)值，因此，line 時就只有一點而已(參考檔案 ForTest3.m)

```
1 -    clear;       % 清除
2 -    clf;         % 清除圖形
3 - ⊟for i = 1:1:20  % for Loop
4 -        x = rand(1)*30;    % 0~30取亂數
5 -        y = rand(1)*30;    % 0~30取亂數
6 - └ end
7 -        line(x,y);          % 連線
```

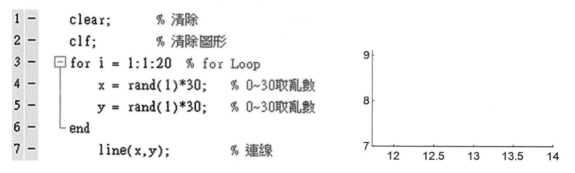

3. 除非將 x、y 陣列化，如範例題目圖形所示，否則無法達到連線的目的

範 例 2 使用 line()與 for 迴圈語法，x 軸在 0~100 之間，y 軸在 0~50 之間，亂數畫出 20 條不同寬度、不同顏色的直線，如下圖所示

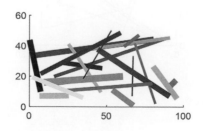

MatLab 首先，自行以 help 查詢 line()或 plot()，以及 rand()的語法(參考檔案 ForLine.m)

```
1.  clear;                        % 清除
2.  clf;                          % 清除圖形
3.  for i = 1:1:20                % for Loop
4.  x1 = rand(1)*100;            % 0~100 取亂數
5.  y1 = rand(1)*50;             % 0~50 取亂數
6.  x2 = rand(1)*100;            % 0~100 取亂數
7.  y2 = rand(1)*50;             % 0~50 取亂數
8.  hold on;                      % 圖表保留
9.  x = [x1 x2];
10. y = [y1 y2];
11. % 兩點連線 : 亦可使用 plot
12.    line(x, y,'LineWidth',round(rand*5)+1,'Color',[rand rand rand]);
13. end
```

▶ 執行結果　在 Editor 視窗中，按 ToolBar ▷，或按快速鍵 **F5**，或回 ⬛ MATLAB，在命令
視窗(Command Window)鍵入 ForLine，結果：

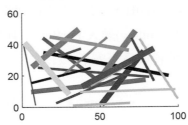

因為座標軸亂數取值，故每次執行皆是不同寬度、顏色的直線集合。

範例 3 使用 line()與 for 迴圈語法，x 軸在 0~100 之間，y 軸在 0~50 之間，亂數畫出 20 條
不同寬度、不同顏色的空心矩形，如下圖所示

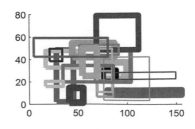

MatLab 首先，自行以 help 查詢 line()或 plot()，以及 rand()的語法(參考檔案 ForRect.m)

```
1.  clear;                          % 清除
2.  clf;                            % 清除圖形
3.  for i = 1:1:20                  % for Loop
4.      x1 = rand(1)*100;           % 0~100 取亂數
5.      y1 = rand(1)*50;            % 0~50 取亂數
6.      x2 = rand(1)*100;           % 0~100 取亂數
7.      y2 = rand(1)*50;            % 0~50 取亂數
8.        width = abs(x2 - x1);
9.        height = abs(y2 - y1);
10.     hold on;                    % 圖表保留
11.     x = [x1 x1+width x1+width x1 x1];       % 空心矩形對應值
12.     y = [y1 y1 y1+height y1+height y1];
13.     % 兩點連線
14.     plot(x, y,'LineWidth',round(rand*5)+1,'Color',[rand rand rand]);
15. end
```

▶ 執行結果　在 Editor 視窗中，按 ToolBar ▶，或按快速鍵 **F5**，或回 ▲ MATLAB，在
命令視窗(Command Window)鍵入 ForRect；輸出圖形如題目示範圖所示。

說明　空心矩形若是長寬等距，就會成為正方形

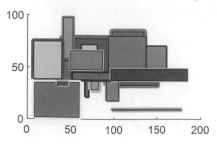

◑ **練 習**　續上一範例 3，將空心矩形填入顏色，如下圖所示(**Hint**：查詢 fill()語法)

說明　參考檔案 ForFillRect.m

範 例　4　使用 line()與 for 迴圈語法，x 軸在 0~200 之間，y 軸在 0~200 之間，亂數畫出 20 條不同寬度、不同顏色的空心圓形，如下圖所示

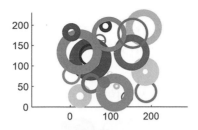

MatLab　首先，自行以 help 查詢 line()或 plot()，以及 rand()，axis equal 的語法(參考檔案 ForCircle.m)

```
1.  clear;                         % 清除
2.  clf;                           % 清除圖形
3.  axis equal;                    % 雙軸對等
4.  for i = 1:1:20                 % for Loop
5.      x = rand(1)*200;           % 0~200 取亂數
6.      y = rand(1)*200;           % 0~200 取亂數
7.      width = rand(1)*50;
8.      height = width;
9.      hold on;                   % 圖表保留
10.     % 兩點連線：亦可使用 plot
11.     t = linspace(0, 2*pi);
12.     xx = x - width*cos(t);
13.     yy = y - height*sin(t);
14.     line(xx,yy,'LineWidth',round(rand*9)+1,'Color',[rand rand rand]);
15. end
```

▶ 執行結果　在 Editor 視窗中，按 ToolBar ，或按快速鍵 **F5**，或回 **MATLAB**，在命令視窗(Command Window)鍵入 ForCircle

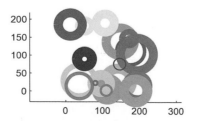

説明 長、短軸若是不同長度，就是橢圓

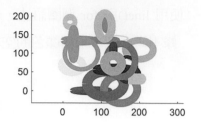

```
7 -        width = rand(1)*50;
8 -        height = rand(1)*50;
```

練 習 續上一範例 4，將空心圓形填入顏色，如下圖所示(**Hint**：查詢 fill()語法)

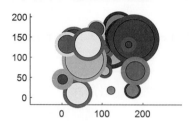

説明 參考檔案 ForFillCircle.m

練 習 續上一範例 4，將空心橢圓形填入顏色，如下圖所示(**Hint**：查詢 fill()語法)

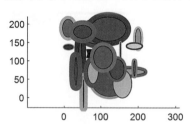

説明 參考檔案 ForFillOval.m

5-2　while 迴圈

for 迴圈的重複次數固定，**while 迴圈**則不受限制，因此 while 迴圈中必須自設變數的初始值，以及遞增或遞減的步進處理，以便可以跳出迴圈，終止迴圈的執行。

重複執行命令的敘述，語法可以簡單表示為

```
while expression
      commands
end
```

使用 fx 查詢詳細的語法說明：

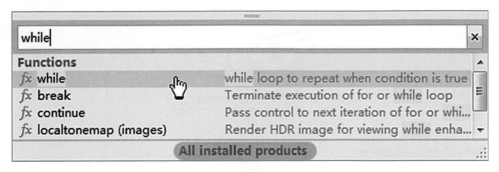

例 如　求 1 加到 10 的總和，使用 while 迴圈(參考檔案 WhileLoopDemo.m)

```
1 -    sum = 0;        % 累加變數初始值，設定等於0
2 -    i = 0;          % while迴圈初始值，設定等於0
3 - ⊟ while i<11       % while迴圈，條件式i小於11
4 -        sum = sum + i;    % 累加
5 -        i = i + 1;        % 每次增加1
6 - └ end
7 -        disp(sum);        % 顯示累加值
```

在命令視窗(Command Window)執行，結果為

```
>> WhileLoopDemo
   55
fx >> |
```

vectorized

　　MATLAB 主要是**矩陣**型態處理運算，因此陣列**向量化**的處理速度自然是比 **for 迴圈**或 **while 迴圈**快，換言之，針對 MATLAB 語言，運算處理要避免使用 **for 迴圈**或 **while 迴圈**。

◕ 練 習　續上一節 for 迴圈的範例，改用 while 迴圈語法

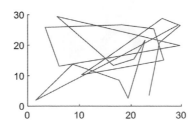

◎說明　參考檔案 WhileLineTest.m

◑ **練 習** 續上一節 for 迴圈的範例 2，改用 while 迴圈語法

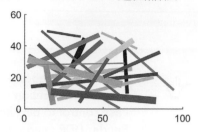

📑說明 參考檔案 WhileLine.m

◑ **練 習** 續上一節 for 迴圈的範例 3，改用 **while** 迴圈語法

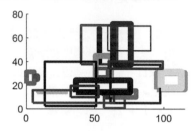

📑說明 參考檔案 WhileRect.m

📑說明 參考檔案 WhileSquare.m

◑ **練 習** 續上一節 for 迴圈的範例 4，改用 **while** 迴圈語法

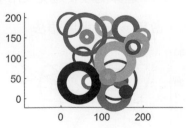

説明 參考檔案 WhileCircle.m

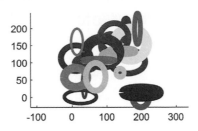

説明 參考檔案 WhileOval.m

5-3　if

　　if 語法可以處理判斷選擇的問題，主要有三種語法：

1. **if~end**：單一判斷選擇，語法可以簡單表示為

```
if expression
    Commands
end
```

　　其中 epression 為條件式，若符合條件，執行敘述。

2. **if~else~end**：雙重判斷選擇，語法可以簡單表示為

```
if expression
    Commands evaluated if true
else
    Commands evaluated if false
end
```

　　其中 epression 為條件式，若符合條件，執行敘述，否則執行另一敘述。

3. **if~elseif~end**：多重判斷選擇，語法可以簡單表示為

```
if expression1
    Commands evaluated if expression1 is true
elseif expression2
    Commands evaluated if expression2 is true
elseif expression3
    Commands evaluated if expression3 is true
    .
    .
    .
else
    Commands evaluated if false
end
```

若符合條件 epression1，執行敘述 1，符合條件 epression2，執行敘述 2，以此類推，否則執行 else 的敘述。例如，求起始值 init 加到 10 的總和，使用 **if** 判斷起始值 init 與步進值 step 為 1 或 2(參考檔案 IfDemo.m)

```
1.  sum = 0;                              % 累加初始值等於 0
2.     if mod(round(rand*1000), 2) == 0
3.         init = 2;    step = 2;
4.     else
5.         init = 1;    step = 1;
6.  end
7.  for i = init:step:10
8.     sum = sum + i;                     % 累加
9.  end
10. fprintf('sum = %d\n',sum);            % 顯示累加值
```

在命令視窗(Command Window)執行，結果為

```
>> IfDemo
sum = 55
fx >>
```
或
```
>> IfDemo
sum = 30
fx >>
```

範 例 5 使用 line()與 if 語法，控制 for 章節中的所有的範例，如下圖所示

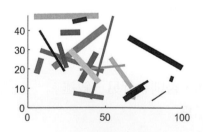
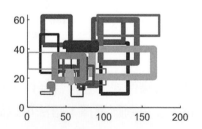

MatLab 參考檔案 IfGraph.m

```
1.  clear;
2.  clf;                          % 清除 figure
3.  checkno = round(rand*4)+1;    % 亂數 : 1~5
4.  if (checkno == 1)
5.     ForLine;                   % 畫線 檔案
6.  elseif (checkno == 2)
```

```
7.      ForRect;                    % 畫矩形 檔案
8.  elseif (checkno == 3)
9.      ForSquare;                  % 畫正方形 檔案
10. elseif (checkno == 4)
11.     ForCircle;                  % 畫圓形 檔案
12. elseif (checkno == 5)
13.     ForOval;                    % 畫橢圓形 檔案
14. end
```

▶ 執行結果　在 Editor 視窗中，按 ToolBar ▷ ，或按快速鍵 **F5**，或回 ◣ MATLAB ，在命令

視窗(Command Window)鍵入 IfGraph，結果：

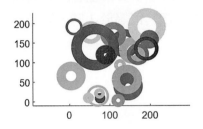 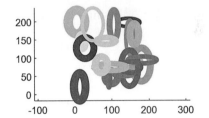

自行測試所有的可行性。

◉ **練 習**　續上一節 for 的範例 5，新增實心矩形，正方形，圓形與橢圓形的項目

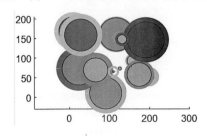 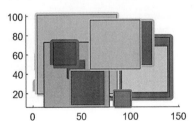

◎ 說明　參考檔案 IfFillGraph.m

5-4   switch~case

多重選項中，選擇其中某一項時，也可以選用如下所示的 **switch** 語法

```
switch expression
    case test_expression1
        Commands1
    case test_expression2
        Commands2
    otherwise
        Command3
end
```

例如下列所示的程式，以變數 checkno 為條件式：數值或字串資料型態，分別判斷執行兩種狀況，當其值等於 0 時，變數 init=2，step=2，除此之外，當其值等於 1 時，變數 init=1，step=1

```
switch checkno     % switch~case語法
    case 0
        init = 2;     step = 2;
    case 1
        init = 1;     step = 1;
end
```

使用 fx 查詢語法如下所示：

例如，求起始值 init 加到 10 的總和，使用 **if** 指定 checkno 的值，而 **switch** 判斷起始值 init 與步進值 step 為 1 或 2

```
1.  sum = 0;                              % 累加初始值等於 0
2.  if mod(round(rand*1000), 2) == 0
3.      checkno = 0;
4.  else
5.      checkno = 1;
6.  end
```

```
7.    switch checkno                      % switch~case 語法
8.        case 0
9.            init = 2;    step = 2;
10.       case 1
11.           init = 1;    step = 1;
12.    end
13. for i = init:step:10
14.    sum = sum + i;                      % 累加
15. end
16. fprintf('sum = %d\n',sum);        % 顯示累加值
```

在命令視窗(Command Window)執行，結果為

在圖中顯示：

```
>> SwitchDemo
sum = 30
fx >>
```
或
```
>> SwitchDemo
sum = 55
fx >>
```

範例　6　使用 line()與 switch~case 語法，控制 for 章節中的所有的範例，如下圖所示

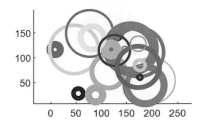 

MatLab 參考檔案 SwitchGraph.m

```
1.  clear;
2.  clf;                             % 清除 figure
3.  checkno = round(rand*4)+1;       % 亂數：1~5
4.  switch checkno                   % switch~case 語法
5.      case 1
6.          ForLine;                 % 畫線 檔案
7.      case 2
8.          ForRect;                 % 畫矩形 檔案
9.      case 3
10.         ForSquare;               % 畫正方形 檔案
11.     case 4
```

```
12.        ForCircle;                    % 畫圓形 檔案
13.    case 5
14.        ForOval;                      % 畫橢圓形 檔案
15. end
```

▶ 執行結果　在 Editor 視窗中，按 ToolBar ▶，或按快速鍵 **F5**，或回 ◣ **MATLAB**，在命令
視窗(Command Window)鍵入 SwitchGraph，結果：

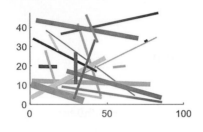 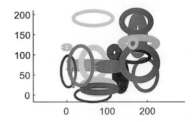

◈ **練 習**　續上一節 for 的範例 6，新增實心矩形，正方形，圓形與橢圓形的項目(參考檔案
SwitchFillGraph.m)

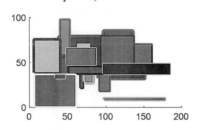 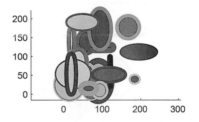

範 例　7　亂數整數 100 以內，判斷是偶數或奇數

```
>> ifEvenOdd
    95
是奇數
fx >> |
```

MatLab　參考檔案 ifEvenOdd.m

```
1.  clear;
2.  no = randperm(100,1);              % 亂數整數 100 以内
3.  if mod(no,2)==0                    % 使用 mod() 函數語法
4.     disp(no);        disp('是偶數');
5.  else
6.     disp(no);        disp('是奇數')
7.  end
```

▶ 執行結果　在 Editor 視窗中，按 ToolBar ▶，或按快速鍵 F5，或回命令視窗(Command Window)鍵入 ifEvenOdd，結果：

```
>> ifEvenOdd
    58
是偶數
fx >>
```

範 例 **8**　輸入兩浮點數，比大小

```
>> ifMaxMin
no1 = 2.3
no2 = 3.2
最大值：
    2.3000
最小值：
    3.2000
fx >> |
```

MatLab　參考檔案 ifMaxMin.m

```
1.  clear;
2.  no1 = input('no1 = ');
3.  no2 = input('no2 = ');
4.  if (no1>=no2)==1      % 使用 if()函數語法，若 no1 大於等於 no2 為真
5.      disp('最大值：');   disp(no1);
6.      disp('最小值：');   disp(no2);
7.  else
8.      disp('最大值：');   disp(no2);
9.      disp('最小值：');   disp(no1);
10. end
```

▶ 執行結果　在 Editor 視窗中，按 ToolBar ▶，或按快速鍵 **F5**，或回命令視窗(Command Window)鍵入 ifMaxMin，結果：

```
>> ifMaxMin
no1 = -5.6
no2 = 2.3
最大值：
    2.3000
最小值：
    -5.6000
fx >> |
```

習題

1. 使用 **for** 迴圈語法，x 軸在 0~200 之間，y 軸在 0~200 之間，亂數畫出 20 個不同寬度、不同顏色的弧形 Arc，如下圖所示(參考檔案 ForArc.m)：

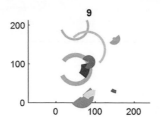 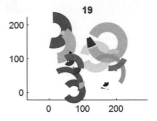

2. 使用 **for** 迴圈語法，x 軸在 0~200 之間，y 軸在 0~200 之間，亂數畫出 20 個不同寬度、不同顏色的派 Pie，如下圖所示(參考檔案 ForPie.m)：

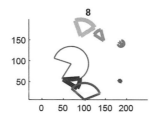 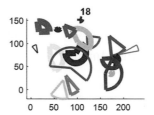

3. 使用 **while** 語法，亂數個數在 20 個以內，畫弧形 Arc，如下圖所示(參考檔案 WhileArc.m)：

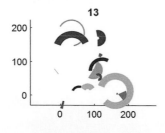 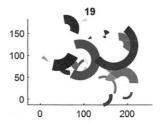

4. 使用 **while** 語法，亂數個數在 20 個以內，畫派 Pie，如下圖所示(參考檔案 WhilePie.m)：

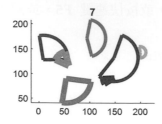 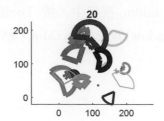

5. 使用 **switch** 語法，綜合上述所有範例，如下圖所示(參考檔案 SwitchArcPie.m)：

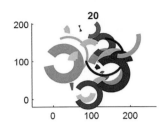 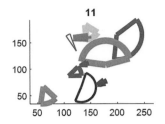

6. 續範例 2 畫直線，使用亂數決定畫直線型態，如下圖所示(參考檔案 ForLineIf.m)：

```
line(x, y,'LineWidth',round(rand*9)+1);
line(x, y,'Color',[rand rand rand]);
line(x, y,'LineWidth',round(rand*9)+1,'Color',[rand rand rand]);
```

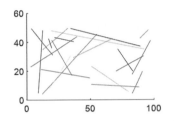 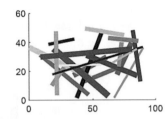 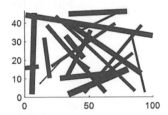

7. 續範例 3 畫矩形，使用亂數決定畫矩形個數與型態，如下圖所示(參考檔案 ForRectIf.m)：

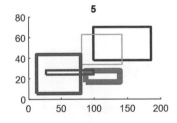 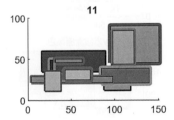

8. 續上一第 7 題，新增使用亂數決定畫橢圓形個數與型態，如下圖所示(參考檔案 ForRectOvalIf.m)：

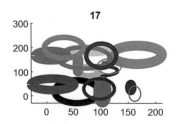 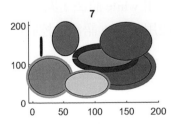

9. 續上一第 8 題，新增使用亂數決定畫派形，如下圖所示(參考檔案 ForRectOvalPieIf.m)：

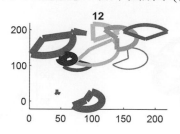

10. 使用 for 迴圈，fill 與 if 語法，將 10 個空心矩形填入漸層顏色，並使用 title 語法，顯示所屬項目(參考檔案 ForFillGradientRect.m)：

```
>> help fill
FILL Filled 2-D polygons.
    FILL(X,Y,C) fills the 2-D polygon defined by vectors X and Y
    with the color specified by C.  The vertices of the polygon
```

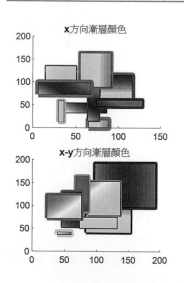

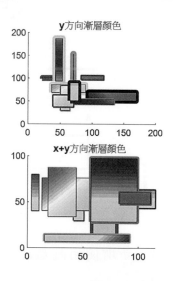

11. 續第 10 題，使用 while 語法，顯示所屬項目。

12. 續第 11 題，使用 switch 語法，控制顯示所屬項目。

13. 使用 for 迴圈，fill 與 if 語法，將 10 個空心圓形填入漸層顏色，並使用 title 語法，顯示所屬項目(參考檔案 ForFillGradientCircle.m)。

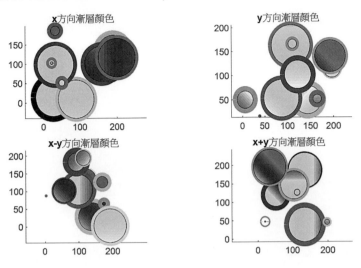

14. 使用 for 迴圈，fill 與 if 語法，將 10 個空心橢圓形填入漸層顏色，並使用 title 語法，顯示所屬項目(參考檔案 ForFillGradientOval.m)。

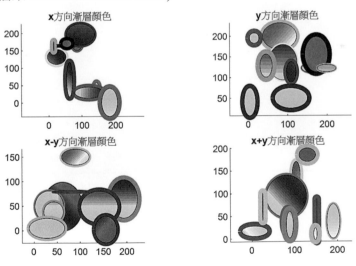

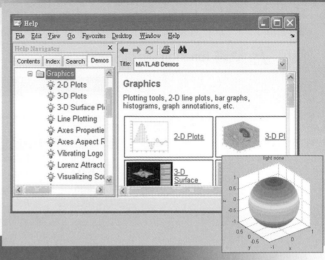

MATLAB
The Language of Technical Computing

Chapter **6**

M 檔案函數

學習重點

研習完本章,將學會

1. eval
2. feval
3. 自定函數
4. 遞迴

6-1 eval

eval()的用途,在針對字串型態的表示式求值,語法可以表示爲

```
eval('myFuncion(x, y)')
```

其中 myFunction(x, y)爲自定函式。使用 **fx** 查詢更詳盡說明:

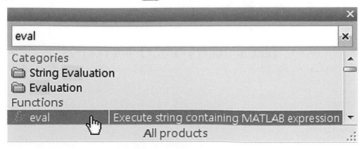

舉例而言，為了方便瞭解與使用，勢必要以 M-file 建立自定函數，在定義自定函數之前，同樣使用 fx 查詢 function 語法的撰寫

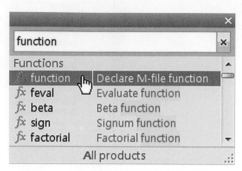

滑鼠點按 More Help... 。由查詢可知，自定函數的架構為：

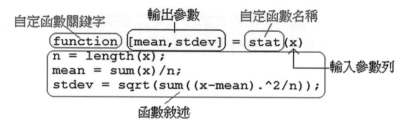

其中輸出參數[mean, stdev]不一定需要具備。撰寫自定函數：可以按**[File / New / Blank M-file]**

撰寫程式碼，存檔檔名：myFunction(舊版本的寫法或許還可以執行，但也可能產生錯誤，因此，若使用最新版本，請多加留意語法的更新)

```
myFunction.m  ×  +
1    function func = myFunction(x, y)
2        func = 100*(y-x^2)^2 + (1-x)^2;
```

這是新版 MATLAB 預設的自定函數架構，使用者可以依需要填入撰寫程式碼即可

```
myFunction.m  ×   Untitled11*  ×   +
1  function [outputArg1,outputArg2] = untitled11(inputArg1,inputArg2)
2  %UNTITLED11 Summary of this function goes here
3  %   Detailed explanation goes here
4  outputArg1 = inputArg1;
5  outputArg2 = inputArg2;
6  end
```

比照自定函數 myFunction 撰寫程式碼，如下所示，並以 myFunction2 為檔名，輸出變數 myfunc2

```
myFunction.m  ×   myFunction2.m  ×   +
1  function [myfunc2] = myFunction2(x, y)
2      myfunc2 = 100*(y-x^2)^2 + (1-x)^2;
3  end
```

回命令視窗(Command Window)，鍵入 **myFunction(1.2 , 2)**，按 Enter，結果為 31.4

```
>> myFunction(1.2 , 2)
ans =
   31.4000
fx >>
```

再鍵入 myFunction2(1.2 , 2)，按 Enter，結果一樣是 31.4

```
>> myFunction2(1.2 , 2)
ans =
   31.4000
fx >>
```

以上所示範的例子是 M-file 的型式求值，使用上似乎比直接在命令視窗(Command Window)求值方便，如下圖所示

```
>> eval('myFunction2(1.2 , 2)')
ans =
   31.4000
fx >>
```

　　或

```
>>  myFunction = '100*(y-x^2)^2 + (1-x)^2';
>> x=1.2;
>> y=2;
>> eval(myFunction)
ans =
   31.4000
fx >>
```

範 例 **1**   撰寫自定函數，輸入三變數，傳回最大與最小

```
>> myMax3(2.3,-3.2,5.6)          >> myMin3(2.3,-3.2,5.6)
ans =                             ans =
     5.6000                          -3.2000
fx >> |                           fx >>
```

MatLab   max()與 min()是 MATLAB 的內建函數，可以直接呼叫使用，因為題意要求三變數比大小，故需要呼叫兩次。自定函數 myMax3(x, y, z)：

```
myMax3.m  ×    myMin3.m  ×   +
1   ┌ function mymax = myMax3(x, y, z)
2 - └     mymax = max(max(x, y), z);
```

自定函數 myMin3(x, y, z)：

```
myMax3.m  ×    myMin3.m  ×   +
1   ┌ function mymin = myMin3(x, y, z)
2 - └     mymin = min(min(x, y), z);
```

▶ 執行結果   在命令視窗中鍵入自定函數名稱時，如下圖所示

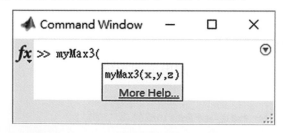

系統會自動提示函數參數列的個數，任意輸入三個變數數值，例如

```
>> myMax3(2.3,-5.6,3.2)
ans =
     3.2000
fx >>
```

以上是函數呼叫執行的結果，若是 eval()語法處理，結果如下所示

```
>> eval('myMax3(2.3,-5.6,3.2)')
ans =
    3.2000
fx >>
```

```
>> eval('myMin3(2.3,-5.6,3.2)')
ans =
   -5.6000
fx >>
```

● 練 習　撰寫自定函數，輸入三變數，比較大小，但不可以使用內建函數 max()與 min()

● 練 習　撰寫自定函數，輸入三電阻值，計算並聯值，其中，兩電阻並聯公式，如下所示

$$\frac{1}{R_{eq}} = \frac{1}{R_1} + \frac{1}{R_2}$$

● 練 習　撰寫自定函數，輸入變數 n，計算 1 + 2 + 3 +...+ n

範 例　**2**　使用 line()與 for 迴圈語法，x 軸在 0~100 之間，y 軸在 0~50 之間，亂數畫出 20 條不同寬度、不同顏色的直線，其中畫線處理，必須呼叫自定函數 plotline()，如下圖所示

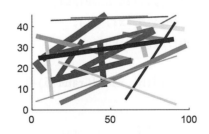

MatLab 首先，自行以 help 查詢 line()或 plot()，以及 rand()的語法

```
1.  clear;                      % 清除
2.  clf;                        % 清除圖形
3.  for i = 1:1:20              % for Loop
4.     x1 = rand(1)*100;        % 0~100 取亂數
5.     y1 = rand(1)*50;         % 0~50 取亂數
6.     x2 = rand(1)*100;        % 0~100 取亂數
7.     y2 = rand(1)*50;         % 0~50 取亂數
8.     hold on;                 % 圖表保留
9.     % 呼叫函數 plotline
10.    plotline(x1, y1, x2, y2);
11. end
```

```
  ForLineFunction.m  ×    plotline.m*  ×   +
1    ⊟ function line = plotline(x1,y1,x2,y2)
2  -     x = [x1, x2];
3  -     y = [y1, y2];
4  -     line = plot(x,y,'LineWidth',round(rand*5)+1,'Color',[rand,rand,rand]);
```

▶ 執行結果　在 Editor 視窗中，按 ToolBar ⏵，或按快速鍵 F5，或回 ◣ MATLAB，在命令
視窗(Command Window)鍵入 ForLineFunction，結果

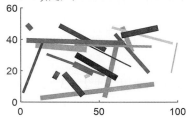

◐ 練 習　續上一章節 for 的範例 3，改用**自定函數** plotrect()、plotsquare()語法處理畫圖，亂數
決定繪圖矩形或正方形(參考檔案 ForSquareFunction 與 ForRectFunction.m)

```
  ForSquareFunction.m  ×   ForRectFunction.m  ×   plotrect.m  ×   plotsquare.m  ×   +
1    ⊟ function line = plotrect(x1,y1,width,height)
2  -     x = [x1, x1+width, x1+width, x1, x1];         % 空心矩形對應值
3  -     y = [y1, y1, y1+height, y1+height, y1];
4    % 兩點連線
5  -     line = plot(x, y, 'LineWidth',round(rand*5)+1,'Color',[rand,rand,rand]);
```

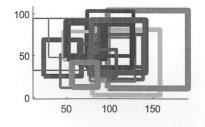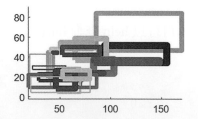

◐ 練 習　續上一章節 for 的範例 4，改用**自定函數** plotoval()、plotcircle()語法處理畫圖，亂數
決定繪圖矩形或正方形(參考檔案 ForCircleFunction.m 與 ForOvalFunction.m)

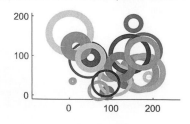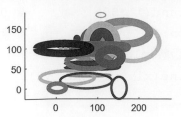

6-2　feval

使用 **feval()** 對特定函數求值，其語法可以簡單表示為

```
feval('myFunction', x, y)
```

上式中的''為欲求值的函式名稱，函式參數 x、y 不直接代入；以 fx 查詢更詳盡說明：選按
[MATLAB / Programming and Data Types/ Programming in MATLAB/ Evaluation]

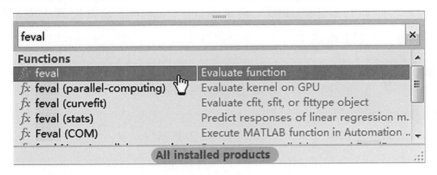

為了方便使用，同樣需要以 M-file 定義自定函數，在此沿用之前所建立的 myFunction

```
myFunction.m   ×   +
1   □ function func = myFunction(x, y)
2 -      └   func = 100*(y-x^2)^2 + (1-x)^2;
```

回命令視窗(Command Window)，鍵入 eval('myFunction(1.2, 2)')，按 Enter ，結果為 31.4

```
>> eval('myFunction(1.2,2)')
ans =
    31.4000
fx >>
```

這是使用 eval() 函式求值，若是使用 feval() 函式求值，結果如下圖所示

```
>> feval('myFunction',1.2,2)
ans =
    31.4000
fx >> |
```

6-3 自定函數

無傳入、無回傳函數

MATLAB 提供不計其數的**函數**(function，或者稱為函式)，實際上已經足夠應付一般問題所需，然而，站在學習程式設計的立場，以及為了未來面對實際工程應用的處理，自行撰寫包含特殊功能的函式，將是非常重要的課題。自定函式的語法，不論有無傳入與回傳動作，皆以 function 為開頭關鍵字，如下所式：

```
1.  function myLine
2.  clf;                          % 清除 figure
3.  for i = 1:1:15                % for Loop
4.      x1 = rand(1)*100;         % 0~100 取亂數
5.      y1 = rand(1)*50;          % 0~50 取亂數
6.      x2 = rand(1)*100;         % 0~100 取亂數
7.      y2 = rand(1)*50;          % 0~50 取亂數
8.      hold on;                  % 圖表保留
9.      x = [x1, x2];
10.     y = [y1, y2];
11.     % 使用 plot() 兩點連線：亦可使用 line()
12.     plot(x,y, 'LincWidth', round(rand*5)+1, 'Color', [rand, rand, rand]);
13. end
```

行號 1：function myLine，或 function myLine()，宣告函式 myLine，程式碼撰寫在底下
(請自行 help function 查詢)

行號 3~13：for 迴圈，重複 15 次

行號 4~7：亂數取座標值

行號 9~10：分別定義 x 與 y 軸座標的陣列

行號 12：呼叫 MATLAB 函式 plot()，其詳細語法介紹請自行 help plot

因為只需要呼叫繪圖直線，並不要傳入參數或回傳任何相關數值，因此，在 function 後面直接鍵上檔案名稱 myLine，意即需要亂數畫出 15 條直線時，呼叫 myLine 即可。

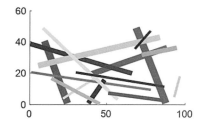

有傳入、無回傳函數

所謂有傳入、無回傳函式，係指有傳入所需的參數個數，但是沒有回傳相關變數數值，例如，上一節所建立的 myLine 函式，其 for 迴圈的終止值 15，可以使用傳入參數 n 代替(下圖中行號 2)，讓自定函式的功能更加完備。

```matlab
1.  function myLineParameter(n)
2.  clf;                        % 清除圖形
3.  for i = 1:1:n               % for Loop : 參數 n 為終止值
4.      x1 = rand(1)*100;       % 0~100 取亂數
5.      y1 = rand(1)*50;        % 0~50 取亂數
6.      x2 = rand(1)*100;       % 0~100 取亂數
7.      y2 = rand(1)*50;        % 0~50 取亂數
8.      hold on;                % 圖表保留
9.      x = [x1, x2];      y = [y1, y2];
10.     % 使用 plot()兩點連線 : 亦可使用 line()
11.     plot(x,y,'LineWidth',round(rand*5)+1,'Color',[rand,rand,rand]);
12. end
```

上式中 myLineParameter 是自定函式檔案名稱，其括號內參數列的 n 就是傳入的參數，呼叫時傳入數值，譬如說 n = 30，即 myLineParameter(30)，使得 for 迴圈終止值等於 30，因此重複 30 次畫出 30 條直線，如下圖所示。

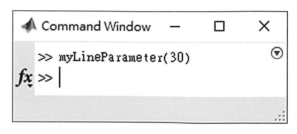
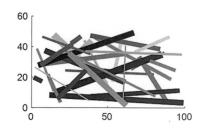

以上示範傳入 1 個參數的動作，其餘傳入多個參數的處理，將在後續的範例中詳細說明。

範例 3 呼叫自定函式 myRectParameter(n, factor)，n 為整數，factor 亂數 1(空心矩形)~2 (實心矩形)，設計如下所示

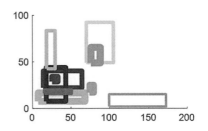

步驟 1：依題意安排物件，並撰寫自定函式 myRectParameter(n, factor)

```
1.  function myRectParameter(n, factor)
2.  clf;                            % 清除 figure
3.  for i = 1:1:n                   % for Loop：重複 n 次
4.      x1 = rand(1)*100;           % 0~100 取亂數
5.      y1 = rand(1)*50;            % 0~50 取亂數
6.      x2 = rand(1)*100;           % 0~100 取亂數
7.      y2 = rand(1)*50;            % 0~50 取亂數
8.      width = abs(x2 - x1);
9.      height = abs(y2 - y1);
10.     hold on;                    % 圖表保留
11.     x = [x1, x1+width, x1+width, x1, x1];        % 空心矩形對應值
12.     y = [y1, y1, y1+height, y1+height, y1];
13.     % 兩點連線：或使用 line
14.     if factor == 1 || factor == 2
15.         plot(x, y, 'LineWidth', round(rand*6)+1, 'Color',[rand, rand, rand]);
16.     end
17.     if factor == 2             % factor = 2, 畫實心矩形
18.         fill(x, y, [rand, rand, rand]);          % 填入顏色
19.     end
20. end
```

行號 1：自定函式 myRectParameter(n, factor)，傳入兩參數，前者 n 控制 for 迴圈的終止值，後者控制是否實心繪圖

行號 17~19：factor 等於 2，則繪出實心矩形

步驟 2：在命令視窗(Command Window)視窗中鍵入檔名 myRectParameter(10, 1)，以及 myRectParameter(10, 1)，結果分別如下所示：

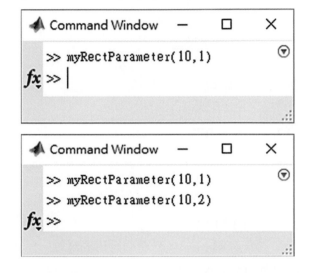
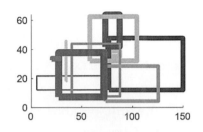
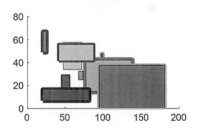

Question　如果使用者輸入 myRectParameter(25, 3)，如何處理？

範例 4　呼叫自定函式 myRectParameter3(n, factor, rs)，n 為整數，factor 亂數 1(空心)~2 (實心)，rs 亂數 1(矩形)~2(正方形)，滑鼠在繪圖視窗按一下事件，設計如下所示：

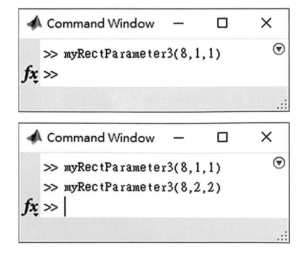
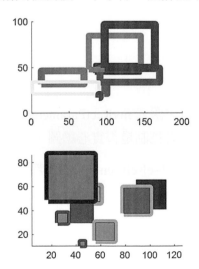

步驟 1：依題意安排物件，並撰寫自定函式 myRectParameter3(n, factor, rs)

```
1.   function myRectParameter3(n, factor, rs)
2.   clf;                              % 清除 figure
3.   for i = 1:1:n                     % for Loop：重複 n 次
4.     x1 = rand(1)*100;               % 0~100 取亂數
5.     y1 = rand(1)*50;                % 0~50 取亂數
6.     x2 = rand(1)*100;               % 0~100 取亂數
7.     y2 = rand(1)*50;                % 0~50 取亂數
8.     width = abs(x2 - x1);
9.     if rs == 1                      % 畫矩形
10.        height = abs(y2 - y1);
11.    elseif rs == 2                  % 畫正方形
12.        height = width;
13.        axis equal;                 % 雙軸對等
14.    end
15.    hold on;                        % 圖表保留
16.    x = [x1, x1+width, x1+width, x1, x1];      % 空心矩形對應值
17.    y = [y1, y1, y1+height, y1+height, y1];
18.    % 兩點連線：或使用 line
19.    if factor == 1 || factor == 2
20.      plot(x,y,'LineWidth',round(rand*6)+1,'Color',[rand,rand,rand]);
21.    end
22.    if factor == 2                              % factor = 2，畫實心矩形
23.      fill(x, y, [rand, rand, rand]);    % 填入顏色
24.    end
25. end
```

行號 1：自定函式 myRectParameter3(n, factor, rs)，傳入三參數，前者 n 控制 for 迴圈的終止值，後者控制是否實心繪圖，第三個參數控制繪圖矩形或正方形。

行號 9~14：if~elseif~end 語法，判斷 rs = 1 畫矩形，rs = 2 畫正方形，其中設定寬 width 等於高 height，以及 axis equal 雙軸對等。

步驟 2：命令視窗(Command Window)中鍵入檔名 myRectParameter3(8，1，1)，以及 myRectParameter3(8, 2, 2)，測試結果分別爲

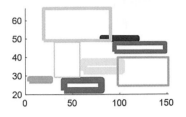

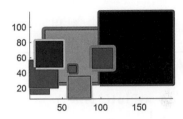

範 例　**5**　呼叫自定函式 myPlot(str)，str 爲字串，分別是 line、rect、fillrect、fillsquare、oval、filloval、fillcircle、pie，設計如下所示：

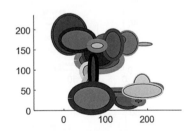

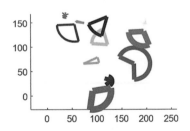

步驟 1：題意安排物件，並撰寫自定函式 myPlot(str)

```
1.  function myPlot(str)
2.  switch str
3.     case 'line'          % 畫直線
4.         ForLine;
5.     case 'rect'          % 畫矩形
6.         ForRect;
7.     case 'fillrect'      % 畫實心矩形
8.         ForFillRect;     % 注意大小寫之區分
9.     case 'fillsquare'    % 畫實心正方形
10.        ForFillSquare;
11.    case 'oval'          % 畫橢圓形
```

```
12.          ForOval;
13.      case 'filloval'         % 畫實心橢圓形
14.          ForFillOval;
15.      case 'fillcircle'       % 畫實心圓形
16.          ForFillCircle;
17.      case 'pie'              % 畫派形
18.          ForPie;
19. end
```

步驟 2：測試 📄 myPlot.m 結果

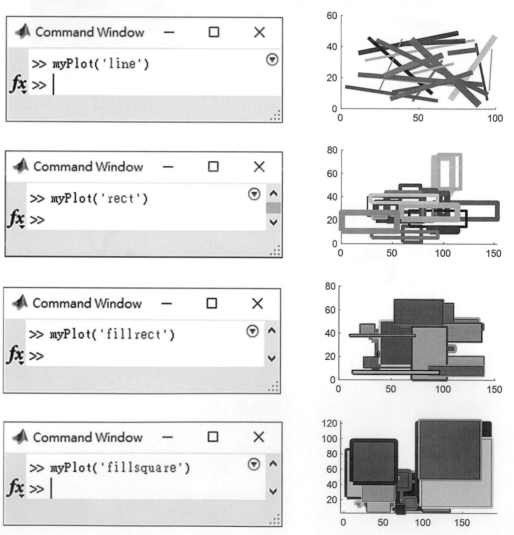

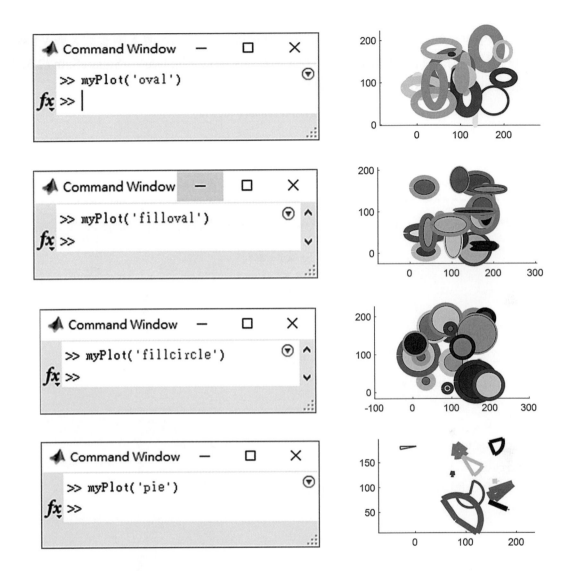

◉ 有傳入、有回傳函數

　　前述內容，討論有無參數傳入的函式動作，讓我們在學習過程中，對函式的強大功能有了初步的認識，但是這些處理皆未涉及數值的計算，換言之，並不需要回傳任何相關的變數數值；一般而言，當函式執行特殊目的的數值運算，通常需要有參數傳入，以及回傳相關的變數數值，因此，函式語法必須載明回傳的變數名稱，例如，輸入兩數求其平方和的自定函式撰寫如下：

```
1    function ss = twoVarSquareSum(x, y)
2        ss = x^2 + y^2;
```

上圖中 twoVarSquareSum 是自定函式檔案名稱，其括號內參數列，傳入兩參數 x 與 y，ss 代表平方和數值的變數，呼叫時傳入數值，譬如說 x = 2.3，y = 3.2，即 twoVarSquareSum (2.3, 3.2)，於命令視窗(Command Window)執行，結果為

```
>> twoVarSquareSum(2.3,3.2)
ans =
    15.5300
fx >>
```

範例　6 撰寫自定函式 myForN(n)，輸入 n，計算 n!，計算結果如下所示：

```
>> myForN(6)
ans =
    720
fx >>
```

步驟 1：依題意安排物件，並撰寫自定函式 myForN(n)

```
1.  function product = myForN(n)
2.  % for~end
3.  if n > 0                        % n 不為負值
4.     product = 1;                 % 初始值
5.     for i = 1:1:n
6.        product = product * i;    % 累乘
7.     end
8.  end
```

步驟 2：任意輸入數值測試

```
>> myForN(8)
ans =
       40320
fx >>
```

範例　7 撰寫自定函式 myForSum(init, step, final)，輸入初始值、步進值與終止值，計算累加值，結果如下所示：

```
>> myForSum(1,2,100)
ans =
        2500
fx >>
```

步驟 1：依題意安排物件，並撰寫自定函式 myForSum(init, step, final)

```
1.  function sum = myForSum(init, step, final)
2.      sum = 0;                        % 歸零
3.  if final>init && step>0            % 終止值大於初始值，並且步進值必須大於 0
4.      for i = init:step:final
5.          sum = sum + i;             % 累加
6.      end
7.  end
8.  if final<init && step<0            % 終止值小於初始值，並且步進值必須小於 0
9.      for i = init:step:final
10.         sum = sum + i;             % 累加
11.     end
12. end
```

步驟 2：任意輸入初始值、步進值與終止值測試

```
>> myForSum(100,-5,5)
ans =
        1050
fx >> |
```

多重回傳函數

　　除了上述的函數設定方式外，回傳值亦可多重處理；舉輸入兩任意數，求其兩數相加、兩數平方相加、兩數立方相加為例，建立自定函數的步驟如下：

1. 按[New/Function]
2. 輸出參數有 sum1、sum2、sum3，輸入參數有 x、y，函數名稱為 mysum123

```
1  function [sum1, sum2, sum3] = mysum123(x, y)
2  %UNTITLED2 Summary of this function goes here
3  %   Detailed explanation goes here
4
5
6  end
```

3. 撰寫兩數相加、兩數平方相加、兩數立方相的程式碼後，按 🖫 儲存

```
1  ┌─ function [sum1, sum2, sum3] = mysum123(x, y)
2  │   sum1=x+y;
3  │   sum2=x.^2+y.^2;
4  │   sum3=x.^3+y.^3;
5  └─ end
```

4. 回命令視窗中測試：例如需要三個回傳值

```
>> [a, b, c]=mysum123(1.1, 2.2)
a =
     3.3000
b =
     6.0500
c =
    11.9790
fx >>
```

　　例如需要二個回傳值

```
>> [a, b]=mysum123(1.1, 2.2)
a =
     3.3000
b =
     6.0500
fx >>
```

　　例如需要一個回傳值

```
>> [c]=mysum123(1.1, 2.2)
c =
     3.3000
fx >>
```

　　當然輸入參數可以陣列或矩陣型態的變數，例如，x = 1:2:5，y = 2:2:6，呼叫自定函數 mysum123(x, y)的結果為

```
>> [a, b, c]=mysum123(x,y)
a =
     3     7    11
b =
     5    25    61
c =
     9    91   341
fx >>
```

　　綜上可知，輸出參數個數可以少於預設個數，但輸入參數個數必須與預設個數相同，否則執行呼叫時會產生錯誤。解決類似此種輸入與輸出參數個數問題，可以使用 nargin 與 nargout 語法，例如，舉 3D 繪圖的內建函數 peaks 為例，其程式碼使用 type 語法顯示如下：

```
if nargin == 0
    dx = 1/8;
    [x,y] = meshgrid(-3:dx:3);
elseif nargin == 1
    if length(arg1) == 1
        [x,y] = meshgrid(linspace(-3,3,arg1));
    else
        [x,y] = meshgrid(arg1,arg1);
    end
else
    x = arg1; y = arg2;
end
```

　　其中 nargin 即為輸入參數變數，配合 if 判斷語法，分別設計 nargin 等於 0、1、其他三種狀況。針對 nargin 語法，自行撰寫可以四數比大小的函數，如下所示：

```
1      function [ax] = mymax(a, b, c, d)
2  -   if nargin==0
3  -       disp('輸入數值，才能比大小！');
4  -   elseif nargin==1
5  -       ax=a;
6  -   elseif nargin==2
7  -       ax=max(a, b);
8  -   elseif nargin==3
9  -       ax=max(max(a, b), c);
10 -   else
11 -       ax=max(max(max(a, b), c), d);
12 -   end
```

執行結果：

```
>> mymax()
輸入數值，才能比大小！
>> mymax(2.3)
ans =
    2.3000
>> mymax(2.3, 3.2)
ans =
    3.2000
```

```
>> mymax(2.3, 3.2, -5.6)
ans =
    3.2000
>> mymax(2.3, 3.2, -5.6, 7.8)
ans =
    7.8000
fx >>
```

這樣設計處理，一般稱呼為函數重載(Overload)，意即使用相同函數名稱，但是適用於不同的輸入參數個數。

6-4 遞迴

遞迴(Recursive)就是函式本身呼叫函式本身，例如前述計算 n!的範例，將計算 n!的函式，改成本身呼叫本身的遞迴處理，如下所示：

```
1      function np = nfc(n)
2  -      if n == 1
3  -          np = 1 ;
4  -      else
5  -          np = n*nfc(n-1);         % 遞迴:函式本身呼叫函式本身
6  -      end
```

其動作可以分段解釋：假設 n = 5，呼叫 nfc 函式時，執行回傳 5*nfc(4)，nfc(4)即 n = 4 再次呼叫 nfc 函式，結果執行回傳 4*nfc(3)，而 nfc(3)即 n = 3 再次呼叫 nfc 函式，結果執行回傳 3*nfc(2)，以此類推，當 n = 1，執行回傳 1，代回 2*nfc(1) = 2*1 = 2，再代回 3*nfc(2) = 3*2 = 6，再代回 4*nfc(3) = 4*6 = 24，最後代回 5*nfc(4) = 5*24 = 120，換言之，5! = 120。回命令視窗(Command Window)鍵入 nfc(7)，計算結果如下所示：

```
>> nfc(7)
ans =
        5040
fx >>
```

範 例 8 使用遞迴方法，計算累加總和，計算結果如下所示：

```
>> myRecursiveSum(5,5,100)
ans =
        1050
fx >>
```

步驟 1：依題意安排物件，並撰寫自定函式 myRecursiveSum(init, step, final)

```
1.  function sum = myRecursiveSum(init, step, final)
2.      n = init;        % 初始值
3.      if n >= init && n <= final
4.          sum = n + myRecursiveSum(n + step, step, final);   % 遞迴累加
5.      else
6.          sum = 0;
7.      end
```

步驟 2：回命令視窗(Command Window)鍵入 myRecursiveSum(1, 2, 100)，測試計算結果如下
　　　　所示：

```
>> myRecursiveSum(1,2,100)
ans =
        2500
fx >>
```

補充　使用遞迴必須設計終止的限制，以免造成無窮執行現象。

習題

1. 參考範例 2，使用函數呼叫，控制畫線個數，線寬為亂數 1~6，設計如下圖所示：

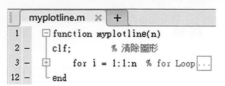

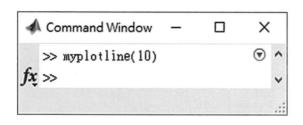

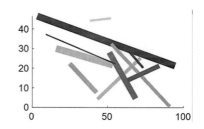

2. 使用函數呼叫，控制畫空心矩形個數，線寬為亂數 1~6，設計如下圖所示：

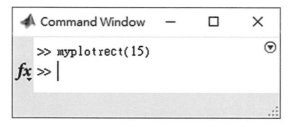

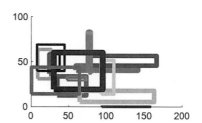

3. 使用函數呼叫，控制畫實心矩形個數，設計如下圖所示：

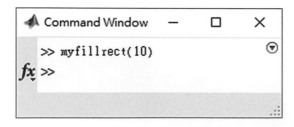

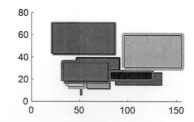

4. 使用函數呼叫，控制畫空心橢圓形個數，線寬為亂數 1~6，設計如下圖所示：

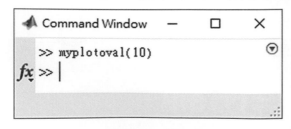

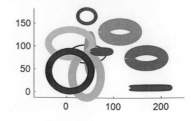

5　使用函數呼叫，控制畫實心橢圓形個數，如下圖所示：

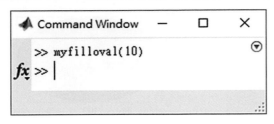 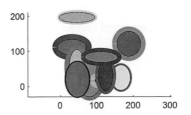

6.　使用函數呼叫，控制畫實心矩形與正方形個數，設計如下圖所示：

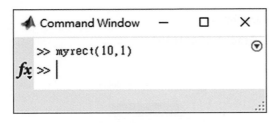 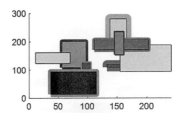

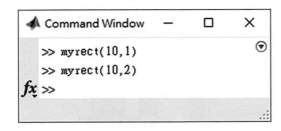 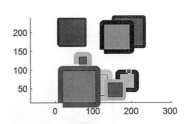

7.　使用函數呼叫，控制畫實心橢圓形與圓形個數，設計如下圖所示：

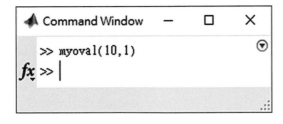 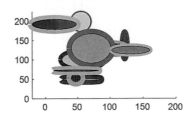

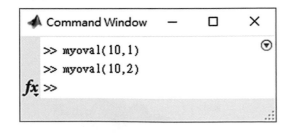 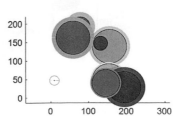

8. 使用函數呼叫，亂數顏色，控制畫實心橢圓形，設計如下圖所示：

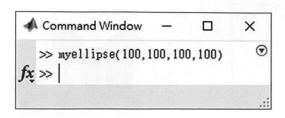
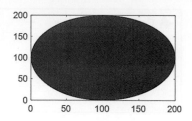

9. 使用函數呼叫，控制畫實心漸層色矩形個數，設計如下圖所示：

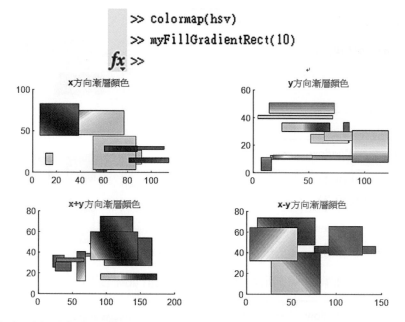

10. 使用函數呼叫，控制畫實心漸層色橢圓形個數，設計如下圖所示：

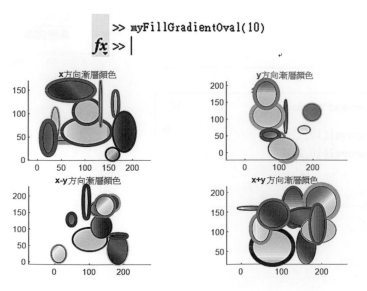

11. 續上一章範例 ifEvenOdd.m，改爲使用自定函數方式，判斷偶數或奇數：

```
>> myifEvenOdd(35)          >> myifEvenOdd(88)
     35                          88
是奇數                       是偶數
fx >>                       fx >>
```

12. 續上一章範例 ifMaxMin.m，改爲使用自定函數方式，兩數比大小：

```
>> [omax, omin] = myifMaxMin(2.3, 3.2)
omax =
     3.2000
omin =
     2.3000
fx >>
```

13. 續上一題，三數比大小：

```
>> [omax, omin] = myifMaxMin3(2.3, 3.2, -5.6)
omax =
     3.2000
omin =
    -5.6000
fx >>
```

14. 續上一題，四數比大小：

```
>> [omax, omin] = myifMaxMin4(2.3, -3.2, 5.6, 4.3)
omax =
     5.6000
omin =
    -3.2000
fx >>
```

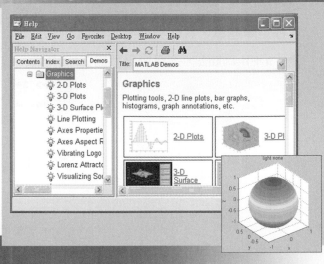

Chapter *7*

矩陣代數

學習重點

研習完本章，將學會

1. 基本運算
2. 矩陣函數
3. 矩陣變換函數
4. 線性方程式
5. 特徵值與奇異值

7-1 基本運算

陣列運算與**矩陣運算**是 MATLAB 數值運算的兩大主流，其中有些不同點，學習過程必須注意；舉 2×3 兩列三行的矩陣為例，假設 **a = [1, 2, 3; 4, 5, 6]**，**b = [1, 4, 7; 3, 6, 9]**

```
>> a = [1,2,3;4,5,6]
a =
     1     2     3
     4     5     6
fx >> |
```

```
>> b = [1,4,7;3,6,9]
b =
     1     4     7
     3     6     9
fx >>
```

各種**矩陣運算**，說明與簡易示範如下所示：

➤ **a + b**：加法，運算後仍然為 2 × 3 矩陣

```
>> a+b
ans =
     2     6    10
     7    11    15
fx >> |
```

➤ **a - b**：減法，運算後仍然為 2 × 3 矩陣

```
>> a-b
ans =
     0    -2    -4
     1    -1    -3
fx >> |
```

➤ **a * b**：乘法，無法運算

```
>> a * b
Error using *
Incorrect dimensions for matrix multiplication. Check that the
number of columns in the first matrix matches the number of
rows in the second matrix. To perform elementwise
multiplication, use '.*'.
```

因為 2 × 3 矩陣只能相乘 3 × 2 矩陣，例如矩陣 **c = [1, 3; 4, 6 ; 7, 9]**

```
>> c=[1,3;4,6;7,9]
c =
     1     3
     4     6
     7     9
fx >> |
```

```
>> a*c
ans =
    30    42
    66    96
fx >> |
```

補充 陣列運算係指矩陣元素之間的運算，為了區分彼此的運算，陣列運算附加使用 .運算子，其中加法與減法運算結果相同，因此原則上是不加上 .運算子，只有乘除次方運算必須改為.*、./、.^。

延續前例，令 **a.*b**，**a./b**，以及 **a.^b** 結果分別如下所示：

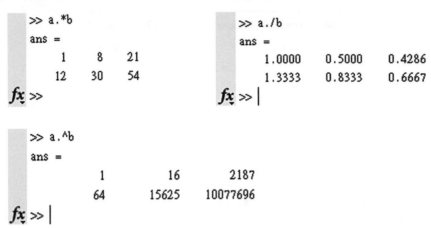

```
>> a.*b
ans =
      1     8    21
     12    30    54
fx >>
```

```
>> a./b
ans =
    1.0000    0.5000    0.4286
    1.3333    0.8333    0.6667
fx >>
```

```
>> a.^b
ans =
        1          16        2187
       64       15625    10077696
fx >>
```

➤ **a / b**：右除法

```
>> a / b
ans =
     0.0000    0.3333
    -1.5000    1.8333
fx >>
```

➤ **a \ b**：左除法

```
>> a \ b
ans =
    0.5000   -1.0000   -2.5000
         0         0         0
    0.1667    1.6667    3.1667
fx >>
```

➤ **a'**：矩陣軛轉置

```
>> a'
ans =
     1     4
     2     5
     3     6
```

➤ **a ^ n**：乘冪

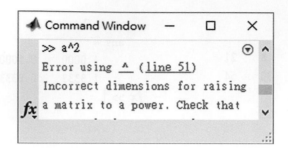

重新設定矩陣 a=[1, 2, 3;4, 5, 6;7, 8, 9]

```
>> a=[1, 2, 3;4, 5, 6;7, 8, 9]
a =
     1     2     3
     4     5     6
     7     8     9
fx >> |
```

```
>> a^2
ans =
    30    36    42
    66    81    96
   102   126   150
fx >> |
```

➤ **inv(a)**：反矩陣

```
>> inv(a)
Warning: Matrix is close to singular or badly scaled. Results
may be inaccurate. RCOND =  1.541976e-18.
ans =
   1.0e+16 *
  -0.4504    0.9007   -0.4504
   0.9007   -1.8014    0.9007
  -0.4504    0.9007   -0.4504
```

➤ **det(a)**：矩陣行列式

```
>> det(a)
ans =
   6.6613e-16
fx >>
```

➤ **expm(a)**：矩陣的指數

```
>> expm(a)
ans =
    1.0e+06 *
    1.1189    1.3748    1.6307
    2.5339    3.1134    3.6929
    3.9489    4.8520    5.7552
fx >> |
```

➤ **logm(a)**：矩陣的對數

```
ans =
    -5.3211 + 2.7896i   11.8288 - 0.4325i   -5.2948 - 0.5129i
    12.1386 - 0.7970i  -21.9801 + 2.1623i   12.4484 - 1.1616i
    -4.6753 - 1.2421i   12.7582 - 1.5262i   -4.0820 + 1.3313i
fx >>
```

➤ **sqrtm(a)**：矩陣的開平方根

```
>> sqrt(a)
ans =
    1.0000    1.4142    1.7321
    2.0000    2.2361    2.4495
    2.6458    2.8284    3.0000
fx >>
```

```
>> sqrtm(a)
ans =
    0.4498 + 0.7623i   0.5526 + 0.2068i   0.6555 - 0.3487i
    1.0185 + 0.0842i   1.2515 + 0.0228i   1.4844 - 0.0385i
    1.5873 - 0.5940i   1.9503 - 0.1611i   2.3134 + 0.2717i
fx >> |
```

範例 **1** $A = \begin{pmatrix} 5 & -6 & 2 \\ 7 & 1 & 9 \\ 3 & 8 & -4 \end{pmatrix}$，求(a)轉置矩陣　(b)反矩陣　(c)矩陣行列式

MatLab 亦可不修改原檔案程式碼

```
1.  clear;                                    % 清除變數
2.  % 設定矩陣
3.     A = [5 -6 2; 7 1 9; 3 8 -4];
4.  % 轉置
5.     transposeA = A';
6.  % 反矩陣
7.     inverseA = inv(A);
8.  % 矩陣行列式
9.     detA = det(A);
10. disp('矩陣A');          disp(A);           % 顯示語法 disp()
11. disp('轉置矩陣');       disp(transposeA);
12. disp('反矩陣');         disp(inverseA);
13. disp('矩陣行列式');     disp(detA);
```

按快速鍵 F5，或按 ToolBar ▶

```
>> MatrixCal                    ⊙
矩陣A
      5     -6      2
      7      1      9
      3      8     -4
轉置矩陣
      5      7      3
     -6      1      8
      2      9     -4
```

```
反矩陣
    0.1258    0.0132    0.0927
   -0.0911    0.0430    0.0513
   -0.0877    0.0960   -0.0778
矩陣行列式
 -604.0000
```

● 練 習　$A = \begin{pmatrix} 1 & 3 \\ 2 & -4 \end{pmatrix}$，求(a)轉置矩陣　(b)反矩陣　(c)矩陣行列式

7-2　矩陣函數

按命令視窗上的 查詢相關矩陣函數：**矩陣函數**，說明與簡易示範如下所示：

➤ **[ ]**：空矩陣

```
>> a=[]
a =
     []
fx >> |
```

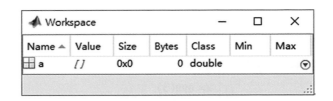

➤ **zeros(n)**：$n \times n$ 全 0 矩陣

```
>> zeros(3)
ans =
     0     0     0
     0     0     0
     0     0     0
fx >> |
```
　　或　　
```
>> zeros(3, 3)
ans =
     0     0     0
     0     0     0
     0     0     0
fx >> |
```

➤ **zeros(m, n, p)**：$m \times n \times p$ 全 0 矩陣

```
>> zeros(2, 3, 2)
ans(:,:,1) =
     0     0     0
     0     0     0
ans(:,:,2) =
     0     0     0
     0     0     0
```

➤ **ones(n)**：$n \times n$ 全 1 矩陣

```
>> ones(3)
ans =
     1     1     1
     1     1     1
     1     1     1
fx >> |
```
　　或　　
```
>> ones(3, 3)
ans =
     1     1     1
     1     1     1
     1     1     1
fx >>
```

➤ **ones(m, n, p)**：m × n × p 全 1 矩陣

```
>> ones(2,3,2)
ans(:,:,1) =
     1     1     1
     1     1     1
ans(:,:,2) =
     1     1     1
     1     1     1
```

➤ **eye(n)**：n × n 單位矩陣

```
>> eye(3)
ans =
     1     0     0
     0     1     0
     0     0     1
fx >>
```

➤ **eye(m, n)**：m × n 單位矩陣

```
>> eye(2,3)
ans =
     1     0     0
     0     1     0
fx >> |
```

➤ **rand(n)**：n × n 隨機矩陣

```
>> rand(3)
ans =
    0.2603    0.5158    0.5167
    0.7130    0.3268    0.5360
    0.4576    0.3973    0.9730
fx >>
```

➤ **rand(m, n, p)**：m × n × p 隨機多層矩陣

```
>> rand(2,3,2)                    ⊙
ans(:,:,1) =
    0.9915    0.2352    0.0366
    0.8041    0.9446    0.4245
ans(:,:,2) =
    0.3947    0.9414    0.2602
    0.5935    0.5502    0.6538
```

➤ **randn(n)**：n × n 常態分佈隨機矩陣

```
>> randn(3)
ans =
    0.1018    0.0549    0.7726
    1.6831   -0.1150    0.1129
    0.5409    1.1946   -1.3171
fx >>
```

➤ **randn(m, n, p)**：m × n × p 常態分佈隨機多層矩陣

```
>> randn(2,3,2)                    ⊙
ans(:,:,1) =
   -1.0282   -0.1149    1.3818
   -0.1298    0.7520    0.6244
ans(:,:,2) =
    0.6664    1.0495    0.8326
   -0.2490    1.2408    0.5686
```

範 例　**2**　使用隨機矩陣與 for 迴圈，模擬大樂透 49 取 6，但是號碼不重複

```
>> RandTest
x =
    39    47    17    33    22    41
fx >> |
```

MatLab

```
1.  clear;        % 清除變數
2.  % 大樂透 ： 49 取 6
3.      for i = 1:1:6
4.          x(i) = round(rand(1)*48+1);
5.      end
6.  % 檢查重複否
7.      for j = 1:1:5
8.         for k = j+1:1:6
9.             if x(j)==x(k)
10.                for i = 1:1:6
11.                    x(i) = round(rand(1)*48+1);
12.                end
13.            end
```

```
14.         end
15.     end
16.     % 六個號碼合成列
17.     x = [x(1), x(2), x(3), x(4), x(5), x(6)];
18.     disp(x);     % 顯示 x
```

按**快速鍵** F5，或按 ToolBar ▶

```
>> RandTest
x =
    38    20    40    37    19    11
fx >> |
```

● **練 習** 續上一範例 2，亂數 49 取 6，但是號碼從小排序。

7-3 　矩陣變換函數

矩陣變換函數，說明與簡易示範如下所示：

➤ **reshape()**：矩陣總個數不變，改變行數和列數；例如 a = 1:1:12，reshape(a, 3, 4)

```
>> a=1:1:12;
>> reshape(a,3,4)
ans =
     1     4     7    10
     2     5     8    11
     3     6     9    12
fx >>
```

➤ **repmat()**：將矩陣依指定行、列數擴展；例如 b = [1,2;3,4]，repmat(b, 2, 2)

```
>> b=[1,2;3,4];
>> repmat(b,2,2)
ans =
     1     2     1     2
     3     4     3     4
     1     2     1     2
     3     4     3     4
fx >>
```

➤ **fliplr()**：矩陣左右旋轉；c = fliplr(reshape(a, 3, 4))

```
>> c=fliplr(reshape(a,3,4))
c =
    10    7    4    1
    11    8    5    2
    12    9    6    3
fx >> |
```

➤ **flipud()**：矩陣上下旋轉；d = flipud(reshape(a, 3, 4))

```
>> d=flipud(reshape(a,3,4))
d =
     3    6    9   12
     2    5    8   11
     1    4    7   10
fx >>
```

➤ **rot90()**：矩陣逆時針旋轉 90 度；e = rot90(reshape(a, 3, 4))

```
>> e=rot90(reshape(a,3,4))
e =
    10   11   12
     7    8    9
     4    5    6
     1    2    3
fx >>
```

➤ **rot90(a, n)**：矩陣逆時針旋轉 n×90 度；f = rot90(reshape(a, 3, 4), 2)

```
>> f=rot90(reshape(a,3,4),2)
f =
    12    9    6    3
    11    8    5    2
    10    7    4    1
fx >>
```

➤ **[L, U] = lu(A)**：方陣(Square matrix)矩陣 A 透過 lu()函數分解為下三角矩陣(Lower triangular matrix)與上三角矩陣(Upper triangular matrix)，意即 L*U = A

使用命令視窗直接查詢

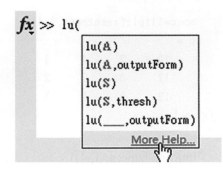

簡單範例如下所示：A = [1, 2, 3; 4, 5, 6; 7, 8, 9]

```
>> A=[1,2,3;4,5,6;7,8,9];
>> [L,U]=lu(A)
L =
    0.1429    1.0000         0
    0.5714    0.5000    1.0000
    1.0000         0         0
U =
    7.0000    8.0000    9.0000
         0    0.8571    1.7143
         0         0   -0.0000
>>
```

```
>> L*U
ans =
    1    2    3
    4    5    6
    7    8    9
>>
```

➤ **[V, D] = eig(A)**：方陣(Square matrix)矩陣 A 透過 eig()函數，取得特徵向量 V 與特徵值 D，意即滿足 A*V = V*D；直接在命令視窗鍵入 eig(查詢：

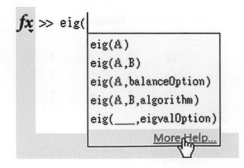

延續前述的數據，求得矩陣 A 的特徵向量 V 與特徵值 D 為

```
>> [V,D]=eig(A)
V =
    -0.2320    -0.7858     0.4082
    -0.5253    -0.0868    -0.8165
    -0.8187     0.6123     0.4082
D =
    16.1168          0          0
         0    -1.1168          0
         0          0    -0.0000
fx >>
```

其中 V 為 3×3 矩陣，各行向量為特徵向量，D 也是 3×3 矩陣，對角線值為特徵值。若矩陣 A 直接代入 eig()函數，求得特徵值如下所示：

```
>> eig(A)
ans =
    16.1168
    -1.1168
    -0.0000
fx >>
```

● 練 習　$A = \begin{pmatrix} 5 & -6 & 2 \\ 7 & 1 & 9 \\ 3 & 8 & -4 \end{pmatrix}$，求(a) fliplr　(b) flipud　(c) rot90　(d) rot90(A, 3)

7-4　線性方程式

以 fx 查詢 **linsolve()**：

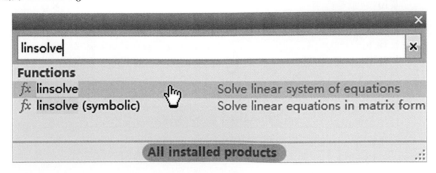

可見可以使用 **linsolve()** 語法求解線性系統 AX = B，其簡易示範與說明如下：假設線性系統為

$$2x_1 - x_2 + 3x_3 = 4$$
$$x_1 + 9x_2 - 2x_3 = -8$$
$$4x_1 - 8x_2 + 11x_3 = 15$$

即 AX = B，或表示成

$$A = \begin{bmatrix} 2 & -1 & 3 \\ 1 & 9 & -2 \\ 4 & -8 & 11 \end{bmatrix} , \quad B = \begin{bmatrix} 4 \\ -8 \\ 15 \end{bmatrix}$$

使用 linsolve() 語法求解

```
>> A=[2,-1,3;1,9,-2;4,-8,11];
>> B=[4;-8;15];
fx >>
```

```
>> X=linsolve(A,B)
X =
    1.1509
   -0.9623
    0.2453
fx >>
```

此結果如同以前所使用的語法

```
>> X=A\B
X =
    1.1509
   -0.9623
    0.2453
fx >> |
```

```
>> X=inv(A)*B
X =
    1.1509
   -0.9623
    0.2453
fx >> |
```

以 **fx** 查詢 **lu()**：

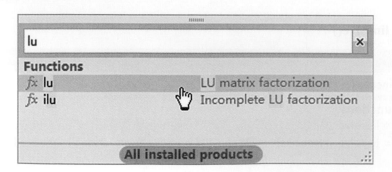

7-14

其中 **lu()**語法提供矩陣分解爲下三角矩陣 L 與上三角矩陣 U 的功能，例如：

$$A = \begin{bmatrix} 3 & 6 & 9 \\ 2 & 5 & 2 \\ -3 & -4 & -11 \end{bmatrix}$$

令 A=LU，透過[L, U, P]=lu(A)語法可知

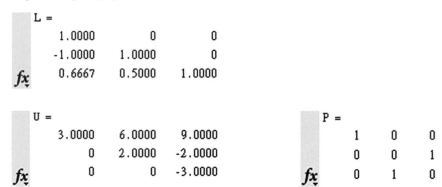

```
L =
    1.0000         0         0
   -1.0000    1.0000         0
    0.6667    0.5000    1.0000
```

```
U =
    3.0000    6.0000    9.0000
         0    2.0000   -2.0000
         0         0   -3.0000
```

```
P =
    1    0    0
    0    0    1
    0    1    0
```

若是使用[L, U]=lu(A)語法，結果爲

```
>> [L1, U]=lu(A)
L1 =
    1.0000         0         0
    0.6667    0.5000    1.0000
   -1.0000    1.0000         0
```

```
U =
    3    6    9
    0    2   -2
    0    0   -3
>>
```

上述輸出參數 L1 並非眞正的下三角矩陣 L，眞正的下三角矩陣再必須乘上所謂排列矩陣 P(permutation matrix)，如下所示：

```
>> L=P*L1
L =
    1.0000         0         0
   -1.0000    1.0000         0
    0.6667    0.5000    1.0000
>>
```

初步瞭解 lu()語法後，嘗試求解前述的線性系統

$$2x_1 - x_2 + 3x_3 = 4$$
$$x_1 + 9x_2 - 2x_3 = -8$$
$$4x_1 - 8x_2 + 11x_3 = 15$$

使用 lu()語法求解：提醒注意使用[L, U] = lu(A)語法

```
>> [L, U]=lu(A)
L =
    0.5000    0.2727    1.0000
    0.2500    1.0000         0
    1.0000         0         0
```

```
U =
    4.0000   -8.0000   11.0000
         0   11.0000   -4.7500
         0         0   -1.2045
fx >>
```

使用 **linsolve()**語法求解 Y：因為 LY = B

```
>> Y=linsolve(L, B)
Y =
   15.0000
  -11.7500
   -0.2955
fx >>
```

使用 **linsolve()**語法求解 X：因為 UX = Y

```
>> X=linsolve(U, Y)
X =
    1.1509
   -0.9623
    0.2453
fx >>
```

● **練 習** 求解線性系統方程式 **AX = B**，使用 lu()語法

$$A = \begin{bmatrix} 3 & 4 & -5 \\ 6 & -3 & 4 \\ 8 & 9 & 2 \end{bmatrix} , \quad B = \begin{bmatrix} 1 & 3 \\ 9 & 5 \\ 9 & 4 \end{bmatrix}$$

解答

```
>> [L, U]=lu(A)
L =
    0.3750   -0.0641    1.0000
    0.7500    1.0000         0
    1.0000         0         0
```

```
U =
    8.0000    9.0000   -2.0000
         0   -9.7500    5.5000
         0         0   -3.8974
fx >>
```

```
Y =
    9.0000    4.0000
    2.2500    2.0000
   -2.2308    1.6282
fx >>
```

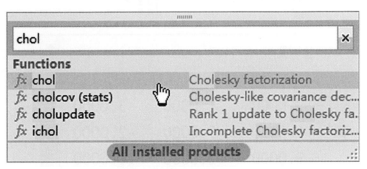

以 fx 查詢 chol()：選按 [📁 MATLAB/📁 Mathematics/📁 Linear Algebra/📁 Linear Equations /fx chol]

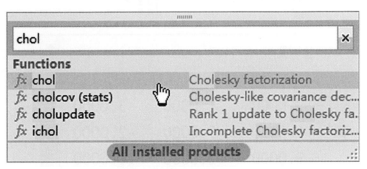

由查詢可知，R = chol(A)語法提供正定矩陣(positive definite matrix)分解為上三角矩陣 R，並且滿足 R'*R = A 的功能；例如，代入有負值元素的矩陣，將產生錯誤，如下所示：

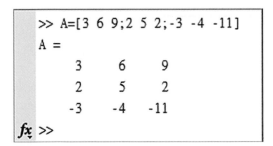

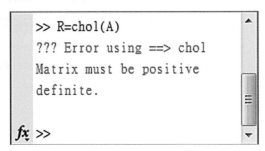

至於判斷是否正定矩陣，最簡單的方法就是特徵值(Eigenvalue)皆為正，此單元主題將在下一節中詳細討論。求特徵值語法為 eig()，判斷矩陣 A 是否正定矩陣，執行結果如下：

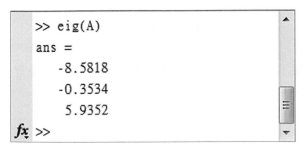

重新設定矩陣 A，同樣使用 R = chol(A)語法，執行結果如下：

```
>> A=[2 -1 3;1 9 -2;4 -8 11]
A =
     2    -1     3
     1     9    -2
     4    -8    11
fx >>
```

```
>> R=chol(A)
R =
    1.4142   -0.7071    2.1213
         0    2.9155   -0.1715
         0         0    2.5437
fx >>
```

```
R'*R
s =
    2.0000   -1.0000    3.0000
   -1.0000    9.0000   -2.0000
    3.0000   -2.0000   11.0000
```

由上述結果可知，並不滿足 R'*R = A 的要求，顯見此矩陣不是正定矩陣，雖然其特徵值皆為正；另外也可以使用第二種語法 L = chol(A, 'lower')檢查：

```
>> L=chol(A,'lower')
??? Error using ==> chol
Matrix must be positive
definite.
fx >>
```

初步瞭解 **chol()**語法後，嘗試求解前述的線性系統 AX = B

$$A = \begin{bmatrix} 2 & 3 & 4 \\ 3 & 6 & 7 \\ 4 & 7 & 10 \end{bmatrix} \quad , \quad B = \begin{bmatrix} 2 \\ 4 \\ 8 \end{bmatrix}$$

首先判斷是否為正定矩陣：由下列顯示的驗證結果可知，此矩陣確實為正定矩陣

```
>> R'*R
ans =
    2.0000    3.0000    4.0000
    3.0000    6.0000    7.0000
    4.0000    7.0000   10.0000
fx >>
```

```
>> L=chol(A, 'lower')
L =
    1.4142         0         0
    2.1213    1.2247         0
    2.8284    0.8165    1.1547
fx >>
```

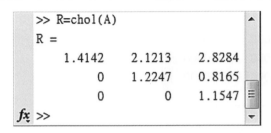

令 AX = R'RX = R'Y = B，使用 **chol()**語法求解：使用 linsolve()語法求解 Y，因為 R'Y = B

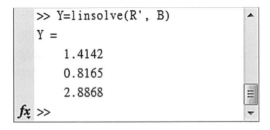

使用 **linsolve()**語法求解 X，因為 RX = Y

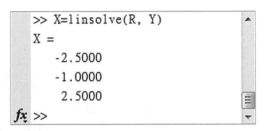

以 fx 查詢 qr()：選按 [📁 MATLAB / 📁 Mathematics / 📁 Linear Algebra / 📁 Linear Equations / fx chol]

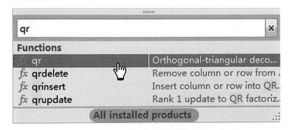

由查詢可知，**[Q, R] = qr(A)**語法提供矩陣 A 分解為與 A 同維度的上三角矩陣 R，以及么正矩陣 (unitary matrix)，使能滿足 A = Q*R 的功能；例如設定矩陣為

$$A = \begin{bmatrix} 4 & -2 & 7 \\ 6 & 2 & -3 \\ 3 & 4 & 4 \end{bmatrix}$$

使用**[Q, R] = qr(A)**語法，執行結果如下：

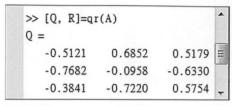
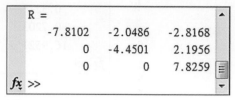

```
>> [Q, R]=qr(A)
Q =
   -0.5121    0.6852    0.5179
   -0.7682   -0.0958   -0.6330
   -0.3841   -0.7220    0.5754
```

```
R =
   -7.8102   -2.0486   -2.8168
         0   -4.4501    2.1956
         0         0    7.8259
fx >>
```

```
>> Q*R
ans =
    4.0000   -2.0000    7.0000
    6.0000    2.0000   -3.0000
    3.0000    4.0000    4.0000
fx >>
```

初步瞭解 **qr()** 語法後，同樣嘗試求解前述的線性系統 AX = B

$$A = \begin{bmatrix} 2 & 3 & 4 \\ 3 & 6 & 7 \\ 4 & 7 & 10 \end{bmatrix} \quad , \quad B = \begin{bmatrix} 2 \\ 4 \\ 8 \end{bmatrix}$$

令 AX = QRX = QY = B，使用 qr()語法求解：使用 linsolve()語法求解 Y，因為 QY = B

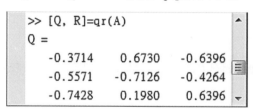
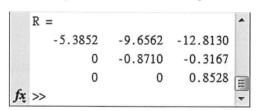

```
>> [Q, R]=qr(A)
Q =
   -0.3714    0.6730   -0.6396
   -0.5571   -0.7126   -0.4264
   -0.7428    0.1980    0.6396
```

```
R =
   -5.3852   -9.6562   -12.8130
         0   -0.8710    -0.3167
         0         0     0.8528
fx >>
```

```
>> Y=linsolve(Q, B)
Y =
   -8.9134
    0.0792
    2.1320
fx >>
```

使用 **linsolve()** 語法求解 X，因為 RX = Y

```
>> X=linsolve(R, Y)
X =
   -2.5000
   -1.0000
    2.5000
fx >>
```

7-5 特徵值與奇異值

以 fx 查詢 **eig()**，計算特徵值(Eigenvalue，簡稱 eig)與特徵向量：

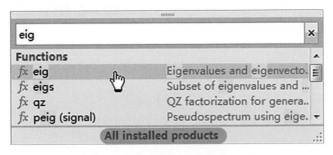

由查詢得知可以使用**[V, D] = eig(A)**語法求解矩陣的特徵值與特徵向量，其簡易示範與說明如下：假設矩陣為

$$A = \begin{bmatrix} 1 & -2 \\ 2 & 0 \end{bmatrix}$$

使用 **D = eig(A)**語法求解特徵值

```
>> D=eig(A)
D =
   0.5000 + 1.9365i
   0.5000 - 1.9365i
fx >>
```

或者使用**[V, D] = eig(A)**語法求解特徵值與特徵向量

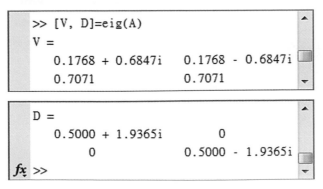

由此結果可以驗證特徵值對角化等同 $V^{-1}AV$

```
>> inv(V)*A*V
ans =
    0.5000 + 1.9365i    0.0000
    0.0000              0.5000 - 1.9365i
fx >>
```

● **練 習** 求解矩陣的特徵值與特徵向量，並且驗證特徵值對角化等同 $V^{-1}AV$

$$A = \begin{bmatrix} -1 & 4 \\ 0 & 3 \end{bmatrix}$$

解答

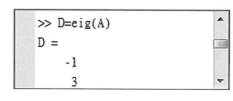

```
>> D=eig(A)
D =
    -1
     3
```

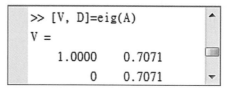

```
>> [V, D]=eig(A)
V =
    1.0000    0.7071
         0    0.7071
```

```
D =
    -1    0
     0    3
fx >>
```

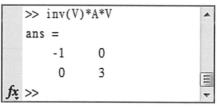

```
>> inv(V)*A*V
ans =
    -1    0
     0    3
fx >>
```

以 fx 查詢 **svd()**，計算奇異值分解(Singular value decomposition，簡稱 svd)：選按[📁 MATLAB/ 📁 Mathematics/📁 Linear Algebra/📁 Eigenvalues and Singular Values / fx svd]

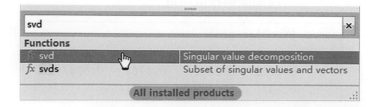

由查詢得知可以使用**[U, S, V] = svd(X)**語法求解奇異值分解，其簡易示範與說明如下：假設矩陣 X 爲

$$X = \begin{bmatrix} 1 & 2 & 3 \\ 4 & 5 & 6 \\ 7 & 8 & 9 \end{bmatrix}$$

使用[U, S, V] = svd(X)語法

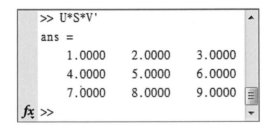

其特性滿足 X = USV'

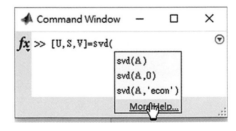

若是使用**[U, S, V] = svd(X, 0)**語法，則可顯示比較節省矩陣大小的結果

例如重新假設矩陣 X 為

$$X = \begin{bmatrix} 1 & 2 \\ 3 & 4 \\ 5 & 6 \end{bmatrix}$$

執行結果

```
>> [U,S,V]=svd(X)
U =
    -0.2298     0.8835     0.4082
    -0.5247     0.2408    -0.8165
    -0.8196    -0.4019     0.4082
S =
     9.5255          0
          0     0.5143
          0          0
V =
    -0.6196    -0.7849
    -0.7849     0.6196
fx >>
```

```
>> [U,S,V]=svd(X, 0)
U =
    -0.2298     0.8835
    -0.5247     0.2408
    -0.8196    -0.4019
S =
     9.5255          0
          0     0.5143
V =
    -0.6196    -0.7849
    -0.7849     0.6196
fx >>
```

習題

1. 查詢求解線性方程式簡單系統 Ax=B 的函數語法，並測試

```
>> a = [2,3,4;3,6,7;4,7,10]
a =
     2     3     4
     3     6     7
     4     7    10
```
```
>> b = [2;4;8]
b =
     2
     4
     8
```
```
>> mldivide(a,b)
ans =
   -2.5000
   -1.0000
    2.5000
```

2. 查詢求解線性方程式簡單系統 xA=B 的函數語法，並測試

```
>> A = [1 1 3; 2 0 4; -1 6 -1]
A =
     1     1     3
     2     0     4
    -1     6    -1
```
```
>> B = [2 19 8]
B =
     2    19     8
```
```
>> x = mrdivide(B,A)
x =
    1.0000    2.0000    3.0000
```

3. 查詢矩陣相乘的函數語法，並測試

```
>> A = [1,2;3,4]
A =
     1     2
     3     4
```
```
>> B = [5,6;7,8]
B =
     5     6
     7     8
```
```
>> mtimes(A,B)
ans =
    19    22
    43    50
```
```
>> C = [1;2]
C =
     1
     2
```
```
>> mtimes(A,C)
ans =
     5
    11
```

4. 查詢矩陣次方的函數語法，並測試

```
>> mpower(A,2)
ans =
     7    10
    15    22
```
```
>> mpower(A,3)
ans =
    37    54
    81   118
```

5. 查詢矩陣開根號的函數語法，並測試

```
>> sqrtm(A)
ans =
    0.5537 + 0.4644i    0.8070 - 0.2124i
    1.2104 - 0.3186i    1.7641 + 0.1458i
```

6. 查詢矩陣取指數的函數語法，並測試

```
>> A = [1 1 0; 0 0 2; 0 0 -1];
>> expm(A)
ans =
    2.7183    1.7183    1.0862
         0    1.0000    1.2642
         0         0    0.3679
```

7. 查詢矩陣取對數的函數語法，並測試

```
>> logm(expm(A))
ans =
    1.0000    1.0000    0.0000
         0         0    2.0000
         0         0   -1.0000
```

8. 查詢計算一般矩陣函數的函數語法，並測試

```
>> funm(magic(3), @sin)
ans =
   -0.3850    1.0191    0.0162
    0.6179    0.2168   -0.1844
    0.4173   -0.5856    0.8185
```

9. 查詢矩陣是否為下三角、上三角型態的函數語法，並測試

```
a =
    0.8878         0         0         0
    0.3912    0.8085         0         0
    0.7691    0.7551    0.7904         0
```

```
>> istril(a)
ans =
  logical
   1
```

```
>> a = triu(rand(3,3))
a =
    0.1476    0.5606    0.5828
         0    0.9296    0.8154
         0         0    0.8790
```

```
>> istriu(a)
ans =
  logical
   1
```

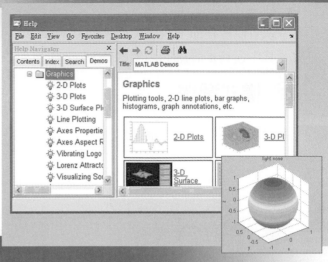

Chapter **8**

二維圖形

學習重點

研習完本章,將學會

1. plot
2. label & axes box
3. axis & zoom
4. 多重繪圖
5. 特殊繪圖
6. fplot 與 ezplot
7. 幾何圖形

8-1　plot

使用命令視窗上的 *fx* 查詢:

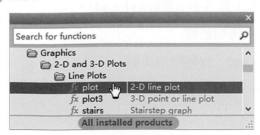

或者直接在命令視窗(Command Window)中鍵入 plot(，系統會自動顯示所有的 plot()相關函數，其中還有更詳細的說明聯結 More Help 可供使用。

樣式選擇

二維繪圖指令中，最基本也是最常使用的，就是 **plot()**，其繪圖的樣式選擇如下表所示：

Symbol	Color	Symbol	Marker	Symbol	LineStyle
b	Blue 藍色	.	Point	-	Solid line
g	Green 綠色	o	Circle	:	Dotted line
r	Red 紅色	x	Cross	-.	Dash-dot line
c	Cyan	+	Plus sign	--	Dashed line
m	Magenta 洋紅色	*	Asterisk		
y	Yellow 黃色	s	Square		
k	Black 黑色	d	Diamond		
w	White 白色	v	Triangle(down)		
		^	Triangle(up)		
		<	Triangle(left)		
		>	Triangle(right)		
		p	Pentagram		
		h	Heragram		

二維繪圖常用語法有：

➤ **plot(x, y, S)**：以 S 方式顯示(x、y)曲線圖形，其中 S 為字元字串，包括 Color、Marker、LineStyle

➤ **plot(x1, y1, S1, x2, y2, S2)**：以 S 方式顯示(x1、y1)，(x2、y2)兩組曲線圖形

➤ **x = init : step : stop**：線性陣列範圍

➤ **linspace(begin, end, data no)**：線性陣列範圍

➤ **logspace(begin, end, data no)**：對數陣列範圍

以簡單範例說明：撰寫如下圖所示的程式碼，檔名 PlotDemo

```
1 -    x = 0:0.2:6*pi;
2 -    y = cos(x);
3 -    plot(x, y, 'bs-');
```

回命令視窗(Command Window)，鍵入 PlotDemo，按 [Enter]

▶ 執行結果

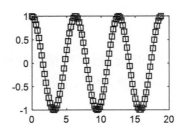

又如將 plot 改為 plot(x, y, 'g*:');

```
>> PlotDemo
>> plot(x, y, 'g*:');
fx >> |
```

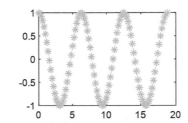

將 plot 改為 plot(x, y, 'r+-.');

```
>> plot(x, y, 'g*:');
>> plot(x, y, 'r+-.');
fx >> |
```

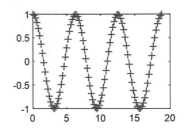

將 plot 改為 plot(x, y, ' cv--');

```
>> plot(x, y, 'r+-.');
>> plot(x, y, ' cv--');
fx >> |
```

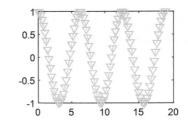

範 例 1 plot z = 3 + 4i

MatLab 在命令視窗中鍵入 z = 3 + 4i，可知 z 為 1 × 1 大小，16 位元 double 類別的複數

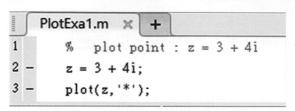

▶ 執行結果 在 Editor 視窗中，按 ToolBar ▶，或按快速鍵 **F5**，或回 ◢ MATLAB，在命令視窗(Command Window)，鍵入檔名 PlotExa1，結果：

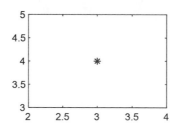

範 例 2 plot 三角函數，$0 \leq x \leq 4\pi$，(a) y = sin(x) (b) y = cos(x)

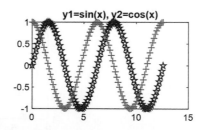

MatLab 以 ✏ Editor 撰寫，並命名為 PlotExa2.m

```
1.  %  plot y1=sin(x), y2=cos(x)
2.  x = linspace(0,4*pi,100);        % 100 個取樣數
3.  y1 = sin(x);                     % 設定 y1 為 sin 函數
4.  y2 = cos(x);                     % 設定 y2 為 cos 函數
5.  plot(x,y1,'b:p',x,y2,'m+');      % plot()語法，繪製函數圖形
6.  title('y1=sin(x), y2=cos(x)');   % 顯示標題
```

▶ 執行結果　在 Editor 視窗中，按 ToolBa ▷ ，或按快速鍵 **F5**，或回命令視窗(Command Window)，鍵入檔名 PlotExa2。

補充　練習不同顏色與標記，例如 plot(x, y1, x, y2);

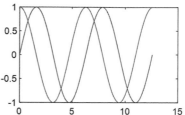

例如 plot(x, y1, 'rs-.', x, y2, 'g^--');

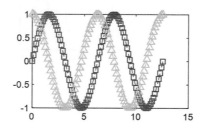

使用陣列型態繪圖 sin(x)、cos(x)

```
PlotExa2a.m ×   PlotExa2b.m ×   +
/MATLAB Drive/Published/PlotExa2a.m
1    x=linspace(0, 4*pi, 100);
2    y1=sin(x);
3    y2=cos(x);
4    plot(x,[y1; y2]);
5    title('y1=sin(x), y2=cos(x)');
```

或

```
PlotExa2a.m ×    PlotExa2b.m ×    +
/MATLAB Drive/Published/PlotExa2b.m
1    x=linspace(0, 4*pi, 100);
2    y=[sin(x); cos(x)];
3    plot(x, y);
4    title('y1=sin(x), y2=cos(x)');
```

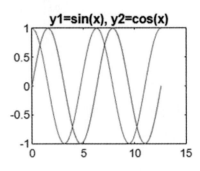

繪圖 sin(x)、3sin(x)：

amp = [1; 3];

x=linspace(0, 4*pi, 100);

y=amp*sin(x);

plot(x, y);

axis tight;

grid on;   %格線

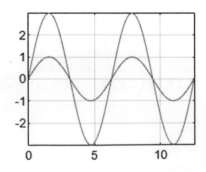

範 例　**3**　plot：sinc 函數 $y = \dfrac{\sin(x)}{x}$，$-15 \le x \le 15$

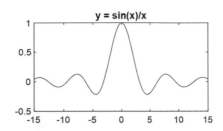

MatLab　在上述程式中，直接修改，並重新命名(Save As)為 PlotExa3.m

```
1.  %   plot y=sin(x)/x
2.  x = linspace(-15,15,100);      % 100 個取樣數
3.  y = sin(x)./x;                 % 設定 y 為 sinc(x)函數
4.  plot(x, y);                    % plot()語法，繪製函數圖形
5.  title('y = sin(x)/x');         % 顯示標題
```

行號 3：注意./的使用

▶ 執行結果　在 Editor 視窗中，按 ToolBar ▣，或按快速鍵 **F5**，或回命令視窗(Command Window)，鍵入檔名 PlotExa3。

◉ 練 習　使用 plot()語法繪圖 y = sin(x + sin(x))，0≦x≦6π (參考檔案：PlotEx1.m)

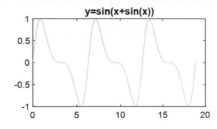

◉ 練 習　使用 plot()語法繪圖(a) sin(x)，(b) cos(x)，(c) tan(x)，(d) cot(x)，(e) sec(x)，(f)csc(x)，0≦x≦4π (參考檔案：PlotEx2.m)

hint help figure & help axis

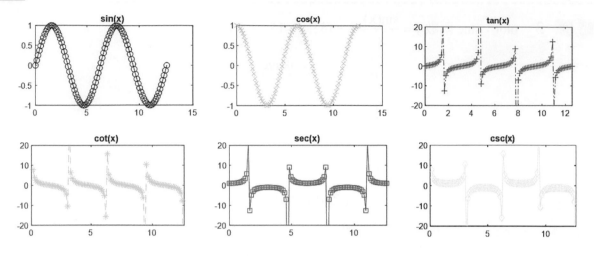

8-2   label & axes box

使用命令視窗上的 *fx* 查詢：

常用語法有：

➤ **grid on**：座標方格標示，執行檔案 PlotExa2.m 為例

```
>> PlotExa2
>> grid on;
fx >>
```

➤ **grid off**：座標方格不標示

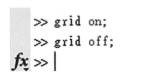
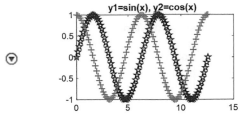

```
>> grid on;
>> grid off;
fx >> |
```

➤ **xlabel(' text ')**：x 軸名稱，例如標示 x：xlabel('x');

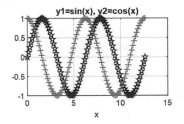

```
>> xlabel('x');
>> grid on;
fx >> |
```

➤ **ylabel(' text ')**：y 軸名稱，例如標示 y：ylabel('y');

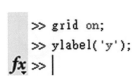
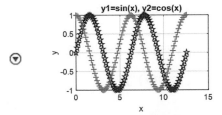

```
>> grid on;
>> ylabel('y');
fx >> |
```

➤ **text(x 位置, y 位置, ' text ')**：圖表(x, y)位置標示名稱，例如 text(2.5, 0.75, 'sin(x)');

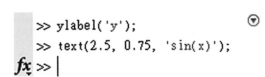
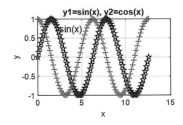

```
>> ylabel('y');
>> text(2.5, 0.75, 'sin(x)');
fx >> |
```

➤ **axis([xbegin, xend, ybegin, yend])**：座標軸的限制範圍，例如 axis([0,2*6.28,-2,2]);

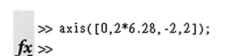
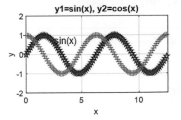

```
>> axis([0,2*6.28,-2,2]);
fx >>
```

➤ **box off**：圖表邊框不顯示

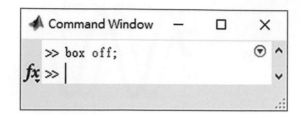 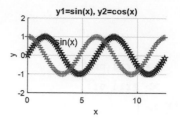

➤ **box on**：圖表邊框顯示

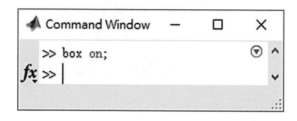 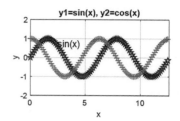

➤ **gtext('string')**：互動式文字標記；例如 gtext('cos(x)');

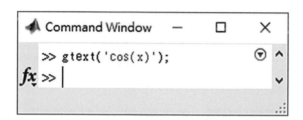 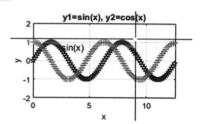

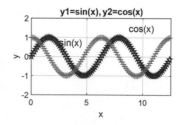

➤ **fill(x, y, '顏色')**：填色

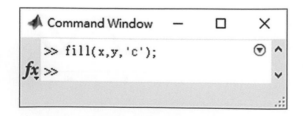 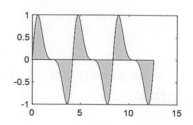

➤ **area(x, y)**：區域填色

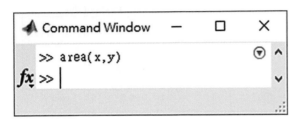
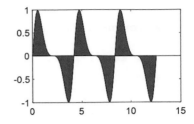

範例 **4** 使用 plot()語法繪製 y = x*sin(1/x)圖形，圖表上有 label，grid，輸出如下圖所示

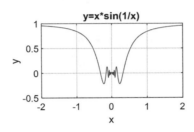

MatLab 以 Editor 撰寫，並重新命名為 PlotExa4.m，程式碼如下所示

```
1.  % plot y=x*sin(1/x)
2.  x =linspace(-2,2,500);        % 取樣點 500
3.  y=x.*(sin(1./x));             % 函數 y
4.  plot(x,y);                    % 使用 plot()語法繪製函數 y 圖形
5.  xlabel('x');                  % x軸文字標籤
6.  ylabel('y');                  % y軸文字標籤
7.  grid on;                      % 格線
8.  title('y=x*sin(1/x)');        % 顯示標題
```

▶ 執行結果 在 Editor 視窗中，按 ToolBar ▷，或按快速鍵 **F5**，或回命令視窗(Command Window)，鍵入檔名 PlotExa4

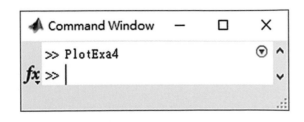
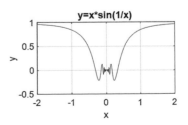

補充 示範 **axis()**：座標軸的限制範圍，例如 axis([-1, 1, -0.5, 1]);

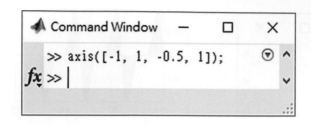 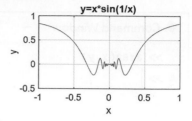

axis([-0.2, 0.2, -0.2, 0.2]);

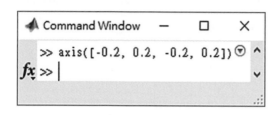 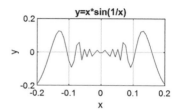

由輸出圖形可知，函數圖形在 x = 0 附近振盪激烈，故須增加取樣點數，例如 1500；在此條件下，重新執行。

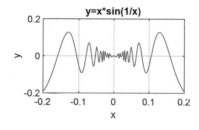

範 例 **5** (a)繪製函數圖形 y = cos(x)*x，-15≦x≦15，圖表上有 label，grid，並以 axis()限制範圍，(b)使用 fill()語法

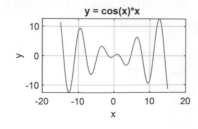

MatLab (a)以 Editor 撰寫，並重新命名為 PlotExa5.m，程式碼如下所示：

```
1.  %   plot y=cos(x)*x
2.  x = linspace(-15,15,100);      % 100 個取樣點
3.  y = cos(x).*x;                 % 函數 y 設定
4.  plot(x, y);                    % 使用 plot() 語法繪製函數 y 圖形
5.  xlabel('x');                   % x 軸文字標籤
6.  ylabel('y');                   % y 軸文字標籤
7.  grid on;                       % 格線
8.  title('y = cos(x)*x ');        % 顯示標題
```

▶ 執行結果　在 Editor 視窗中，按 ToolBar，或按快速鍵 **F5**，或回命令視窗(Command Window)，鍵入檔名 PlotExa5

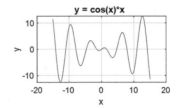

(b) 命令視窗(Command Window)直接鍵入 fill(x, y, 'c');

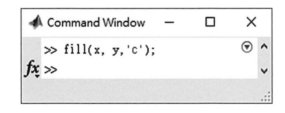
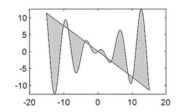

● 練習　續上一節練習 2，在三角函數圖上加上 grid 與 label，如下圖所示(參考檔案 Triangle LabelGrid.m)

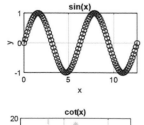
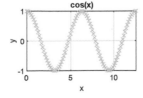
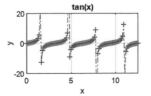
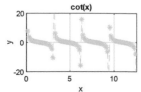
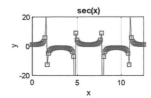
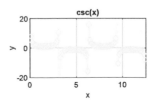

8-3　axis & zoom

上一節介紹過 axis()命令，用來控制水平軸 x 與垂直軸 y 的範圍，其餘常用的語法尚有

▶ **axis([xbegin, xend, ybegin, yend])**：座標軸的限制，三維座標軸範圍限制使用 axis([x 軸最小值, x 軸最大值, y 軸最小值, y 軸最大值,z 軸最小值, z 軸最大值])語法。

```
>> x=linspace(-15,15,100);
>> y=sin(x)./x;
>> plot(x,y);
>> grid on;
>> xlabel('x');
>> ylabel('y');
fx >>
```

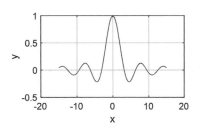

例如 axis([-10, 10, -1,1])

```
>> axis([-10, 10, -1, 1])
fx >>
```

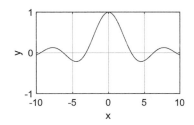

▶ **axis auto**：預設座標軸刻度

```
>> axis auto;
fx >>
```

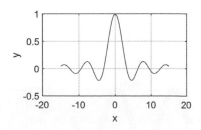

➤ **axis tight**：以數據限制為座標軸刻度

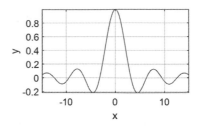

➤ **axis ij**：座標軸為矩陣模式，x 軸從左而右遞增，y 軸從上而下遞增

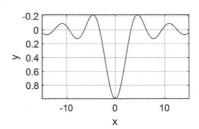

➤ **axis xy**：座標軸為直角座標模式，x 軸從左而右遞增，從下而上遞增

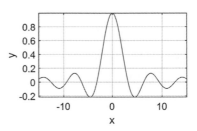

➤ **axis equal**：座標軸刻度增量相同

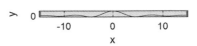

➤ **axis square**：座標軸圖形視窗為正方形

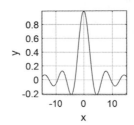

➤ **axis normal**：將目前的座標軸刻度恢復到全尺寸

```
>> axis normal;
fx >>
```

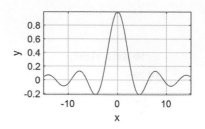

➤ **axis off**：不顯示座標軸的文字標記、背景

```
>> axis off;
fx >>|
```

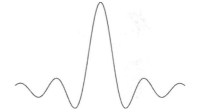

➤ **axis on**：顯示座標軸的文字標記、背景

```
>> axis on;
fx >>
```

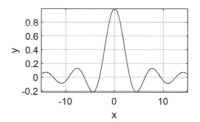

另外，還有 **axis image**、**axis vis3d** 命令，前者是有關影像處理，後者則用來處理三維圖形，容在後續章節中詳細討論。

⟳ zoom

zoom 為座標軸縮放函數，常用的語法有

➤ **zoom on**：圖形縮放，舉上述 sinc(x)=sin(x)/x 為例，滑鼠左鍵於圖形中按一下放大一倍：

```
>> zoom on;
fx >>
```

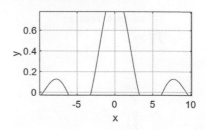

連續按二下恢，或按右鍵：

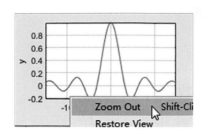

➤ **zoom off**：取消圖形縮放

➤ **zoom xon**：只允許對 x 軸縮放

```
>> zoom xon;
>>
```

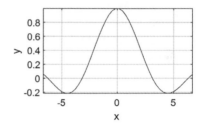

➤ **zoom yon**：只允許對 y 軸縮放

```
>> zoom yon;
>>
```

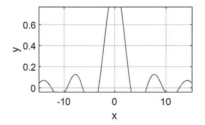

➤ **zoom(factor)**：圖形縮放因子

```
>> zoom(1.5);
>>
```

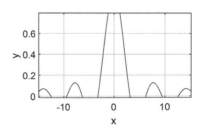

8-4 多重繪圖

常用語法有

➤ **hold on**：已存在 plot 中新增 plot

```
>> x=linspace(0,4*pi,100);
>> y=tan(x);
>> plot(x,y,'r+-.');
>> grid on;
>> xlabel('x');
>> ylabel('y');
>> axis([0,4*pi,-10,10]);
fx >>
```

使用 hold on 語法，設計讓 cot(x)與 tan(x)同時顯示

```
>> hold on;
>> y4=cot(x);
>> plot(x,y4,'c*--');
fx >>
```

➤ **hold off**：清除已存在 plot 中新增 plot；使用 hold off 語法，設計讓 sec(x)顯示

```
>> hold off;
>> y5=sec(x);
>> plot(x,y5,'ms-');
fx >>
```

```
>> grid on;
>> xlabel('x');
>> ylabel('y');
>> axis([0,4*pi,-10,10]);
fx >>
```

➤ **clf**：清除現有 Figure 視窗

➤ **close**：關閉 Figure 視窗

➤ **close all**：關閉所有 Figure 視窗

➤ **subplot(m, n, p)**：或者 subplot(m n p)，m×n 陣列，第 p 個圖形座標軸

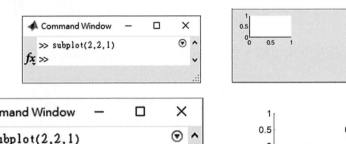

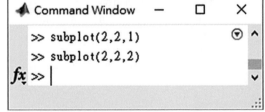
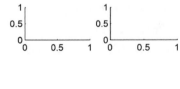

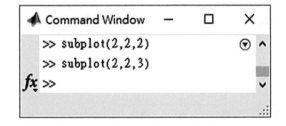
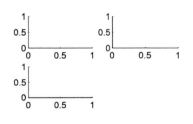

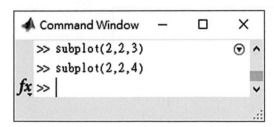
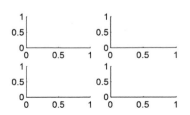

舉例說明：sin(x)函數圖形顯示在左上角位置，即 subplot(2 2 1)或 subplot(2, 2, 1)

```
>> x=linspace(0,4*pi);
>> yl=sin(x);
>> subplot(2,2,1);
>> plot(x,yl);
>> axis tight;
fx >>
```

cos(x)函數圖形顯示在右上角位置，即 subplot(2 2 2)或 subplot(2, 2, 2)

```
>> y2=cos(x);
>> subplot(2,2,2);
>> plot(x,y2);
>> axis tight;
fx >>
```

tan(x)函數圖形顯示在左下角位置，即 subplot(2 2 3)或 subplot(2, 2, 3)

```
>> y3=tan(x);
>> subplot(2,2,3);
>> plot(x,y3);
>> axis([0,4*pi,-10,10]);
fx >>
```

subplot(2,2,3:4);

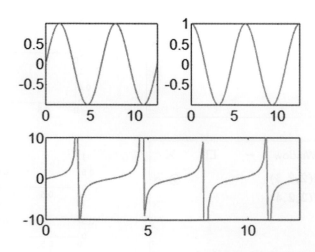

➤ **legend(字串 1, 字串 2,...)**：顯示曲線種類之貼圖方盒

```
>> clf
>> PlotExa2
>> legend('sin(x)','cos(x)');
fx >>
```

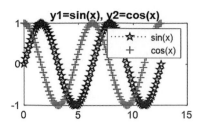

➤ **legend off**：取消顯示曲線種類之方盒

```
>> legend('sin(x)','cos(x)');
>> legend off;
fx >>
```

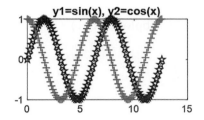

範 例 **6**　使用 subplot()語法繪圖函數，y1 = sin(tan(x))-tan(sin(x))，y2= cos(x)*x，-15≦x≦15

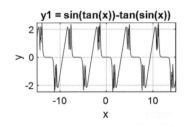
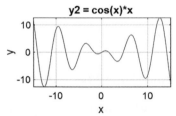

MatLab　以 📝 **Editor** 撰寫，按 📂 打開舊檔 PlotExa6.m

```
1.  %   plot y1=sin(tan(x))-tan(sin(x)),y2=cos(x)*x
2.  x = linspace(-15,15,500);          % 500 個取樣點
3.  y1 =sin(tan(x))-tan(sin(x));       % 函數 y1 設定
4.  y2 =cos(x).*x;                     % 函數 y2 設定
5.  subplot(1,2,1);
6.  plot(x, y1);                       % 使用 plot()語法繪製函數 y1 圖形
7.  xlabel('x');                       % x 軸文字標籤
8.  ylabel('y');                       % y 軸文字標籤
9.  grid on;                           % 格線
10. axis tight;                        % 座標軸刻度配合數據之數值大小
11. title('y1 = sin(tan(x))-tan(sin(x))');   % 顯示標題
12. subplot(1,2,2);
```

```
13. plot(x, y2);                          % 使用 plot() 語法繪製函數 y2 圖形
14. xlabel('x');                          % x 軸文字標籤
15. ylabel('y');                          % y 軸文字標籤
16. grid on;                              % 格線
17. axis tight;                           % 座標軸刻度配合數據之數值大小
18. title('y2 = cos(x)*x');               % 顯示標題
```

▶ 執行結果　在 Editor 視窗中，按 ToolBar ▷，或按快速鍵 **F5**，或回命令視窗(Command Window)，鍵入檔名 PlotExa6，輸出圖形如上題目欄中所示。

● 練 習　使用 subplot(2, 1, 1)、subplot(2, 1, 2)語法

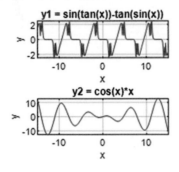

範 例　**7**　使用 **subplot()**語法繪圖三角函數，$0 \leq x \leq 4\pi$，輸出如下圖所示

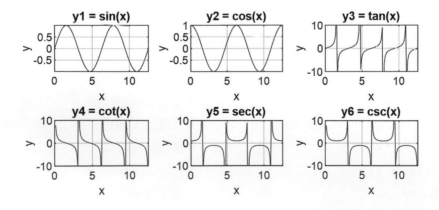

MatLab 程式碼如下所示

```
1.  %    plot 三角函數，0≦x≦4π
2.  x = linspace(0,4*pi,100);         % 100 個取樣點
3.  y1=sin(x);                        % 函數 y1=sin(x) 設定
4.  y2=cos(x);                        % 函數 y2=cos(x) 設定
5.  y3=tan(x);                        % 函數 y3=tan(x) 設定
6.  y4=cot(x);                        % 函數 y4=cot(x) 設定
7.  y5=sec(x);                        % 函數 y5=sec(x) 設定
8.  y6=csc(x);                        % 函數 y6=csc(x) 設定
9.     subplot(2,3,1);
10. plot(x, y1);                      % 使用 plot() 語法繪製函數 y1 圖形
11. xlabel('x');                      % x 軸文字標籤
12. ylabel('y');                      % y 軸文字標籤
13. grid on;                          % 格線
14. axis tight;                       % 座標軸刻度配合數據之數值大小
15. title('y1 = sin(x)');             % 顯示標題
16.    subplot(2,3,2);
17. plot(x, y2);                      % 使用 plot() 語法繪製函數 y2 圖形
18. xlabel('x');                      % x 軸文字標籤
19. ylabel('y');                      % y 軸文字標籤
20. grid on;                          % 格線
21. axis tight;                       % 座標軸刻度配合數據之數值大小
22. title('y2 = cos(x)');             % 顯示標題
23.    subplot(2,3,3);
24. plot(x, y3);                      % 使用 plot() 語法繪製函數 y3 圖形
25. xlabel('x');                      % x 軸文字標籤
26. ylabel('y');                      % y 軸文字標籤
27. grid on;                          % 格線
28. axis([0,4*pi,-10,10]);            % y 座標軸刻度限制在 [-10,10] 之間
29. title('y3 = tan(x)');             % 顯示標題
30.    subplot(2,3,4);
31. plot(x, y4);                      % 使用 plot() 語法繪製函數 y4 圖形
32. xlabel('x');                      % x 軸文字標籤
33. ylabel('y');                      % y 軸文字標籤
34. grid on;                          % 格線
```

```
35.  axis([0,4*pi,-10,10]);              % y 座標軸刻度限制在[-10,10]之間
36.  title('y4 = cot(x)');               % 顯示標題
37.     subplot(2,3,5);
38.  plot(x, y5);                         % 使用 plot()語法繪製函數 y5 圖形
39.  xlabel('x');                         % x 軸文字標籤
40.  ylabel('y');                         % y 軸文字標籤
41.  grid on;                             % 格線
42.  axis([0,4*pi,-10,10]);              % y 座標軸刻度限制在[-10,10]之間
43.  title('y5 = sec(x)');               % 顯示標題
44.     subplot(2,3,6);
45.  plot(x, y6);                         % 使用 plot()語法繪製函數 y6 圖形
46.  xlabel('x');                         % x 軸文字標籤
47.  ylabel('y');                         % y 軸文字標籤
48.  grid on;                             % 格線
49.  axis([0,4*pi,-10,10]);              % y 座標軸刻度限制在[-10,10]之間
50.  title('y6 = csc(x)');               % 顯示標題
```

注意./與.*的使用；凡是陣列的乘、除、次方，都必須使用.運算子，即./、.*、.^

▶ 執行結果　在 Editor 視窗中，按 ToolBar ▣，或按快速鍵 **F5**，或回命令視窗(Command Window)，鍵入檔名 PlotExa7。

補充 消除三角函數正、負無窮大數據連線的問題(參考檔案 newplotDemo.m)

```
1.   cla;                                 % 清除 axes
2.   checkno = 0;
3.   for x = linspace(-2*pi, 2*pi, 600)  % 設定變數 x 範圍
4.      y = tan(x);                       % 設定 y 函數
5.      if y <= 20 && y >= -20           % 限制 y 軸範圍值:-20 <= y <= 20
6.         if checkno == 0               % 檢查碼 checkno=0, 數據第一點不連線
7.            plot(x, y);
8.            checkno = 1;
9.         else
10.           x2 = [x, xx];               % 連線:陣列化
11.           y2 = [y, yy];
12.           line(x2, y2);
13.        end
14.        xx = x;      yy = y;           % 下一點數據值
```

```
15.        hold on;                          % 圖形保持
16.    else
17.        checkno = 0;                      % 超出 y 軸範圍值：檢查碼 checkno=0
18.    end
19. end
20. xlabel('x');    ylabel('y');
21.    grid on;    axis tight;
```

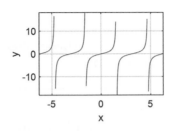

● 練 習 使用 subplot(3,2,p)，以及 legend()語法

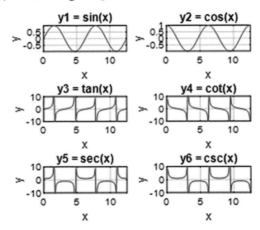

● 練 習 使用 subplot()語法繪圖雙曲線函數，$0 \leq x \leq 2$：y1 = sinh(x)，y2 = cosh(x)，y3 = tanh(x)，
y4 = coth(x)，y5 = sech(x)，y6 = csch(x) (參考檔案 Subplot_ex2.m)

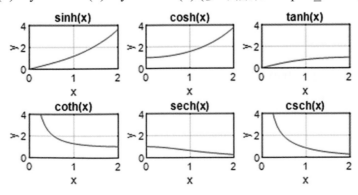

8-5 特殊繪圖

常用語法有：

➤ **semilogx()**：對數 x 軸繪圖

```
fx >> semilogx(
        semilogx(Y)
        semilogx(X1,Y1,...)
        semilogx(X1,Y1,LineSpec,...)
        semilogx(...,'PropertyName',PropertyValue,...)
        semilogx(ax,...)
                                        More Help
```

在命令視窗直接鍵入 semilogx(查詢，結果發現語法類似線性軸的 plot()函數

```
>> x=logspace(-2,1,100);
>> semilogx(x,sin(x));
>> grid on;
fx >>
```

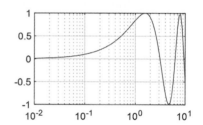

➤ **semilogy()**：對數 y 軸繪圖

```
>> x=linspace(0,4,100);
>> semilogy(x,sin(x));
Warning: Negative data ignored
>> grid on;
fx >>
```

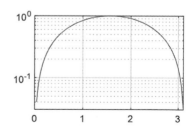

➤ **loglog()**：雙對數座標軸

```
>> x=logspace(-2,1,100);
>> loglog(x,sin(x));
Warning: Negative data ignored
>> grid on;
fx >>
```

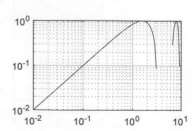

➤ **plotyy()**：雙 *y* 軸座標軸

在命令視窗直接鍵入 plotyy(查詢

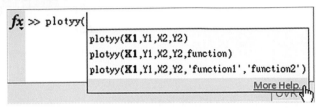

使用 plotyy()函數的重點在：

1. 雙 y 軸繪製所使用的控制 function，可以是 function handle 或 string。
2. 控制 function1 繪製第一組數據，對應 y 軸在左邊；控制 function2 繪製第二組數據，對應 y 軸在右邊。

以三角函數中的 sin(x)與 tan(x)為例，使用 plotyy()函數繪製結果如下：

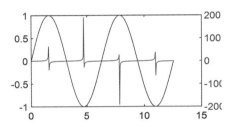

針對 tan(x)的顯示將其 y 軸改為半對數 semilogy()

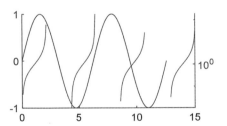

➤ **bar()**：二維柱狀圖；例如將 sin(x)函數 bar 化

bar(x, y, '顏色')：在命令視窗中鍵入 bar(，查看系統自動顯示的語法表列

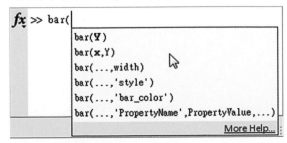

```
>> x=linspace(0,2*pi,20);
>> y=sin(x);
>> bar(x,y,'g');
fx >>
```

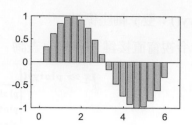

➤ **bar3()**：三維柱狀圖；例如將 sin(x)函數 bar3 化

bar3(x, y, '顏色')：g 代表綠色

```
>> bar3(x,y,'g');
fx >> |
```

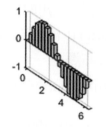

➤ **barh()**：二維水平柱狀圖；r 代表紅色

```
>> barh(x,y,'r');
fx >> |
```

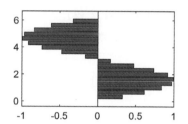

➤ **bar3h()**：三維水平柱狀圖

```
>> bar3h(x,y,'r');
fx >> |
```

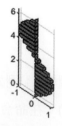

➤ **errorbar()**：誤差二維柱狀圖；例如將 sin(x)函數 errorbar 化

在命令視窗中鍵入 **errorbar(**，查看系統自動顯示的語法表列

```
>> x=linspace(0,2*pi,20);
>> y=sin(x);
>> errorbar(x,y,y*0.1);
>> grid on;
fx >>
```

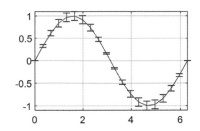

➤ **stairs()**：外形柱狀圖

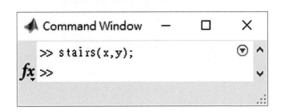

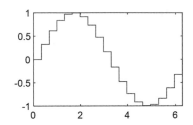

➤ **pie()**：二維派形圖；令 a = [0.5, 1, 1.3, 1.8, 2.3, 0.8]；

```
>> a=[0.5, 1, 1.3, 1.8, 2.3, 0.8];
>> pie(a);
fx >>
```

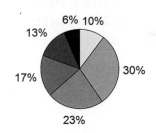

pie(a, a == max(a))：

```
>> pie(a, a == max(a));
fx >>
```

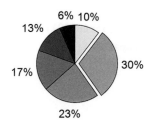

➤ **pie3()**：三維派形圖

```
>> pie3(a);
>>
```
⊙

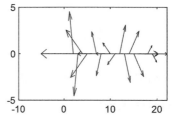

➤ **feather()**：從 x 軸開始的指標圖

```
>> z=eig(randn(20));
>> feather(z);
>>
```
⊙

➤ **polar()**：極座標圖

```
>> t=linspace(0,2*pi);
>> r=sin(2*t).*cos(2*t);
>> polar(t,r);
>>
```
⊙

➤ **compass()**：羅盤圖

```
>> z=eig(randn(20));
>> compass(z);
>>
```
⊙

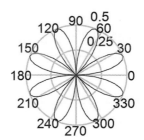

➤ **rose()**：極座標柱狀圖

```
>> z=randn(1000,1)*pi;
>> rose(z);
fx >> |
```

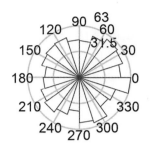

➤ **scatter()**：散射圖

```
>> x=randn(40,1);
>> y=randn(40,1);
>> scatter(x,y);
fx >> |
```

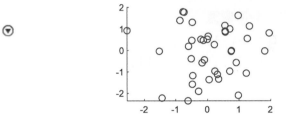

➤ **comet()**：慧星軌跡圖

```
>> t=linspace(0,2*pi);
>> x = cos(2*t).*(cos(t).^2);
>> y = sin(2*t).*(sin(t).^2);
>> comet(x,y);
fx >> |
```

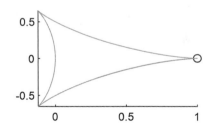

範 例 **8** 使用 semilogx()語法，畫**低通濾波器**之如下所示輸出

$$y = \frac{1}{1 + j\left(\dfrac{f}{fc}\right)}$$

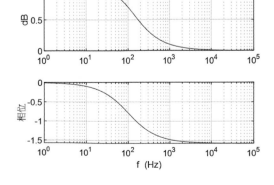

MatLab 以 Editor 撰寫，按 📂 打開舊檔 semilogxExa.m

```
1.  %    semilogx
2.  f = logspace(0,5);              % 對數空間表示
3.  fc = 100;                       % 臨界頻率
4.  y = 1./(1+(f./fc).*1i);         % 低通濾波器
5.  % 振幅 頻率響應
6.  subplot(2, 1, 1);
7.  semilogx(f, abs(y));            % 使用 semilogx()語法
8.  ylabel('dB');
9.  grid on;
10. % 相位 頻率響應
11. subplot(2, 1, 2);
12. semilogx(f, angle(y));          % 徑度
13. xlabel('f  (Hz)');      ylabel('相位');
14. grid on;
```

▶ 執行結果 在 Editor 視窗中，按 ToolBar ▶，或按快速鍵 **F5**，或回命令視窗(Command Window)，鍵入檔名 semilogxExa，輸出結果如題目欄中所示。

補充 相位角若改為角度表示：

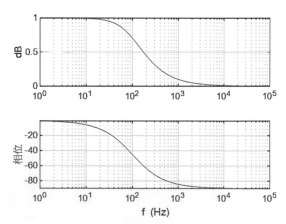

範例 **9** 使用 area()，subplot()語法繪圖三角函數，0≦x≦4π：y = sin(x)，y = cos(x)，hold on sin(x) & cos(x)，輸出如下圖所示

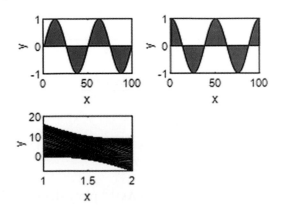

MatLab (a) 以 Editor 撰寫，按 新增，並命名為 areaExa.m

```
1.  %   area y=sin(x)              & y=cos(x)
2.  clf;                          % 清除圖形
3.  x = linspace(0,4*pi,100);     % 100 個數據
4.  y = sin(x);      z = cos(x);
5.  % 使用 area(語法
6.  subplot(2,2,1);    area(y);
7.  xlabel('x');       ylabel('y');
8.  %
9.  subplot(2,2,2);    area(z);
10. xlabel('x');       ylabel('y');
11. %
12. subplot(2,2,3);    area([y; z]);
13. xlabel('x');       ylabel('y');
```

▶ 執行結果 在 Editor 視窗中，按 ToolBa ，或按快速鍵 **F5**，或回命令視窗(Command Window)，鍵入檔名 areaExa，輸出結果如題目欄中所示。

範 例 **10** 使用 **plotyy()**語法繪圖三角函數，y = sin(x)，y = cos(x)，0≦x≦4π，輸出如下所示

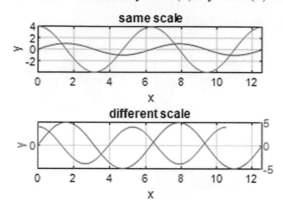

MatLab 以 Editor 撰寫，並重新命名(**Save As**)為 plotyyExa.m

```
1.  %   plot y=sin(x) & y=cos(x) : plotyy
2.  x = linspace(0, 4*pi, 100);        % 100 個數據
3.  y = sin(x);         z = 4*cos(x);
4.  subplot(2,1,1);     plot(x, y, x, z);
5.  xlabel('x');        ylabel('y');    grid on;    axis tight;
6.  title('same scale');
7.  %   plotyy
8.  subplot(2,1,2);     plotyy(x, y, x, z);
9.  xlabel('x');        ylabel('y');    grid on;    axis tight;
10. title('different scale');
```

▶ 執行結果 在 Editor 視窗中，按 ToolBar ▷，或按快速鍵 **F5**，或回命令視窗(Command Window)，鍵入檔名 plotyyExa，輸出結果如題目欄中所示。

範例 **11** 繪圖畫 y = x*sin(x)，0≦x≦20，使用 bar()，bar3()，stair()，barh()函數，輸出如下

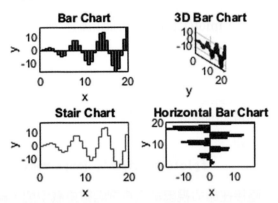

MatLab 以 Editor 撰寫，並重新命名(Save As)為 barExa.m，修改程式碼如下所示

```
1.  %   bar y=x*sin(x)
2.  x = linspace(0,20,30);        % 30 個數據
3.  y = x.*sin(x);                % 函數設定
4.  %   bar
5.  subplot(2,2,1);    bar(x,y);       axis tight;
6.  xlabel('x');       ylabel('y');
7.  title('Bar Chart');
8.  %   bar3D
9.  subplot(2,2,2);    bar3(x,y,'r'); axis tight;
10. xlabel('x');       ylabel('y');
11. title('3D Bar Chart');
12. %   stair
13. subplot(2,2,3);    stairs(x,y);   axis tight;
14. xlabel('x');       ylabel('y');
15. title('Stair Chart');
16. %   barh
17. subplot(2,2,4);    barh(x,y);     axis tight;
18. xlabel('x');       ylabel('y');
19. title('Horizontal Bar Chart');
```

▶ 執行結果 在 Editor 視窗中，按 ToolBar ▶，或按快速鍵 **F5**，或回命令視窗(Command Window)，鍵入檔名 barExa，輸出結果如題目欄中所示。

8-6　fplot 與 ezplot

　　如同 **feval()** 比較有效率一般，**fplot()** 比 **plot()** 更能自動分析所欲繪圖函數的特性，以及決定顯示此函數圖所需的取樣點數。

Syntax	描述
fplot()	在特定的極限範圍繪圖 例如 **fplot('function', [xmin xmax ymin ymax])** 直接在命令視窗鍵入查詢函數重載型態，結果： _fx_ >> fplot(fplot(**fun**,limits) fplot(**fun**,limits,LineSpec) fplot(**fun**,limits,tol) fplot(**fun**,limits,tol,LineSpec) fplot(**fun**,limits,n) fplot(**fun**,lims,...) fplot(**axes_handle**,...) fplot(**fun**,limits,...) More Help.

以 help 查詢更詳盡說明：在命令視窗鍵入 help fplot

```
>> help fplot
 FPLOT   Plot function
    FPLOT(FUN,LIMS) plots the function FUN between the x-axis limits
    specified by LIMS = [XMIN XMAX]. Using LIMS = [XMIN XMAX YMIN YMAX]
```

例如，使用 **fplot()** 畫出函數 cos(tan(x))-tan(sin(x))

```
   fplotDemo.m  ×  +
1 -    fplot(@(x)cos(tan(x))-tan(sin(x)), [1 2]);
2 -    xlabel('x');
3 -    ylabel('y');
```

回命令視窗(Command Window)，鍵入 fplotdemo，結果為

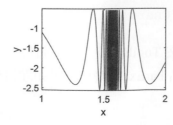

若以 plot 繪圖，在命令視窗(Command Window)上直接書寫程式

```
>> x=linspace(1,2);
>> y=cos(tan(x))-tan(sin(x));
>> plot(x,y);
>> xlabel('x');
>> ylabel('y');
>> axis tight;
fx >>
```

結果如下圖所示

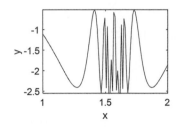

ezplot( )

ezplot()函數繪圖屬於符號運算，顧名思義就是 easy plot，其相關 easy to use 語法的簡單範例，示範說明如下

➤ **ezplot('f(x)')**：f(x)函數繪圖，預設值-2π~2π

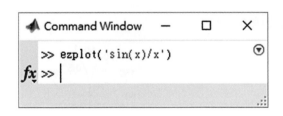

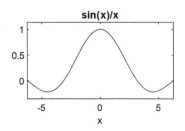

➤ **ezplot('f(x)', [xmin, xmax])**：或 ezplot('f(x)', xmin, xmax)，f(x)函數繪圖，指定 x 軸範圍

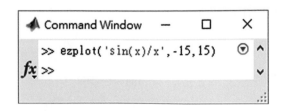

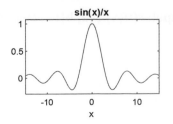

➤ **ezplot('f(x)', [xmin, xmax, ymin, ymax])**：f(x)函數繪圖，指定 x 軸、y 軸範圍

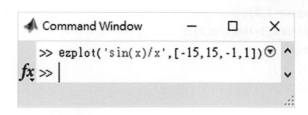
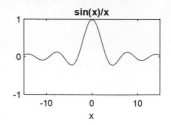

➤ **ezplot('x', 'y')**：繪圖 x = x(t)，y = y(t)函數，預設值 0~2π

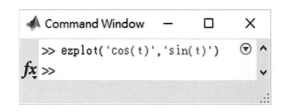
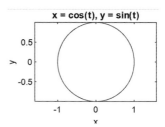

➤ **ezplot('x', 'y', [tmin, tmax])**：繪圖 x = x(t)，y = y(t)函數，指定 t 軸範圍

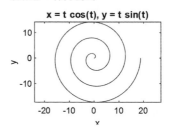

➤ **ezpolar('f(x)')**：f(x)函數極座標繪圖，預設值 0~2π

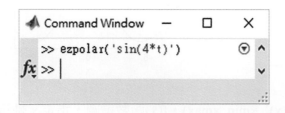
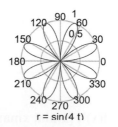

➤ **ezpolar('f(x)', [a, b])**：f(x)函數極座標繪圖，指定範圍[a, b]

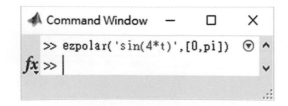
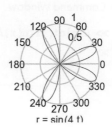

8-7　幾何圖形

本單元學習簡單的幾何圖形，例如

1. 圓形 $(x - x_c)^2 + (y - y_c)^2 = r^2$

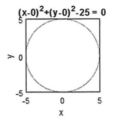

```
>> ezplot('(x-0)^2+(y-0)^2-25',[-5,5])
>> axis equal;
fx >>
```

2. 球 $(x - x_c)^2 + (y - y_c)^2 + (z - z_c)^2 = r^2$

在命令視窗中鍵入 type sphere，查看內建函式的程式語法

```
1.  function [xx,yy,zz] = sphere(varargin)
2.  %SPHERE Generate sphere.
3.  %   [X,Y,Z] = SPHERE(N) generates three (N+1)-by-(N+1)
4.  %   matrices so that SURF(X,Y,Z) produces a unit sphere.
5.  %
6.  %   [X,Y,Z] = SPHERE uses N = 20.
7.  %
8.  %   SPHERE(N) and just SPHERE graph the sphere as a SURFACE
9.  %   and do not return anything.
10. %
11. %   SPHERE(AX,...) plots into AX instead of GCA.
12. %
13. %   See also ELLIPSOID, CYLINDER.
14. %   Clay M. Thompson 4-24-91, CBM 8-21-92.
15. %   Copyright 1984-2002 The MathWorks, Inc.
16. % Parse possible Axes input
17. narginchk(0,2);
18. [cax,args,nargs] = axescheck(varargin{:});
19. n = 20;
20. if nargs > 0, n = args{1}; end
21. % -pi <= theta <= pi is a row vector.
22. % -pi/2 <= phi <= pi/2 is a column vector.
```

```
23. theta = (-n:2:n)/n*pi;
24. phi = (-n:2:n)'/n*pi/2;
25. cosphi = cos(phi); cosphi(1) = 0; cosphi(n+1) = 0;
26. sintheta = sin(theta); sintheta(1) = 0; sintheta(n+1) = 0;
27. x = cosphi*cos(theta);
28. y = cosphi*sintheta;
29. z = sin(phi)*ones(1,n+1);
30. if nargout == 0
31.     cax = newplot(cax);
32.     surf(x,y,z,'parent',cax)
33. else
34.     xx = x; yy = y; zz = z;
35. end
```

這是觀摩自定函式撰寫的優良範本,請自行多加研究、瞭解。

3. 橢圓 $\dfrac{(x-x_c)^2}{a^2} + \dfrac{(y-y_c)^2}{b^2} = 1$

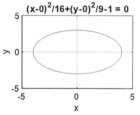

```
>> ezplot('(x-0)^2/16+(y-0)^2/9-1',[-5,5])
>> grid on;
fx >>
```

4. 雙曲線 $\dfrac{(x-x_c)^2}{a^2} - \dfrac{(y-y_c)^2}{b^2} = 1$

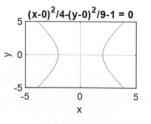

```
>> ezplot('(x-0)^2/4-(y-0)^2/9-1',[-5,5])
>> grid on
fx >> |
```

透過 **for** 迴圈控制,可以很容易地畫出幾何圖形。

範 例 **12** 　畫出圓形$(x-x_c)^2 + (y-y_c)^2 = r^2$的圖形，圓心$(0, 0)$，圓半徑 $r = 10$，$-10 \leq x \leq 10$，

$-10 \leq y \leq 10$，輸出如下所示

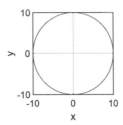

MatLab　Circle.m 程式碼

```
1.  clf;                       % 清除圖形
2.  % 圓心
3.  xc = 0;      yc = 0;
4.  % 圓半徑
5.  r = 10;
6.  %  檢查碼
7.  checkno = 0;
8.  for x = -10:0.05:10
9.     if r^2-(x-xc)^2 >= 0     % 避免產生虛數
10.       % 圓 方程式: (x-xc)^2 + (y-yc)^2 = r^2
11.       y1 = yc + sqrt(r^2 - (x-xc).^2);
12.       y2 = yc - sqrt(r^2 - (x-xc).^2);
13.       if checkno == 0        % 第一點
14.          plot(x, y1, x, y2);
15.          checkno = 1;
16.       else                   % 其餘點 : 連線
17.          X = [x, xx];     % 設定 陣列，連線需要兩點座標值，以便使用 line()語法
18.          Y1 = [y1, yy1];    Y2 = [y2, yy2];
19.          line(X, Y1);        line(X, Y2);
20.       end
21.       xx = x;               % 前一點座標 設定
22.       yy1 = y1;         yy2 = y2;
23.       hold on;              % 畫面維持
24.    end
25. end
```

```
26. xlabel('x');    ylabel('y');       grid on;
27. axis equal;     axis([-10 10 -10 10]);
```

▶ 執行結果 　按 ▷ 執行，輸出結果如題目欄中所示。

◉ 練 習 　畫出球$(x-x_c)^2 + (y-y_c)^2 + (z-z_c)^2 = r^2$的圖形，球心$(0, 0, 0)$，球半徑 $r = 5$，$-5 \leqq x \leqq 5$，$-5 \leqq y \leqq 5$，$-5 \leqq z \leqq 5$，輸出如下所示 (參考檔案 Sphere1.m)

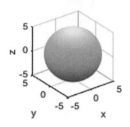

◉ 練 習 　畫出橢圓的圖形，橢圓心$(0, 0)$，橢圓各軸半徑 $xr = 8$，$yr = 6$，$-10 \leqq x \leqq 10$，$-10 \leqq y \leqq 10$，輸出如下所示 (參考檔案 Oval.m)

$$\frac{(x - x_c)^2}{a^2} + \frac{(y - y_c)^2}{b^2} = 1$$

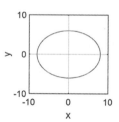

◉ 練 習 　畫出**雙曲線**的圖形，對稱中心$(0, 0)$，頂點座標$(6, 0)$、$(-6, 0)$，共軛軸兩端點$(0, 4)$、$(-4, 0)$，$-20 \leqq x \leqq 20$，$-20 \leqq y \leqq 20$，輸出如下所示 (參考檔案 Dcurve.m)

$$\frac{(x - x_c)^2}{a^2} - \frac{(y - y_c)^2}{b^2} = 1$$

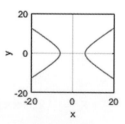

習題

1.　使用 plot()語法，繪圖如下所示：(參考檔案 qt.m)

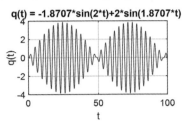

2.　使用 plot()語法，繪圖如下所示：(參考檔案 qtlinestyle.m)

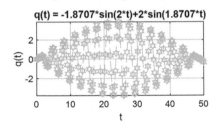

3.　使用 semilogx()語法，繪圖如下所示：(參考檔案 highpass.m)

$$y = \frac{K}{1 + \dfrac{f_c}{j \times f}}$$

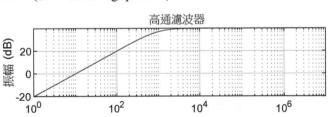

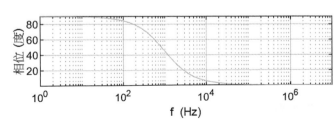

4. 使用 semilogx()語法、subplot()語法，組合低通與高通濾波器，結果為帶通濾波器，$K_1 = K_2 = 100$，$f_{c1} = 10^5$，$f_{c2} = 10^3$，輸出如下所示：(參考檔案 bandpass.m)

$$y_1 = \frac{K_1}{1 + \dfrac{j \times f}{f_{c1}}} \qquad y_2 = \frac{K_2}{1 + \dfrac{f_{c2}}{j \times f}}$$

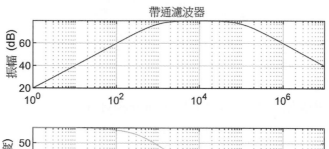

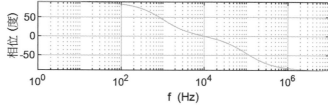

5. 使用 quiver()語法：$x' = x + y$，$y' = -x + y$ (hint：help quiver)：(參考檔案 quiver1.m)

```
[x, y] = meshgrid(xrange, yrange);
    u = x + y;                  % x'
    v = -x + y;                 % y'
% quiver 語法
    quiver(x, y, u, v, 'LineWidth', 1);
```

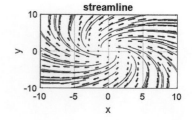

6. 使用 quiver()與 streamline()語法：$x' = x + y$，$y' = -x + y$ (hint：help streamline)：(參考檔案 quiverstream1.m)

```
u = x + y;                      % x'
v = -x + y;                     % y'
h = streamline(stream2(xrange, yrange, u, v, x, y));
set(h, 'Color', 'r');
```

7. 使用 plot()與 comet()語法：重做第 1 題 (參考檔案 plotcomet.m)

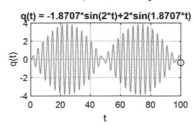

8. 使用 plot()與 comet()語法：(a) x=cos(3t), y=sin(2t)，(b) x = 0.5cos(t)-0.25cos (2t), y = 0.5sin(t) -0.25sin(2t) (參考檔案 cometcos3tsin2t.m，cometmandelbrotset.m)

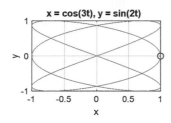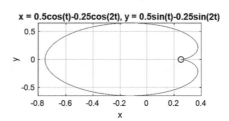

9. 使用 function 語法：畫 sinc( )函數，fill 顏色為亂數，輸出如下圖所示：(參考檔案 sinc.m)

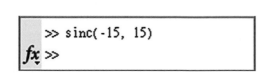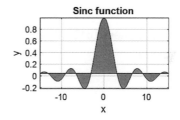

10. 續第 9 題畫 sinc( )函數，fill 漸層顏色，亂數決定：沿 x 軸、y 軸、x + y 軸、x-y 軸方向，輸出如下圖所示：(參考檔案 sincGradient.m)

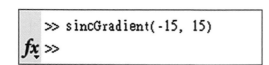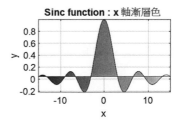

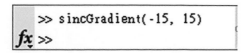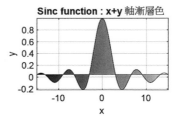

11. 續 newplotDemo.m，繪製無正、負無窮大數據連線問題的三角函數，輸出如下圖所示：(參考檔案 mynewplotEx.m)

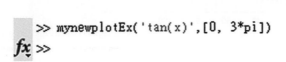

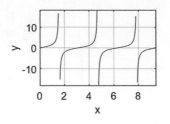

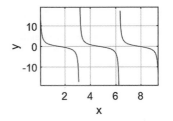

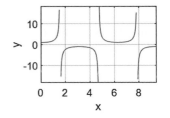

12. 續上一題，新增 y 軸範圍設定，輸出如下圖所示：(參考檔案 mynewplotEx2.m)

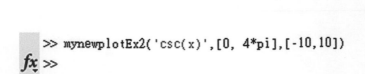

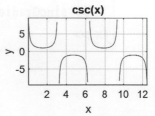

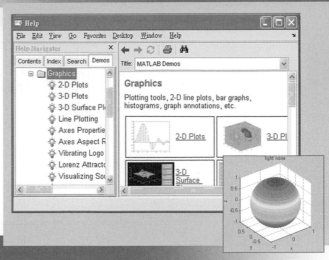

Chapter **9**

三維圖形

學習重點

研習完本章,將學會

1. 線條圖
2. 網格圖
3. 表面圖
4. 觀測點
5. 等高線圖
6. 特殊圖
7. cylinder & sphere & ellipsoid
8. Volume Visualization
9. fplot3()與 ezplot3()

9-1 線條圖

plot3()函數是以畫線的方式,將圖形擺放在三維圖表中,其語法查詢同樣透過命令視窗的
fx,或者在命令視窗中鍵入 plot3(的方式查詢:按 <u>More Help</u>

```
fx >> plot3(
        plot3(X1,Y1,Z1,...)
        plot3(X1,Y1,Z1,LineSpec,...)
        plot3(...,'PropertyName',PropertyValue,...)
                                          More Help...
                                                R
```

由以上查詢可知常用的 plot3() 語法有：

函數	描述
`plot3(x, y, z);`	三維空間 ： 畫點&線
`plot3(x, y, z, 'str');`	三維空間 ： 以字串命令控制繪圖顏色與樣式
`plot3(x1, y1, z1, 'str1', x2, y2, z2, 'str2', ...);`	三維空間 ： 以字串命令控制多重繪圖顏色與樣式

例如，plot3(t, sin(t), cos(t))；(參考檔案 Plot3.m)

```
1.  t = linspace(0,10*pi);
2.  y1 = sin(t);        y2 = cos(t);
3.  plot3(t, y1, y2);
4.  xlabel('t');        ylabel('sin(t)');    zlabel('cos(t)');
5.  grid on;            axis tight;
```

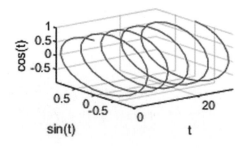

又例如，使用 plot3()命令，畫出 sin(x)、sin(2*x)、sin(3*x)函數 (參考檔案 Plot3Demo2.m)

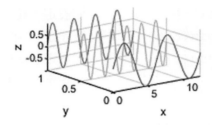

```
1.  x = linspace(0,4*pi);
2.  y1 = zeros(size(x));    % 取零值
3.  y2 = ones(size(x));     % 取壹值
4.  y3 = y2/2;
5.  z1 = sin(x);        z2 = sin(2*x);      z3 = sin(3*x);
6.  plot3(x,y1,z1,x,y2,z2,x,y3,z3);
7.  xlabel('x');        ylabel('y');        zlabel('z');
8.  grid on;            axis tight;
```

將 plot3 敘述修改爲 plot3(x, z1, y1, x, z2, y2, x, z3, y3);，結果：(參考檔案 Plot3Demo2p.m)

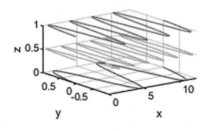

- -

範　例　1　使用 plot3()語法：$x = e^{-0.05\,t}\sin t$，$y = e^{-0.05\,t}\cos t$，$z = t$，$0 \leq t \leq 16\pi$，畫出此 3D 函數圖

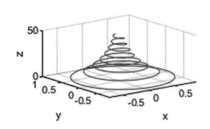

MatLab 以 Editor 撰寫，並命名為 plot3Ex1.m

```
1.  t = [0 : 0.05 : 16*pi];              % 設定 t 範圍
2.  x = exp(-0.05*t).* sin(t);           % 設定 x 函數
3.  y = exp(-0.05*t).* cos(t);           % 設定 y 函數
4.  z = t;                               % 設定 z 函數
5.  plot3(x,y,z);                        % plot3()語法
6.  xlabel('x');    ylabel('y');    zlabel('z');
7.  grid on;        axis tight;
```

▶ 執行結果　在 Editor 視窗中，按 ToolBar ▷，或按快速鍵 **F5**，或回 Command Window，
鍵入 plot3Ex1，輸出結果如題目欄中所示。

程式碼：

```
t=0:0.05:16*pi;
x = exp(-0.05*t).*sin(t);
y = exp(-0.05*t).*cos(t);
z = t;
plot3(x,y,z, 'LineWidth', 2);
xlabel('x');      ylabel('y');      zlabel('z');
grid on;      axis tight;
hold on;
% project in y-z axis at x=1
plot3(1*ones(size(x)), y, z, 'LineWidth', 2);
% project in x-z axis at y=1
plot3(x, 1*ones(size(y)), z, 'LineWidth', 2);
% project in x-y axis at z=50
plot3(x, y, 50*ones(size(z)), 'LineWidth', 2);
hold off;
```

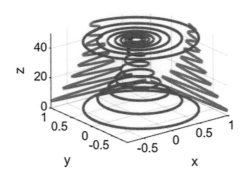

投影在 y-z 平面上：x=1

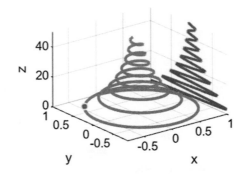

投影在 y-z 平面上：x=-1

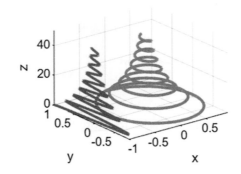

投影在 x-z 平面上：y=1

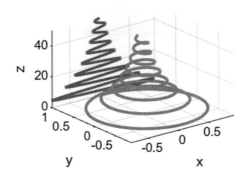

投影在 x-y 平面上：z=50

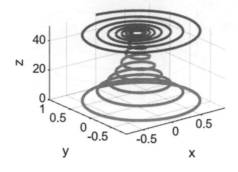

9-2 網格圖

網格圖係指數據互相連接，形成網狀曲面的三維圖形，其語法查詢同樣透過命令視窗的 *fx*

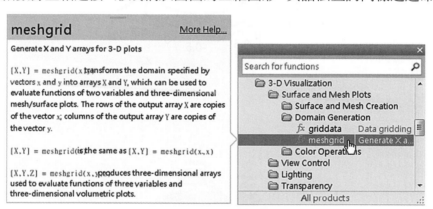

或者在命令視窗中鍵入 meshgrid(的方式查詢：按 More Help

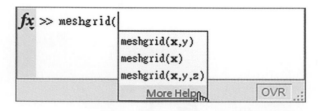

由以上查詢可知常用語法有：

➤ **[X, Y, Z] = peaks(30)**：內建 peaks 函數之陣列建立

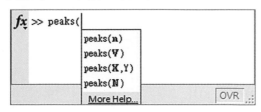

例如，Command Window 中鍵入 peaks(30);

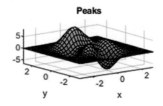

按 $\boxed{\text{Enter}}$ 後，視窗中會出現 peaks()的全部方程式，其中…是連接上下方程式的運算子

➤ **mesh(X, Y, Z)**：三維網格方式繪圖 Z = f (X,Y)

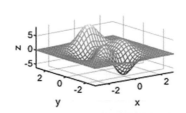

取用數據增加至 75：

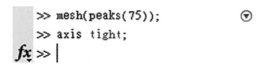

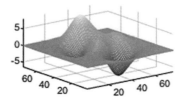

➤ **[X, Y] = meshgrid(x, y)**：Z = f (X, Y)之 x 與 y 陣列的建立。因為函數的代號均為小寫字母，因此，建立網格陣列時，也使用小寫字母

```
>> clear;
>> x = linspace(-3, 3, 75);
>> y = linspace(-3, 3, 75);
>> [x, y] = meshgrid(x, y);
>> mesh(peaks(x, y));
>> axis tight;
fx >>
```

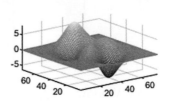

將網格化的二維陣列數值代入 peaks()函數，設定給 z 變數，再使用 mesh(x, y, z)語法繪製圖形，結果如下所示

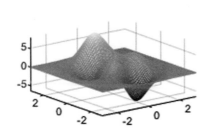

```
>> clear;
>> x = linspace(-3, 3, 75);
>> y = linspace(-3, 3, 75);
>> [x, y] = meshgrid(x, y);
>> z = peaks(x, y);
>> mesh(x, y, z);
>> axis tight;
fx >>
```

請比較上述兩種輸出圖形有何差別？

➤ **hidden on**：預設值，功用在去除圖形網格，意即有隱藏線的處理；示範 hidden on 的效果，滑鼠按圖形視窗上工具列，再移至圖形區中任意旋轉。結果發現無論如何旋轉，不可看到的部分，必須旋轉至適當的位置才能看到；接著示範 hidden off 的效果，以幫助瞭解此項函數的功能。

➤ **hidden off**：顯示圖形網格，意即取消隱藏線的處理

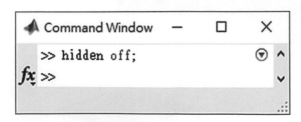

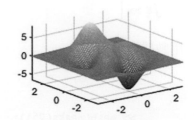

➤ **meshc(X, Y, Z)**：圖形下方有輪廓顯示的三維網格方式繪圖

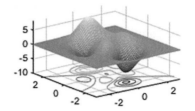

➤ **meshz(X, Y, Z)**：零平面顯示的三維網格方式繪圖

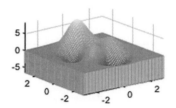

➤ **waterfall(X, Y, Z)**：瀑布方式顯示的三維網格方式繪圖

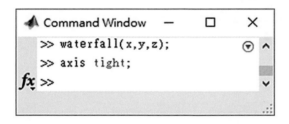
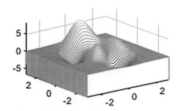

又例如使用內建 **sphere()** 函數，說明 **hidden on** 與 **hidden off** 命令的效果：(參考檔案 hiddenonDemo.m)

```
1.  %   sphere()
2.  [X, Y, Z] = sphere(20);
3.  subplot(1,2,1);
4.  mesh(X, Y, Z);
5.  hidden on;
6.  xlabel('t');        ylabel('z');        zlabel('y');
7.  grid on;
8.  subplot(1,2,2);
9.  mesh(X,Y,Z);
10. hidden off;
11. xlabel('t');        ylabel('z');        zlabel('y');
```

行號 3~5：subplot(1, 2, 1)位置的三維網格圖形，有 hidden on 效果

行號 8~10：subplot(1, 2, 2)位置的三維網格圖形，有 hidden off 效果

按快速鍵 **F5** 執行

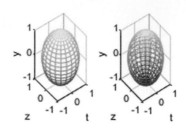

範 例 **2** 使用 mesh()語法繪製 y = sin(wt + kz)函數圖形，輸出如下所示

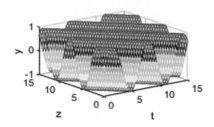

MatLab 以 Editor 撰寫，並命名為 meshExa1.m

```
1.  %   plot3 : y = sin(wt + kz)
2.  clf;                        % 清除圖形
3.  w = 1;                      % 角頻率
4.  k = 1;                      % 波常數
5.  x = linspace(0,15,60);      % 設定 x,y 範圍
6.  y = linspace(0,15,60);
7.  [X, Y] = meshgrid(x, y);    % 使用 meshgrid()語法二維陣列化數據
8.  Z = sin(w*X + k*Y);
9.  mesh(X, Y, Z);              % 使用 mesh()語法繪製三維圖形
10. xlabel('t');       ylabel('z');    zlabel('y');     % 座標軸標籤
11. axis([0 15 0 15 -1 1]);              grid on;         % 範圍設定，格線
```

▶ 執行結果　在 Editor 視窗中，按 ToolBar ▶，或按快速鍵 **F5**，或回 Command Window，
鍵入檔名 meshExa1，輸出結果如題目欄中所示。

範例　**3**　畫 $z = \left(\dfrac{\sin(x)}{x}\right)\left(\dfrac{\sin(y)}{y}\right)$，$0 \le x \le 4\pi$：使用 mesh()，meshc()語法

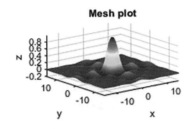

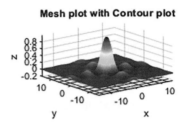

MatLab　以 Editor 撰寫，並命名為 meshExa2.m

```
1.  clear;
2.  x = -15:0.1:15;    y = -15:0.1:15;
3.  [X, Y] = meshgrid(x, y);
4.  Z = (sin(X)./X).*(sin(Y)./Y);
5.  % 使用 mesh()語法
6.  mesh(X, Y, Z);
7.  xlabel('x');        ylabel('y');    zlabel('z');
8.  grid on;     title('Mesh Plot');   axis tight;
9.  %使用 meshc()語法
10. pause(5);
11. meshc(X, Y, Z);
12. xlabel('x');        ylabel('y');    zlabel('z');
13. grid on;     title('Mesh Plot with Contour plot');   axis tight;
```

▶ 執行結果　在 Editor 視窗中，按 ToolBar，或按快速鍵 **F5**，或回 Command Window，鍵入檔名 meshExa2，輸出結果如題目欄中所示。

執行若出現警告訊息，表示在行號 5 的位置，有分母為零的情況發生，改善方法很簡單，只要分母變數加上 eps 即可，如下圖所示：

```
clear;
    x = -15:0.1:15;
    y = -15:0.1:15;
    [X,Y] = meshgrid(x, y);
    Z = (sin(X)./(X+eps)).*(sin(Y)./(Y+eps));
```

在上述程式中，直接修改為 meshz，並重新命名(Save As)為 meshExa3.m

```
meshz(X,Y,Z);
xlabel('x');         ylabel('y');         zlabel('z');
title('Mesh plot with Zero plates');
%
pause(5);         % 暫停5秒
    waterfall(X, Y, Z);
    xlabel('x');         ylabel('y');         zlabel('z');
    title('Mesh plot with waterfall');         axis tight;
```

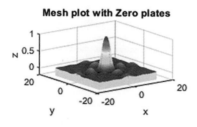

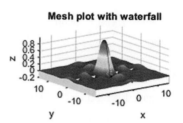

● **練習** 畫 $z = xe^{-[(x-y^2)^2+y^2]}$，$-2 \leqq x \leqq 8$，$-4 \leqq y \leqq 4$：使用 mesh()，meshc()，meshz()，waterfall()
語法 (參考檔案 meshEx1.m)

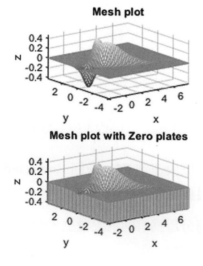

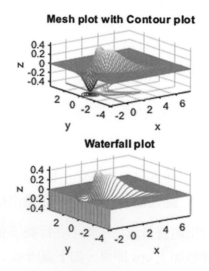

●**練習** 畫 $Z = 175*(\cos(R) + 4*\cos(3R) + 0.25$，$R = 1.25\sqrt{x^2 + y^2}$，$-5 \leqq x \leqq 5$，$-5 \leqq y \leqq 5$：使用 mesh()，meshc()，meshz()，waterfall()語法 (參考檔案 mesh_ex2.m)

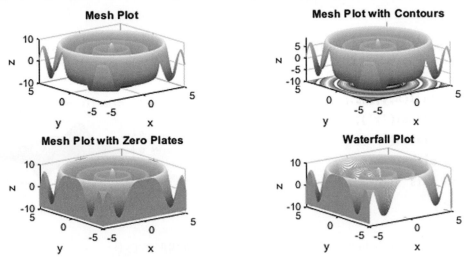

補充 新增繪製三角表面圖 trimesh()函數的用法

使用 𝒇𝒙 查詢 trimesh()函數：或者在命令視窗中直接鍵入查詢

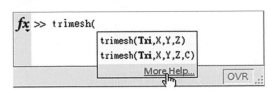

其中 tri 為面矩陣(face matrix)，由 delaunay()函數所定義，示意圖如下所示

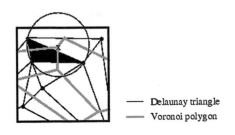

使用 peaks()內建函數實做 trimesh()：

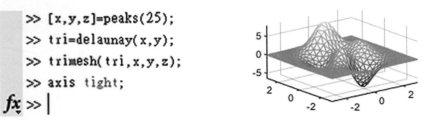

```
>> [x,y,z]=peaks(25);
>> tri=delaunay(x,y);
>> trimesh(tri,x,y,z);
>> axis tight;
fx >> |
```

9-3 表面圖

常用語法有

➤ **surf()**：三維空間，網格線之間有小塊曲域填入

```
>> [X,Y,Z]=peaks(30);
>> surf(X,Y,Z);
>> xlabel('x');
>> ylabel('y');
>> zlabel('z');
>> axis tight;
fx >> |
```

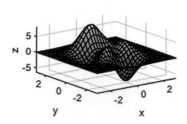

➤ **shading flat**：三維空間明暗平坦，對平面設定目前圖形的陰影

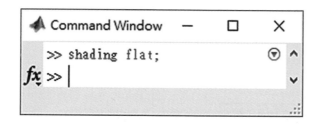

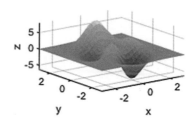

➤ **shading interp**：三維空間明暗插入，設定內插陰影

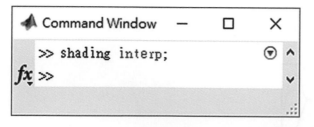

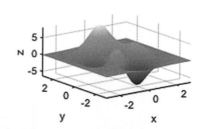

➤ **shading faceted**：三維空間預設明暗，設定表面陰影

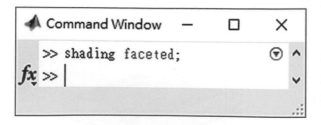

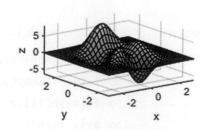

又例如 shading interp 效果

➤ **surfc()**：三維空間，網格線之間有小塊曲域填入，圖形下方有輪廓圖

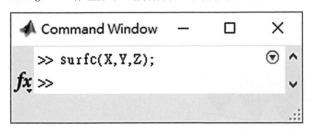 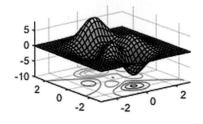

➤ **surfl()**：三維空間，網格線之間有小塊曲域填入，圖形有光源處理

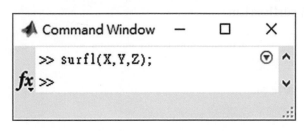 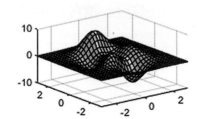

➤ **colormap**：三維空間色調；恢復系統原預設色調。

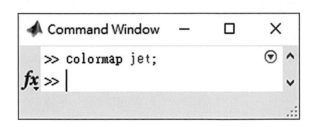 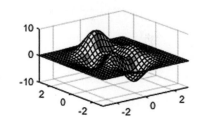

➤ **surfnorm(X, Y, Z)**：垂直於表面的向量

```
>> [X,Y,Z]=peaks(15);
>> surfnorm(X,Y,Z);
>> xlabel('x');
>> ylabel('y');
>> zlabel('z');
>> axis tight;
fx >>
```

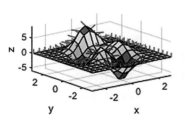

- -

範例 4 繪圖 y = sin(wt)*cos(kz)：使用 surf()，shading flat，shading interp，surfc()，surfl() 語法處理

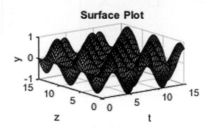

MatLab 以 **Editor** 撰寫，並重新命名為 surfExa1.m

```
1.  %   y = sin(wt)*cos( kz)
2.  w = 1;                      % 角頻率
3.  k = 1;                      % 波常數
4.  x = 0:0.25:15;              % 設定 x,y 範圍
5.  y = 0:0.25:15;
6.  [X,Y] = meshgrid(x,y);        % 使用 meshgrid()語法二維陣列化數據
7.  Z = sin(w*X).*cos(k*Y);
8.  surf(X,Y,Z);                % 使用 aurf()語法繪製三維圖形
9.  xlabel('t');   ylabel('z');  zlabel('y');    % 座標軸標籤
10. title('Surface Plot');                       % 標題
11. axis([0,15,0,15,-1,1]);  grid on;            % 範圍設定，格線
```

▶ 執行結果 在 Editor 視窗中，按 ToolBa ▶，或按快速鍵 **F5**，或回 Command Window，鍵入檔名 surfExa1，輸出結果如題目欄中所示。

修改上述程式，顯示 shading flat & shading interp：參考檔案 surfExa1p.m

```
12      %
13 -    pause(5);          shading flat;                    % 使用flat語法
14 -    xlabel('t');       ylabel('z');       zlabel('y');
15 -    title('Surface Plot with Flat shading');
16      %
17 -    pause(5);          shading interp;                  % 使用interp語法
18 -    xlabel('t');       ylabel('z');       zlabel('y');
19 -    title('Surface Plot with Interpolated shading');
```

結果：

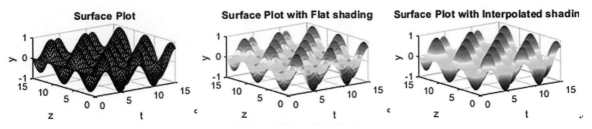

修改上述程式，顯示 **surfc()** & **surfl()**：參考檔案 surfExa1q.m

```
13          %
14  -    pause(5);          surfc(X,Y,Z);          % 使用surfc語法
15  -    xlabel('t');          ylabel('z');          zlabel('y');
16       title('Surface Plot with Contours');
17          %
18  -    pause(5);          surfl(X,Y,Z);          % 使用surfl語法
19  -    shading interp;          colormap pink;
20  -    xlabel('t');          ylabel('z');          zlabel('y');
21  -    title('Surface Plot with Lighting');
```

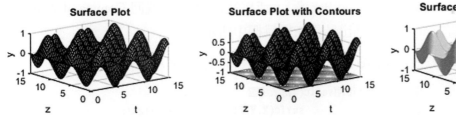
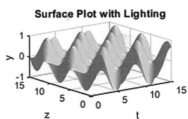

範例 5　畫 $z = \left(\dfrac{\sin x}{x}\right)\left(\dfrac{\sin y}{y}\right)$，$0 \le x \le 4\pi$：使用 surf()，shading flat，shading interp，surfc()，

surfl()語法處理

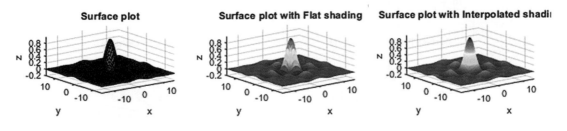

MatLab (a) 以 **Editor** 撰寫，並重新命名為 surfExa2.m

```
1.  clf;                                    % 清除圖形
2.  x = -15:0.4:15;   y = -15:0.4:15;  % 設定 x,y 範圍
3.  [X, Y] = meshgrid(x, y);              % 使用 meshgrid()語法二維陣列化數據
4.  Z = (sin(X)./X).*(sin(Y)./Y);        % 設定三維函數
5.  % 使用 surf()配合預設的 shading faceted 語法繪圖
6.  surf(X, Y, Z);    axis tight;  title('Surface plot');
7.  xlabel('x');      ylabel('y');  zlabel('z');
8.  % 暫停5秒，改用 shading flat 語法繪圖
9.  pause(5);         shading flat;
10. title('Surface plot with Flat shading');
11. xlabel('x');      ylabel('y');  zlabel('z');
12. % 暫停5秒，改用 shading interp 語法繪圖
13. pause(5);         shading interp;
14. title('Surface plot with Interpolated shading');
15. xlabel('x');      ylabel('y');  zlabel('z');
```

▶ **執行結果** 在 Editor 視窗中，按 ToolBar ▷，或按快速鍵 **F5**，或回 Command Window，鍵入檔名 surfExa2，輸出結果如題目欄中所示。

(b) 在上述程式中，直接修改為 **surfc() & surfl()**，並重新命名(Save As)為 surfExa2p.m

```
8       % 暫停5秒，改用surfc()語法繪圖
9  -    pause(5);           surfc(X,Y,Z);       axis tight;
10 -    xlabel('t');        ylabel('z');        zlabel('y');
11 -    title('Surface Plot with Contours');
12      % 暫停5秒，改用surfl()語法繪圖
13 -    pause(5);           surfl(X,Y,Z);       axis tight;
14 -    shading interp;     colormap hsv;
15 -    xlabel('t');        ylabel('z');        zlabel('y');
16 -    title('Surface Plot with Lighting');
```

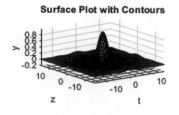

Surface Plot with Contours

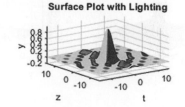

Surface Plot with Lighting

● **練 習** 畫 $z = \cos(x)\sin(y)\,e^{0.2x}$，$-10 \leqq x \leqq 10$，$-10 \leqq y \leqq 10$：使用 surf ()，shading flat，shading interp，surfc()，surfl()語法處理 (參考檔案 surfEx1.m)

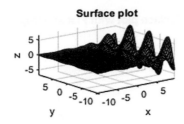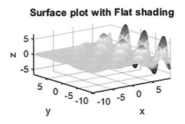

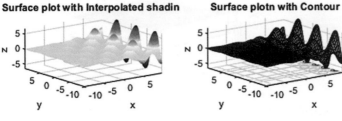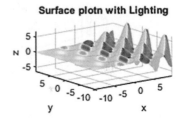

● **練 習** 畫 $Z = 175 * (\cos(R) + 4 * \cos(3 * R)) + 0.25$，$R = 1.25\sqrt{x^2 + y^2}$，$-3 \leqq x \leqq 3$，$-3 \leqq y \leqq 3$：使用 surf()，shading flat，shading interp，surfc()，surfl()語法處理 (參考檔案 surfEx2.m)

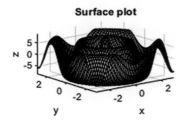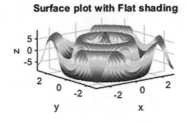

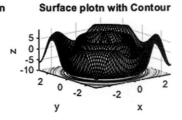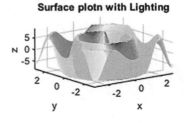

⊙ **練 習** 畫 **peaks**()函數：使用 surf()，shading flat，shading interp，surfc()語法處理 (參考檔案 SurfacePlotPeaks.m)

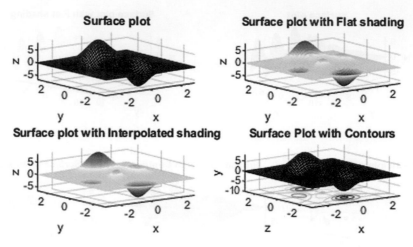

補充 新增繪製三角表面圖 trisurf()函數的用法

使用 𝑓𝑥 查詢 trisurf()函數：如同前述 trimesh()函數的位置，或者在命令視窗中直接鍵入查詢

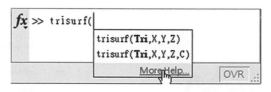

由查詢結果發現，trisurf()與 trimesh()函數的語法結構非常類似，差別只是前者有表面塗色處理。同樣使用 peaks()內建函數實做 trisurf()：

9-4　觀測點

3D 觀測效果的函數為 view(az, el)，其中有兩個參數：

1. **azimuth angle** (簡稱 az)：就是所謂的**方位角**，係相對於 x = 0 方向的角度，內定值為-37.5 度
2. **elevation angle** (簡稱 el)：可以稱為**俯角**，相對於 z = 0 方向的角度，內定值為 30 度，如下圖所示

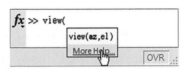

view(-37.5, 30)是預設值，等同 view(3)函數語法，而 view(2)為二維觀測點。舉三維 sinc(x, y)函數圖形為例

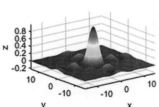

```
>> x=linspace(-15,15);
>> y=linspace(-15,15);
>> [X,Y]=meshgrid(x,y);
>> Z=(sin(X)./X).*(sin(Y)./Y);
>> surf(X,Y,Z);
>> shading interp;
>> axis tight;
>> xlabel('x');
>> ylabel('y');
>> zlabel('z');
fx >>
```

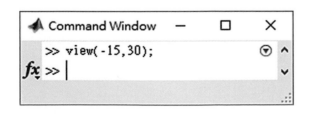

若是將**方位角**改為 az = -15 度，**俯角** el 維持不變，結果 3D 圖順時針旋轉，如下所示：

```
Command Window          —    □    ×
>> view(-15,30);
fx >> |
```

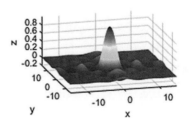

若是將**方位角**爲 az = 0 度，**俯角**設定爲 el = 90 度，意即向下俯視，結果 3D 圖就會變化成 2D 圖，如下圖所示：

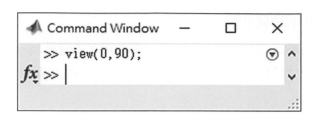 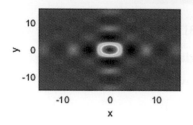

例如下圖組所顯示的效果，左上角圖形爲原預設的效果，右上角圖形 az = 52.5 度，意即順時針旋轉 90 度，俯角 el 不變；左下角圖形方位角 az 不變，俯角 el = 60 度，右下角圖形方位角 az = 0，俯角 el = 90 度，意即向下俯視。

程式碼：參考檔案 ViewpointDemo.m

```
1.  x = -10:0.5:10;   y = x;            % 設定 x,y 範圍
2.  [X, Y] = meshgrid(x, y);           % 使用 meshgrid()語法二維陣列化數據
3.  r = sqrt(X.^2 + Y.^2)+eps;  Z = sin(r)./r;       % 設定三維函數
4.  % 使用 surf()語法，方位角-37.5 度，俯角 el=30 度
5.  figure(1);   surf(X, Y, Z);   view(-37.5, 30);
6.  title('Az = -37.5, El = 30');
7.  xlabel('x'); ylabel('y');      zlabel('z');
8.  axis tight;
9.  % 使用 surf()語法，方位角 52.5 度，俯角 el=30 度
10. figure(2);        surf(X, Y, Z);   view(-37.5+90, 30);
11. shading flat;
12. title('Az Rotated 52.5, El = 30');
13. xlabel('x');      ylabel('y');       zlabel('z');  axis tight;
14. % 使用 surf()語法，方位角-37.5 度，俯角 el=60 度
15. figure(3);   surf(X, Y, Z);   view(-37.5, 60)
16. shading interp;
17. title('Az = -37.5, El = 60');
18. xlabel('x'); ylabel('y');       zlabel('z');  xis tight;
19. % 使用 surf()語法，方位角 0 度，俯角 el=90 度
20. figure(4);        surfc(X, Y, Z);   view(0, 90);
21. title('Az = 0, El = 90');
```

```
22. xlabel('x');        ylabel('y');        zlabel('z');
23. axis tight;
```

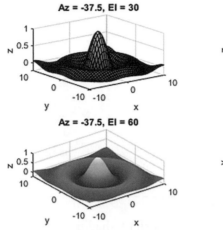
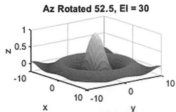
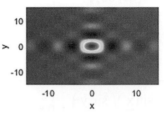
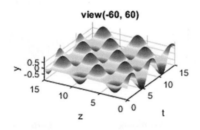

範 例 6　繪圖 y = sin(wt)*cos(kz)：使用 surf()，shading interp，view(-60, 60)語法處理

MatLab　以 Editor 撰寫，並重新命名為 viewExa1.m

```
1.  %   y = sin(wt)*cos(kz) : view
2.  w = 1;                          % 角頻率
3.  k = 1;                          % 波常數
4.  x = 0:0.1:15;                   % 設定 x,y 範圍
5.  y = 0:0.1:15;
6.  [X, Y] = meshgrid(x, y);        % 使用 meshgrid()語法二維陣列化數據
7.  Z = sin(w*X).*cos(k*Y);         % 設定三維函數
8.  surf(X, Y, Z);shading interp;   % 使用 surf()配合 shading interp 語法繪圖
9.  view(-60, 60);                  % 使用 view()語法
10. xlabel('t');  ylabel('z'); zlabel('y');  % 座標軸標籤
11. axis tight;  grid on;  title('view(-60,60)');% 數據配合座標軸刻度，格線，
    標題
```

▶ 執行結果 在 **Editor** 視窗中，按 ToolBar ▶，或按快速鍵 **F5**，或回 Command Window，鍵入檔名 viewExa1，輸出結果如題目欄中所示。

練習測試其他觀測點：

```
>> view(60,60);
>> title('view(60,60)');
fx >>
```

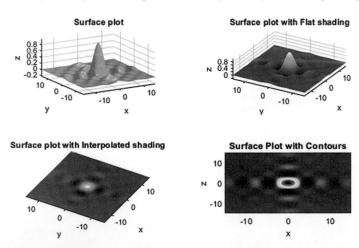

範 例 **7** 畫 $z = \left(\dfrac{\sin x}{x}\right)\left(\dfrac{\sin y}{y}\right)$，$0 \le x \le 4\pi$，使用 surf()，shading flat：view(-30, 30)，shading interp：view(-60, 60)，shading flat：view(-60, 90)，shading interp：view(0, 90)

MatLab (a) 以 Editor 撰寫，並重新命名為 viewExa2.m

```
1.  x = -15:0.4:15;   y = -15:0.4:15;        % 設定 x,y 範圍
2.  [X, Y] = meshgrid(x, y);                  % 使用 meshgrid()語法二維陣列化數據
3.  Z = (sin(X)./X).*(sin(Y)./Y);             % 設定三維函數
4.  % 使用 surf()語法繪圖，view(-30, 30)
5.  figure(1);      surfl(X, Y, Z);      shading flat;
6.  view(-30, 30);
7.  xlabel('x');   ylabel('y');        zlabel('z');
8.  axis tight;    title('Surface plot');
```

```
9.  % 使用 surf()，shading flat 語法繪圖， view(-60, 60)
10. figure(2);      surf(X, Y, Z);       shading interp;
11. view(-60, 60);
12. xlabel('x');   ylabel('y');       zlabel('z');
13. axis tight;    title('Surface plot with Flat shading');
14. % 使用 surf()，shading interp 語法繪圖， view(-60, 90)
15. figure(3);      surf(X, Y, Z);       shading flat;
16. view(-60, 90);
17. xlabel('x');   ylabel('y');       zlabel('z');
18. axis tight;    title('Surface plot with Interpolated shading');
19. % 使用 surf()語法繪圖， view(0, 90)
20. figure(4);      surfc(X, Y, Z);      shading interp;
21. view(0, 90);
22. xlabel('x');   ylabel('z');       zlabel('y');
23. axis tight;    title('Surface Plot with Contours');
```

▶ 執行結果 　在 Editor 視窗中，按 ToolBar▷，或按快速鍵 **F5**，或回 Command Window，
鍵入檔名 viewExa2，輸出結果如題目欄中所示。

◔ 練習　畫 $z = xe^{-[(x-y^2)^2 + y^2]}$，$-2 \leq x \leq 8$，$-4 \leq y \leq 4$：依序使用下列語法 (參考檔案 viewEx1.m)

(a) mesh()：view(45, 30)　　　　(b) meshc()：view(- 45, 30)

(c) meshz()：view(135, 45)　　　(d)waterfall()：view(-135, 45)，hidden off

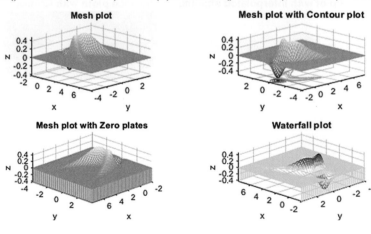

◆ **練 習** 畫 Z = 175*(cos(R) + 4*cos(3*R) + 0.25，R = $1.25\sqrt{x^2 + y^2}$，$-3 \leq x \leq 3$，$-3 \leq y \leq 3$：依序使用下列語法(a) surf ()：view(45, 45)，(b) surface plot with shading flat：view(-45, 60)，(c) surface plot with shading interp：view(90, 60)，(d) surfc()：view(-135, 60)

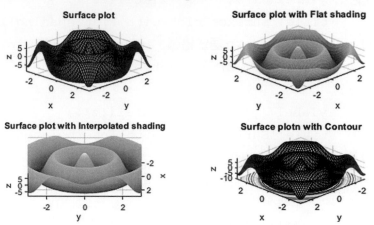

◆ **練 習** 畫 peaks()函數，使用 surf()：view(-30, 30)，shading flat：view(- 60, 60)，shading interp：view(- 60, 90)，surfc()：view(0, 90) (參考檔案 SurfacePlotPeaksView.m)

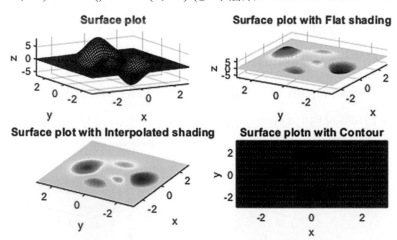

9-5　等高線圖

在命令視窗中按 fx 查詢等高線圖的語法：或直接在命令視窗中查詢 **contour()** 函數的語法

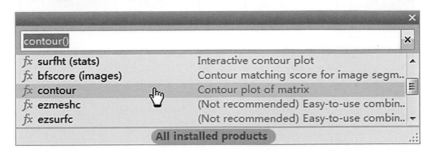

其中 n 為等高線數，v 為特定向量。等高線的常用語法，介紹如下：

➤ **contour(X, Y, Z, Number)**：二維輪廓圖，其中 Number 為輪廓線數

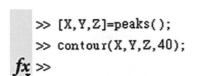

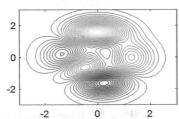

➤ **pcolor(X, Y, Z)**：輪廓圖之等位色彩

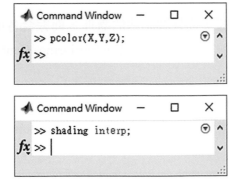

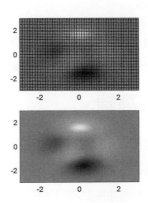

➤ **contourf(X, Y, Z, Number)**：輪廓圖之填色

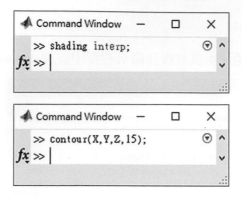
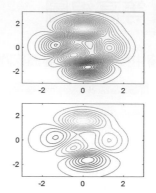

➤ **clabel**：輪廓圖的文字標記

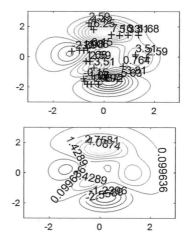

以上是在命令視窗中，逐項簡單示範二維等高線圖語法的處理，而綜合各項語法的程式範例，在此不再說明、示範，請自行練習實作並對照參考檔案 ContourDemo~ContourDemo3.m）。

三維等高線

三維等高線與前述二維等高線的語法非常類似，差別就在數字 3：**contour3()**，針對此三維等高線函數，直接在命令視窗中查詢

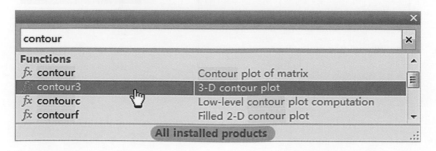

同樣延續前述 peaks()函數的處理，示範三維等高線的效果

➤ **contour3(X, Y, Z, Number)**：三維輪廓圖

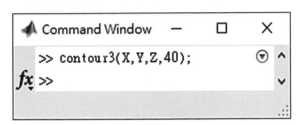
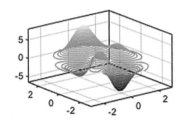

範 例 **8** 畫 $z = \left(\dfrac{\sin x}{x}\right)\left(\dfrac{\sin y}{y}\right)$，$-15 \le x \le 15$，使用 contour(X, Y, Z, 20)，contour3(X, Y, Z, 80)

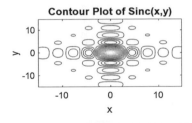
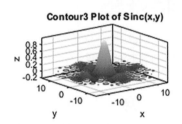

MatLab (a) contour(X, Y, Z, 20)：按 📂 打開相關舊檔，修改程式如下所示，並重新命名爲 ContourPlot.m

```
1.  x = -15:0.35:15;                    % 設定 x,y 範圍
2.  y = -15:0.35:15;
3.  [X, Y] = meshgrid(x,y);             % 使用 meshgrid()語法二維陣列化數據
4.  Z = (sin(X)./(X+eps)).*(sin(Y)./(Y+eps));      % sinc(x, y)函數
5.  % 使用 contour()語法
6.  contour(X, Y, Z, 20);
7.  title('Contour Plot of Sinc(x,y)');
8.  xlabel('x');        ylabel('y');        zlabel('z');
```

▶ 執行結果　**(a)**在 **Editor** 視窗中，按 ToolBar ▶，或按快速鍵 **F5**，或回 Command Window，鍵入檔名 ContourPlot，輸出結果如題目欄中所示。

(b) contour3(X, Y, Z, 80)：在上述程式中，將 contour(X, Y, Z, 20)直接修改爲 contour3(X, Y, Z, 80)，並重新命名 (Save As)爲 ContourPlot2。

● **練 習** 使用 peaks()與 contour3()函數,設計輸出如下所示 (參考檔案 ContourPeaksView.m)

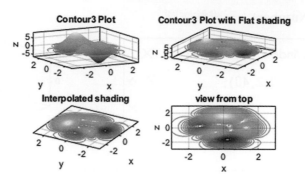

9-6 特殊圖

◎ 方向與速度繪圖

在命令視窗中按 _fx_ 查詢等特殊圖的語法:**comet3()**

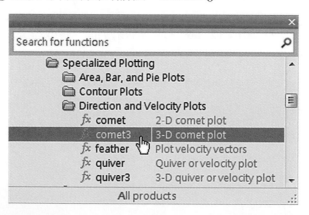

此資料夾中常用的語法為 comet3()、quiver()、quiver3(),各語法的簡單範例如下所示:

➤ **comet3()**:三維彗星線圖

```
>> t=linspace(-10*pi,10*pi,1000);
>> x = cos(2*t).^2.*sin(t);
>> y = sin(2*t).^2.*cos(t);
>> z = t;
>> comet3(x, y, z);
fx >>
```

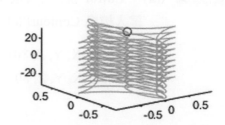

➤ **[DX, DY] = gradient(Z, 0.5, 0.5)**：在(x, y)位置的梯度

首先查詢 gradient()用法

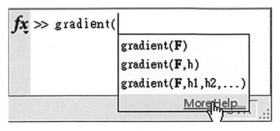

事先實作函數 $z = xe^{-(x^2+y^2)}$ 的等高線圖與梯度值

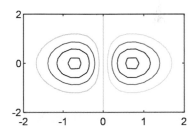

➤ **quiver(X, Y, DX, DY)**：在(x, y)位置的二維梯度場(Gradient field)

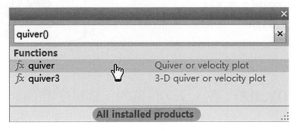

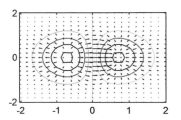

　　上列使用 hold on 語法，以便同時觀察兩種繪圖函數的合成效果；若以程式碼處理，綜合所有語法，其程式碼與輸出結果如下所示：

```
1.  [X, Y, Z] = peaks(20);                % 三維陣列化數據
2.  [DX, DY] = gradient(Z, 0.5, 0.5);     % gradient()語法
3.  contour(X, Y, Z, 20);                 % quiver3()語法
4.  hold on;
5.  quiver(X, Y, DX, DY);                 % quiver()語法
6.  hold off;
7.  xlabel('x');    ylabel('y');    zlabel('z');
8.  title('Quiver Plot');
```

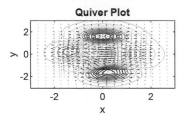

➤ **[DX, DY, DZ] = surfnorm(X, Y, Z)**：三維表面垂直向量

➤ **quiver3(X, Y, Z, DX, DY, DZ)**：在(x, y, z)位置的三維梯度場(Gradient field)

綜合效果的程式，參考檔案 Quiver3Demo.m

離散資料繪圖

在命令視窗中按 _fx_ 查詢等特殊圖的語法：此資料夾中常用的語法為 **stem3()**，可以繪製大頭針圖，其函數重載型態有

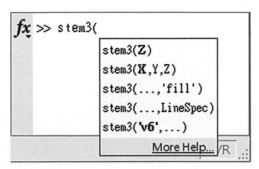

利用內建 peaks() 函數實作，簡單範例如下所示：

```
>> clf
>> [x,y,z]=peaks(20);
>> stem3(x,y,z);
>> axis tight;
fx >>
```

其他特殊圖形繪製例如：

➤ **ribbon()**：緞帶式 3D 圖

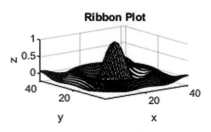

```
1.  x = -10:0.5:10;    y = x;          % 設定 x,y 範圍
2.  [X, Y] = meshgrid(x, y);           % 使用 meshgrid()語法二維陣列化數據
3.  r = sqrt(X.^2 + Y.^2) + eps;
4.  Z = sin(r)./r;                     % 設定函數
5.  ribbon(Z);                         % 使用 ribbon()語法
6.  xlabel('x');    ylabel('y');    zlabel('z');
7.  axis tight;     title('Ribbon Plot');
```

➤ **fill3(X,Y,Z,C)**：三維填色

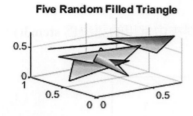

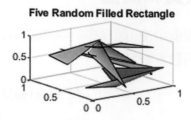

```
1.  figure(1);
2.  fill3(rand(3,5),rand(3,5),rand(3,5),rand(3,5));   % 使用 fill3()語法
3.  grid on;        title('Five Random Filled Triangle');
4.  figure(2);
5.  fill3(rand(4,5),rand(4,5),rand(4,5),rand(4,5));
6.  grid on;        title('Five Random Filled Rectangle');
```

範例 9 繪圖 y = sin(wt)*cos(kz)，使用 **ribbon()**語法

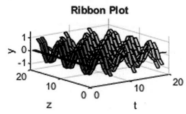

MatLab 以 Editor 撰寫，並重新命名為 ribbonExa.m

```
1.  %   y = sin(wt)*cos(kz) : ribbon
2.  w = 1;                                   % 角頻率
3.  k = 1;                                   % 波常數
4.  x = 0:1:20;       y = 0:1:20;
5.  [X,Y] = meshgrid(x, y);
6.    Z = sin(w*X).*cos(k*Y);                % 設定三維函數
7.    ribbon(Z);                             % 使用 ribbon()語法
8.  xlabel('t');      ylabel('z');      zlabel('y');
9.  axis([0 20 0 20 -1.5 1.5]);
10. grid on;          title('Ribbon Plot');
```

▶ 執行結果 在 Editor 視窗中，按 ToolBar ▶，或按快速鍵 **F5**，或回 Command Window，
鍵入檔名 ribbonExa，輸出結果如題目欄中所示。

範 例 10 Quiver plot：畫 $z = \left(\dfrac{\sin x}{x}\right)\left(\dfrac{\sin y}{y}\right)$，$-15 \leq x \leq 15$，使用 quiver(X, Y, DX, DY)語法

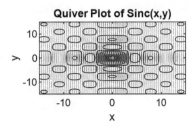

Quiver Plot of Sinc(x,y)

MatLab (a) quiver(X, Y, DX, DY)：續 ContourPlotFilled.m，按**[File / Save As...]**，重新命名為
SincQuiver

```
1.  x = -15:0.0.4:15;  y = -15:0.4:15;
2.  [X, Y] = meshgrid(x,y);
3.  Z = (sin(X)./X).*(sin(Y)./Y);
4.  [DX, DY] = gradient(Z, 0.4, 0.4),      % 使用 gradient()語法
5.  contour(X, Y, Z, 10);
6.  hold on;
7.  quiver(X, Y, DX, DY);                   % 使用 quiver()語法
8.  title('Quiver Plot of Sinc(x,y)');
9.  xlabel('x');          ylabel('y');
```

▶ 執行結果 分別將 Workspace，Command History，Command Window 清除，Command
Window 中，鍵入 SincQuiver，輸出結果如題目欄中所示。

● 練習 畫 $z = xe^{-[(x-y^2)^2 + y^2]}$，$-2 \leq x \leq 8$，$-4 \leq y \leq 4$：使用 ribbon()，quiver()函數語法

```
1 -  x = -2:0.2:8;          y = -4:0.2:4;
2 -  [X,Y] = meshgrid(x,y);
3 -  Z = X .* exp(-((X - Y.^2).^2 + Y.^2));
4    %
5 -  figure(1);
6 -  ribbon(Z);      % 使用ribbon()語法
```

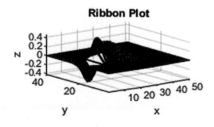

Ribbon Plot

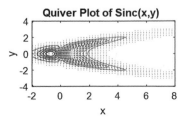

Quiver Plot of Sinc(x,y)

● 練 習　畫 **peaks** 函數：使用 **ribbon()**語法 (參考檔案 RibbonPeaks.m)

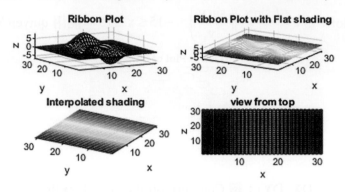

9-7　cylinder & sphere & ellipsoid

常用語法有：

函數	描述
`[X,Y,Z]=cylinder(r)` 	產生圓柱圖 r：半徑
`[X,Y,Z]=sphere(n)`	產生球體圖 n：n+1 by n+1 matrices
`[X,Y,Z]=ellipsoid(xc,yc,zc,xr,yr,zr)`	產生橢圓體圖 c：中心點，r：半徑

例如：**圓柱圖** (參考檔案 CylinderDemo.m)

```
1.  [X, Y, Z] = cylinder(20);          % 設定三維陣列化數據
2.  figure(1);
3.  mesh(X, Y, Z);                      % 使用 mesh() 語法
4.  xlabel('x'); ylabel('y'); zlabel('z');
5.  title('mesh : plot of Cylinder(20)');  axis tight;
6.  figure(2);
7.  surf(X, Y, Z); shading interp;      % 使用 surf()，shading inter 語法
8.  xlabel('x'); ylabel('y'); zlabel('z');
9.  title('Surf : plot of Cylinder(20)');
10. axis tight;
```

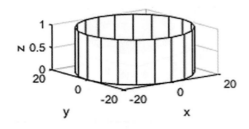 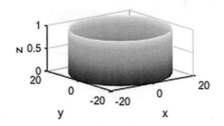

例如：**球體圖** (參考檔案 SphereDemo.m)

```
1.  [X, Y, Z] = sphere(30);            % 設定三維陣列化數據
2.  figure(1);
3.  mesh(X, Y, Z);                      % 使用 mesh() 語法
4.  xlabel('x');   ylabel('y');   zlabel('z');
5.  title('mesh : plot of Sphere(30)');  axis equal;
6.  figure(2);
7.  surf(X, Y, Z); shading interp;      % 使用 surf()，shading inter 語法
8.  xlabel('x');   ylabel('y');   zlabel('z');
9.  title('Surf : plot of Sphere(30)');  axis equal;
```

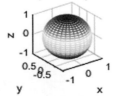 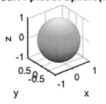

例如：**橢圓體圖** (參考檔案 EllipsoidDemo.m)

```
1.  [X, Y, Z] = ellipsoid(5, 5, 0, 15, 5, 10);      % 設定三維陣列化數據
2.  figure(1);
3.  mesh(X, Y, Z);                                   % 使用 mesh()語法
4.  xlabel('x');   ylabel('y');   zlabel('z');
5.  title('mesh : plot of Ellipsoid');
6.  figure(2);
7.  surf(X, Y, Z); shading interp;        % 使用 surf()，shading inter 語法
8.  xlabel('x');   ylabel('y');   zlabel('z');
9.  title('Surf : plot of Ellipsoid');
```

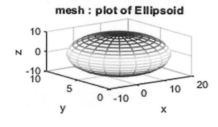 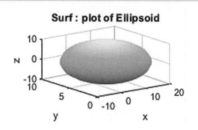

範例 **11**　cylinder()：r 分別為 6 個三角函數，

$$[X1, Y1, Z1] = cylinder(sin(x)); [X2, Y2, Z2] = cylinder(cos(x));$$

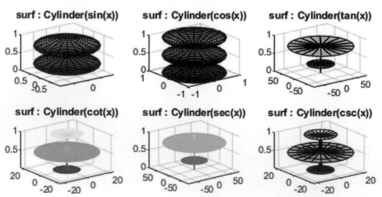

MatLab　參考檔案 CylinderTest.m：

```
1.  x = 0:0.1:2*pi;
2.  % 設定三維陣列化數據
3.   [X1, Y1, Z1] = cylinder(sin(x)); [X2, Y2, Z2] = cylinder(cos(x));
4.   [X3, Y3, Z3] = cylinder(tan(x)); [X4, Y4, Z4] = cylinder(cot(x));
```

```
5.     [X5, Y5, Z5] = cylinder(sec(x)); [X6, Y6, Z6] = cylinder(csc(x));
6.  subplot(2,3,1);          surf(X1, Y1, Z1);
7.  title('surf : Cylinder(sin(x))');     axis tight;
8.     subplot(2,3,2);       surf(X2, Y2, Z2);
9.     title('surf : Cylinder(cos(x))');  axis tight;
10. subplot(2,3,3);          surf(X3, Y3, Z3);
11. title('surf : Cylinder(tan(x))');     axis tight;
12.    subplot(2,3,4);       surf(X4, Y4, Z4);    shading interp;
13.    title('surf : Cylinder(cot(x))');  axis tight;
14. subplot(2,3,5);          surf(X5, Y5, Z5);    shading flat;
15. title('surf : Cylinder(sec(x))');     axis tight;
16.    subplot(2,3,6);       surf(X6, Y6, Z6);
17.    title('surf : Cylinder(csc(x))');  axis tight;
```

▶ 執行結果　在 Editor 視窗中，按 ToolBar ▶，或按快速鍵 **F5**，或回 Command Window，
鍵入檔名 CylinderTest，輸出結果如題目欄中所示。

9-8　volume visualization

常用語法有：

➤ **slice()**：切片式 3D 圖

使用 help 查詢 slice()，或者由查詢函數重載開始

舉簡單實例說明：

```
1.  clf;          % 清除圖形
2.  % 設定 x,y,z 軸範圍
3.  x = linspace(-3,3,13);   y = linspace(1,20,20);   z = linspace(-5,5,11);
4.  [X, Y, Z] = meshgrid(x, y, z);          % 設定三維陣列化數據
```

```
5.   % 設定函數
6.       FC = sqrt(X.^2+cos(Y).^2+Z.^2);
7.   % slice()語法
8.   slice(X,Y,Z,FC,[0 3],[5 15],[-3 5]);
9.   xlabel('x');    ylabel('y');    zlabel('z');    title('Slice Plot');
```

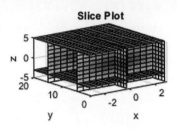

➤ **contourslice()**：切片式 3D 輪廓圖；使用 help 查詢 contourslice()

舉簡單實例說明：

```
1.   clf;         % 清除圖形
2.   % 設定 x,y,z 軸範圍
3.   x = linspace(-3,3,13);   y = linspace(1,20,20);   z = linspace(-5,5,11);
4.   [X, Y, Z] = meshgrid(x, y, z);                    % 設定三維陣列化數據
5.   % 設定函數
6.       FC = sqrt(X.^2+cos(Y).^2+Z.^2);
7.   % 使用 slice()函數
8.   slice(X,Y,Z,FC,[0 3],[5 15],[-3 5]);
9.   hold on;
10.  h = contourslice(X,Y,Z,FC,3,[5 15],[]);
11.  set(h,'EdgeColor','k','LineWidth',1.5);          % 使用 set()語法
12.  xlabel('x'); ylabel('y'); zlabel('z'); title('ContourSlice Plot');
```

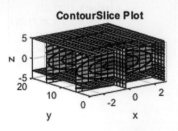

➤ **isosurface(x, y, z, v, isovalue)**：具有特定純量體積數據的表面圖；以 help 查詢 isosurface

以上述查詢訊息中的 Example 1 為例，執行結果：

```
[x y z v] = flow;
p = patch(isosurface(x, y, z, v, -3));
isonormals(x,y,z,v, p)
set(p, 'FaceColor', 'red', 'EdgeColor', 'none');
daspect([1 1 1])
view(3)
camlight; lighting phong
```

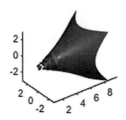

其中 **patch**：圖形區塊(which plot the triangles)，**isonormals**：modifies properties of the drawn patches so that lighting works correctly

----

範例 **12**　**isosurface**：以亂數控制 isosurface(x, y, z, v, isovalue)語法中的 isovalue，range -1~-7

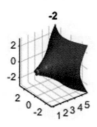

MatLab　參考檔案 IsoSurfaceTest.m：

```
1.  clear;          cla;
2.  % get flow data
3.      [x, y, z, v] = flow;
4.  % isovalue
5.      isovalue = round(rand(1)*6+1);
6.      p = patch(isosurface(x, y, z, v, -isovalue));
7.  % modify properties of the drawn patches so that lighting works correctly
8.      isonormals(x, y, z, v, p);
9.      set(p, 'FaceColor', 'red', 'EdgeColor', 'none');
10. % 顯示 isovalue
11. title(-isovalue);
12. view(3);        axis tight;        grid on;
13. camlight;       lighting phong;
```

▶ 執行結果　在 Editor 視窗中，按 ToolBar 🔲，或按快速鍵 **F5**，或回 Command Window，鍵入檔名 isoSurfaceTest，輸出結果：

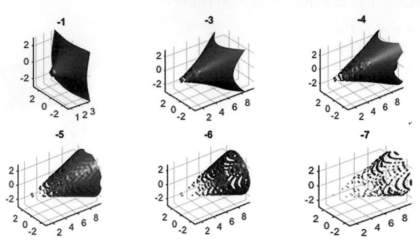

9-9 　fplot3()與 ezplot3()

　　如同 **fplot()** 函數的特性，**fplot3()** 函數同樣能夠自動分析所欲繪圖函數的特性，以及決定顯示此函數圖所需的取樣點數。直接在命令視窗鍵入查詢函數重載型態，結果：

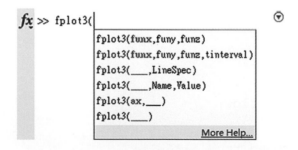

例 如　使用 **fplot3()** 畫出函數 x = sin(t)，y = cos(t)，z = t

例 如 使用 **fplot3()** 畫出函數 x = sin(t)，y = cos(t)，z = t，[0, 2π]線寬 2，[2π, 4π]線'--or'，

[4π, 6π]線'-.*c'

```
>> fplot3(@(t)sin(t), @(t)cos(t), @(t)t, [0 2*pi], 'LineWidth', 2)
>> hold on
>> fplot3(@(t)sin(t), @(t)cos(t), @(t)t, [2*pi 4*pi], '--or')
>> fplot3(@(t)sin(t), @(t)cos(t), @(t)t, [4*pi 6*pi], '-.*c')
>> hold off
fx >>
```

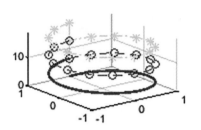

例 如 使用 **fplot3()** 畫出函數 x = e⁻ᵗ/¹⁰sin(5t)，y = e⁻ᵗ/¹⁰cos(5t)，z = t

```
>> xt = @(t) exp(-t/10).*sin(5*t);
>> yt = @(t) exp(-t/10).*cos(5*t);
>> zt = @(t) t;
>> fplot3(xt,yt,zt,[-10,10])
fx >> |
```

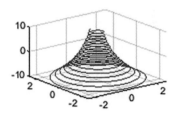

功能繪圖

在命令視窗中按 **fx** 查詢等特殊圖的語法：各語法簡單說明與示範如下

➤ **ezcontour()**：容易使用的等高線繪圖器

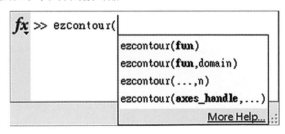

參數列 fun 為函數，建構方式有：

(1) **字串型態**：例如 ezcontour('peaks')

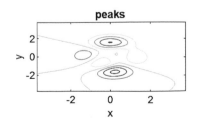

```
>> ezcontour('peaks');
fx >> |
```

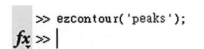

(2) 握把式函數：

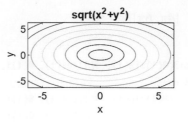
sqrt(x²+y²)

```
>> fh=@(x,y)sqrt(x.^2+y.^2);
>> ezcontour(fh);
fx >>
```

(3) 自定函數：

```
1  function z = myezfun(x, y)
2      z = (sin(x)./x).*(sin(y)./y);
3  end
```

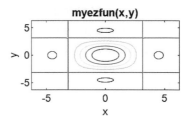
myezfun(x,y)

```
>> ezcontour( fh );
>> ezcontour(@(x,y) myezfun(x,y));
fx >> |
```

或直接使用握把式函數(Handle function)的方式處理

```
>> ezcontour(@(x, y) myezfun(x,y));
>> ezcontour(@(x, y) (sin(x)./x).*(sin(y)./y), [-10,10]);
fx >>
```

➤ **ezcontourf()**：容易使用的填色等高線繪圖器

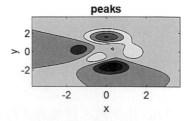
peaks

```
>> ezcontourf('peaks');
fx >> |
```

➤ **ezplot()**：容易使用的二維繪圖器

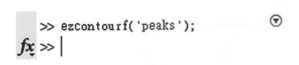

```
◢ Command Window    —    □    ×
>> ezplot('sin(x)./x',[-15,15])
fx >> |
```

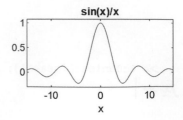
sin(x)/x

➤ **ezpolar()**：容易使用的極座標繪圖器

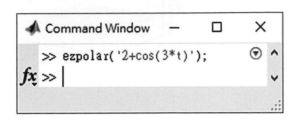 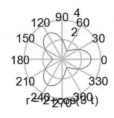

➤ **ezplot3('x', 'y', 'z')**：x(t)、y(t)、z(t)函數繪圖，預設範圍值 0~2π；例如 x = sin(t)，y = cos(t)，z = t

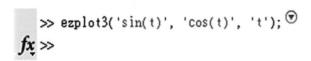 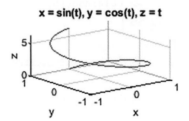

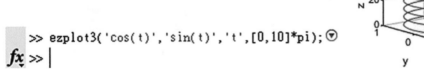 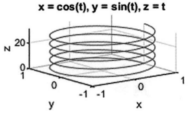

➤ **ezplot3('x', 'y', 'z', [tmin, tmax])**：x(t)、y(t)、z(t)函數繪圖，指定 t 範圍；例如 x = sin(t)，y = cos(t)，z = t，t 範圍[0, 6π]

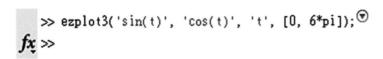 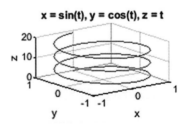

➤ **ezmesh('f(x, y)')**：f(x, y)函數繪圖，預設範圍值-2π < x < 2π，-2π < y < 2π

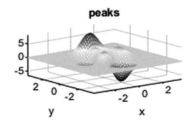

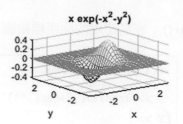

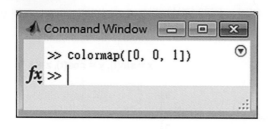

設定色調為藍色

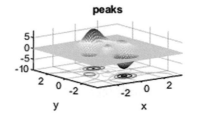

➤ **ezmeshc('f(x, y)')**：f(x, y)函數網格與等高線繪圖，預設範圍值$-2\pi < x < 2\pi$，$-2\pi < y < 2\pi$

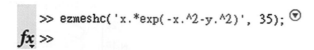

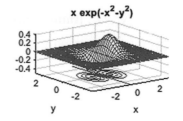

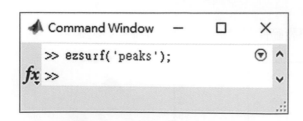

➤ **ezsurf()**：容易使用的三維表面圖繪圖器

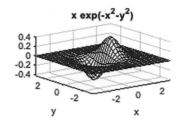

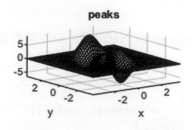

➤ **ezsurfc()**：容易使用的三維表面+輪廓圖繪圖器

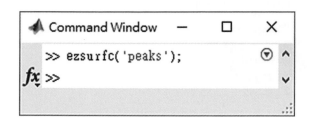
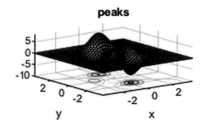

➤ **ezcontour('f(x, y)')**：f(x, y)函數等高線繪圖，預設範圍值$-2\pi < x < 2\pi$，$-2\pi < y < 2\pi$

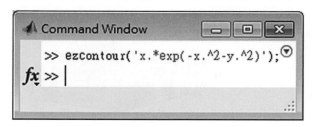
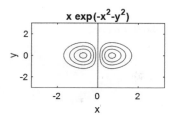

習題

1. 使用 plot3()與 comet3()語法，求曲線圖形(a) x = cos(t)，y = sin(t)，z = t/3，(b) x = cos(t)，y = ln(t)，z = sin(t)，(c) x = t cos(t)，y = t sin(t)，z = t，(d) x = 5 sin³(t)，y = 5 cos³(t)，z = t (參考檔案 positionfc_a.m~positionfc_d.m)

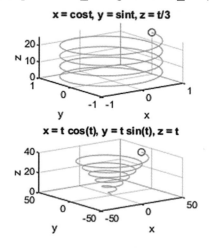
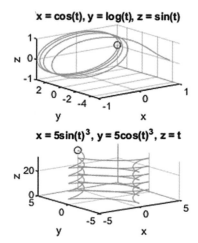

2. 使用 meshc()與 view()語法，繪圖 $z = \sin(xy)$ (參考檔案 meshcsinxy.m)

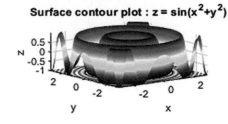

3. 使用 surfc()語法，繪圖 $z = \sin(x^2 + y^2)$，(a)shading interp，(b)shading flat
   (參考檔案 surfcsin x2y2.m)

4. 使用 surfl()語法，繪圖 $z = \cos(x^2 - y^2)$ (參考檔案 surflcosx2y2.m)

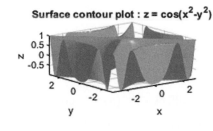

5. 使用 contour3()語法，繪圖 $z = 4\cos(x^2 + y^2)/(1 + x^2 + y^2)$ (參考檔案 contour3x2cosx2y2.m)

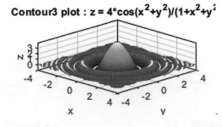

6. 使用 quiver3()與 streamline()語法：求 vector field 之 streamlines (參考檔案 quiver3vector.m)
   (a) $F(x, y, z) = x^2\hat{i} + 2y\hat{j} - \hat{k}$　　(b) $F(x, y, z) = < 1, x, y >$

```
u = cx.^2;
v = 2*cy;
w = -1*cx./(cx+eps);
%
quiver3(cx, cy, cz, u, v, w)
xlabel('x');    ylabel('y');    zlabel('z');
%
h = streamline(stream3(x,y,z,u,v,w,cx,cy,cz));
```

7. $R(x, y, z) = \cos(x)\hat{i} + e^{-x}\sin(y)\hat{j} + (z-y)\hat{k}$，求 divergence 散度 (參考檔案 divergenceDemo.m)

   help coneplot：

```
figure(2);
    h2 = coneplot(x,y,z,u,v,w,cx,cy,cz,1);
    set(h2,'FaceColor','green','EdgeColor','black');
```

   help divergence：

```
figure(3);
    div = divergence(x, y, z, u, v, w);
    verts = stream3(x,y,z,u,v,w,cx,cy,cz);
    h = streamtube(verts, x, y, z, div);
```

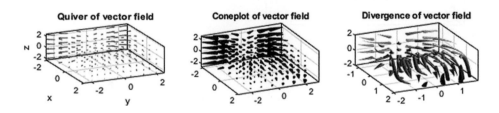

8. $R(x, y, z) = \cos(x)\hat{i} + e^{-x}\sin(y)\hat{j} + (z-y)\hat{k}$，求 curl 旋度 (參考檔案 curlDemo3.m)

   help curl：

```
figure(4);
    [crulx, curly, curlz] = curl(cx, cy, cz, u, v, w);
    quiver3(cx, cy, cz, crulx, curly, curlz);
```

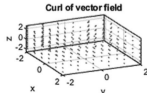

9. 使用 function 語法：亂數決定畫 mysinc3( ) 函數，畫法有 mesh()、meshc()、meshz()、waterfall()，輸出如下所示：

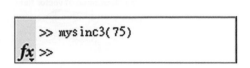

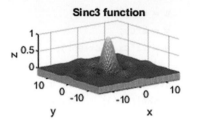

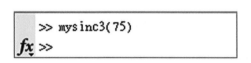

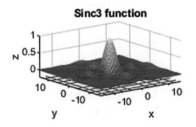

10. 使用 function 語法：亂數決定畫 sinc3( ) 函數，第一個參數控制網格圖，第二個參數控制表面圖，輸出如下所示：

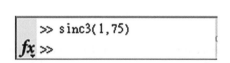

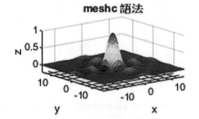

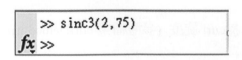

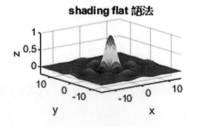

11. 續第 10 題，新增 view() 語法，輸出如下所示：

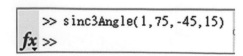

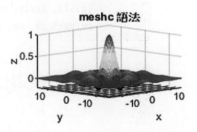

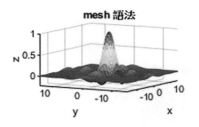

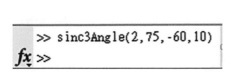

12. 續第 11 題，新增 contour()語法：亂數決定 contour()、contour3()、pcolor()、contourf()，輸出如下所示：

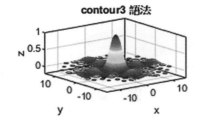

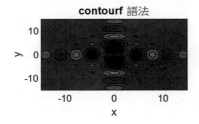

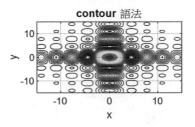

13. 亂數繪圖 sin(x + iy)，cos(x + iy)，tan(x + iy)，cot(x + iy)，sec(x + iy)，csc(x + iy)函數：取 real (參考檔案 p12-13.m)

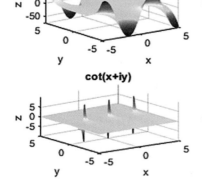

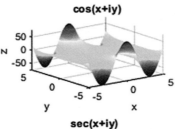

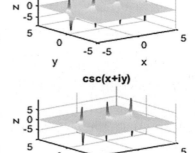

14. 亂數繪圖 asin(x + iy)，acos(x + iy)，atan(x + iy)，acot(x + iy)，asec(x + iy)，acsc(x + iy)函數：取 real (參考檔案 p12-14.m)

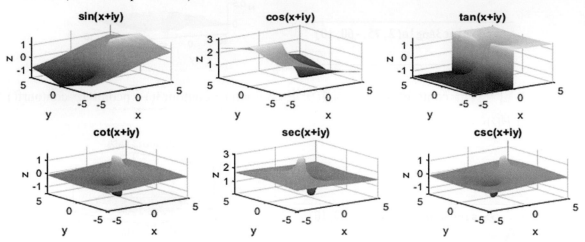

15. 使用表面圖語法，亂數繪圖圓柱體、球體、橢圓體 (參考檔案 surfCylinder.m)

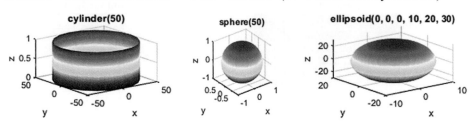

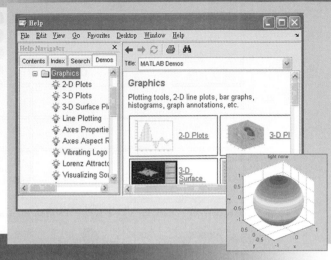

Chapter **10**

顏色與光源

10-1 顏色對映

RGB

Red	Green	Blue	Color
1	0	0	Red
0	1	0	Green
0	0	1	Blue
1	1	0	Yellow

Red	Green	Blue	Color
1	0	1	Magenta
0	1	1	Cyan
0	0	0	Black
1	1	1	White
0.5	0.5	0.5	Medium gray
0.67	0	1	Violet
1	0.4	0	Orange
0.5	0	0	Dark red
0	0.5	0	Dark green

Colormap

colormapm 語法最好是透過圖形顯示，其函數種類如下所示：

函數	樣本	函數	樣本
hsv		jet	
hot		cool	
summer		autumn	
winter		spring	

函數	樣本	函數	樣本
white		gray	
bone		pink	
copper		prism	
flag		lines	
colorcube			

在命令視窗查詢 **colormap()**函數的語法：

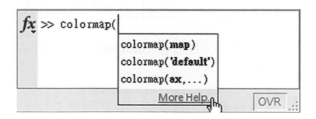

例如 使用 **hsv** 效果，畫出 peaks 函數

```
>> peaks(50);
z =  3*(1-x).^2.*exp(-(x.^2) - (y+1).^2) ...
   - 10*(x/5 - x.^3 - y.^5).*exp(-x.^2-y.^2) ...
   - 1/3*exp(-(x+1).^2 - y.^2)
>> colormap hsv;
>> title('Colormap hsv');
fx >>
```

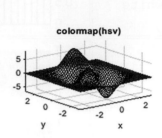

pcolor 與 rgbplot

pcolor、**rgbplot** 與 **colorbar** 函數是 colormap 的最佳拍檔，可以充分表現 colormap 的功能，其用法可自行查詢：help pcolor，help rgbplot，help colorbar。例如，在命令視窗(Command Window)鍵入 colorbar() ；

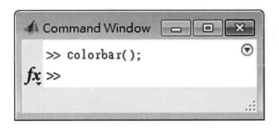

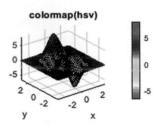

其他位置效果：按 ☐ 取消 colorbar，或者在 **colorbar** 上按滑鼠右鍵，選項**[Location / ...]**中，亦可設定 colorbar 的位置方向

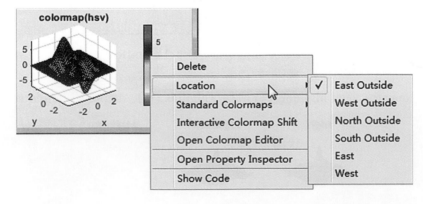

範例 1 使用 pcolor() 與 rgbplot() 顯示 copper 之顏色排列

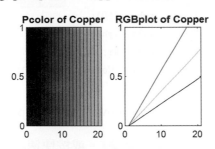

MatLab 以 ⬛ Editor 撰寫，並命名為 colromapDemo.m

```
1.  n = 21;
2.  [xx, yy] = meshgrid(0:n, [0,1]);            % 二維數據陣列化
3.  c = [1:n+1; 1:n+1];
4.  map = copper(n);          colormap(map);    % 使用 colormap()語法
5.  subplot(1,2,1);           pcolor(xx,yy,c);
6.  title('Pcolor of Copper');
7.  subplot(1,2,2);           rgbplot(map);      % 使用 rgbplot()語法
8.  xlim([0 ,n]);             title('RGBplot of Copper');
```

補充 查詢 xlim 用法：

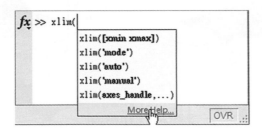

▶ 執行結果 在 Editor 視窗中，按 ToolBar ▶️，或按快速鍵 **F5**，或回命令視窗(Command Window)，鍵入 colromapDemo，輸出結果如上題目欄中所示。

範例 2 畫 sphere(50)：使用 colorbar()語法

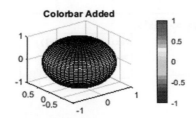

[MatLab] 以 [Editor] 撰寫，並命名為 colorbarDemo.m

```
colorbarDemo.m  ×  +
1    sphere(50);
2    axis tight;
3    colorbar;
4    title('Colorbar Added');
```

[補充] 查詢 axis：在命令視窗(Command Window)中鍵入 help axis

▶ [執行結果] 在 Editor 視窗中，按 ToolBar ▣，或按快速鍵 **F5**，或回命令視窗(Command Window)，鍵入檔名 colorbarDemo，輸出結果如上題目欄中所示。

◉ **練習** peaks：使用亂數 rand()，可以選項畫出所有 colormap 的效果，如下圖所示 (參考檔案 ColormapRandom.m)

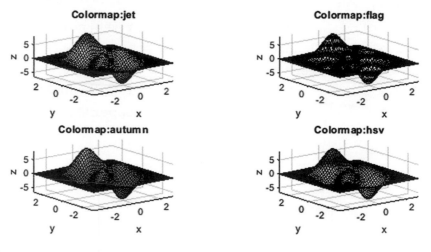

10-2　caxis

正常情況下，colormap 會自動根據資料，從最小到最大調整顯示值，而無法只顯示其中部分的值，因此，若想要只使用部分的 colormap，必須使用 **caxis()** 函數，其用法如下所示

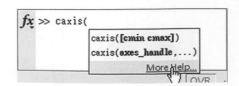

例 如 ▶ 使用 caxis('auto')語法 (參考檔案 CaxisDemo.m)

```
1 -    n = 20;
2 -    data = [1:n+1; 1:n+1];
3 -    colormap(hsv(n));
4 -    pcolor(data);
5 -    caxis('auto');
```

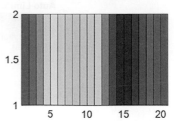

例 如 ▶ 使用 caxis([cmin, cmax])語法 (參考檔案 CaxisDemo2.m)

```
1 -    n = 20;
2 -    data = [1:n+1; 1:n+1];
3 -    colormap(hsv(n));
4 -    pcolor(data);
5 -    caxis([-5, n+5]);
```

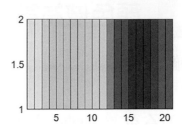

範 例 **3**　畫色層，如下所示：使用 caxis()語法

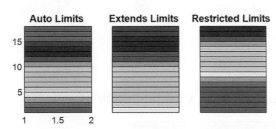

MatLab ▶ 以 ☑ Editor 撰寫，並命名為 colorbarDemo2.m

```
1.  n = 17;
2.  data = [1:n+1;1:n+1]';
3.  subplot(1,3,1);    colormap(hsv(n));  pcolor(data);
4.  title('Auto Limits');                 caxis auto;
5.  subplot(1,3,2);    pcolor(data);      axis off;
6.  title('Extends Limits');              caxis([-5,n+5]);
7.  subplot(1,3,3);    pcolor(data);      axis off;
8.  title('Restricted Limits');           caxis([5, n+5]);
```

▶ 執行結果　在 Editor 視窗中，按 ToolBar ▶，或按快速鍵 **F5**，或回命令視窗(Command Window)，鍵入 colorbarDemo2，輸出結果如上題目欄中所示。

補充 若是 data = [1:N + 1 ; 1:N + 1]；

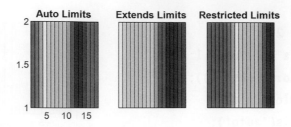

10-3 顏色做為第 4 軸

表面繪圖，例如 **mesh()** 或 **surf()** 的顏色變化，預設都是沿著 z 軸，如欲改變顏色變化的軸向，語法如下所示：

➤ **surf(X, Y, Z, Z)** 或 **mesh(X, Y, Z, Z)**：預設顏色次序

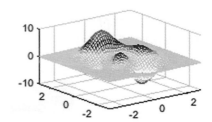

➤ **surf(X, Y, Z, Y)** 或 **mesh(X, Y, Z, Y)**：沿著 y 軸的顏色次序

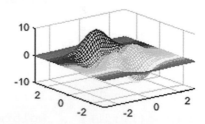

➤ **surf(X, Y, Z, X-Y)** 或 **mesh(X, Y, Z, X-Y)**：沿著對角軸的顏色次序

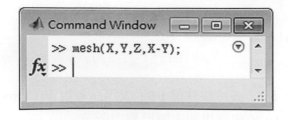

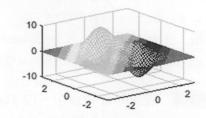

➤ **surf(X, Y, Z, X + Y)** 或 **mesh(X, Y, Z, X + Y)**：沿著對角軸的顏色次序

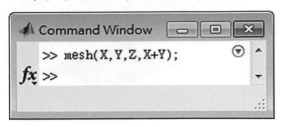 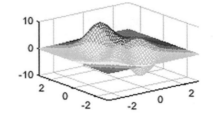

➤ **surf(X, Y, Z, R)** 或 **mesh(X, Y, Z, R)**：沿著徑向軸的顏色次序

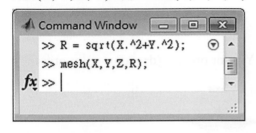 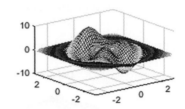

以上是四種簡單的方法，顯示顏色當第四軸的效果，另外，還有比較複雜的用法，例如

➤ **surf(X, Y, Z, abs(del2(Z)))**：Laplacian 絕對值

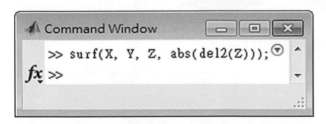 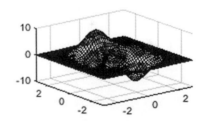

➤ **surf(X, Y, Z, abs(dZdx))**：x 方向斜率的絕對值，其中 dZdx 為 gradient(Z)的 x 分量

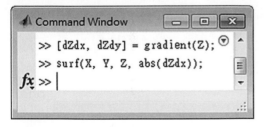 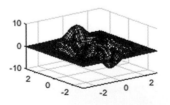

➤ **surf(X, Y, Z, abs(dZdy))**：y 方向斜率的絕對值，其中 dZdy 為 gradient(Z)的 y 分量

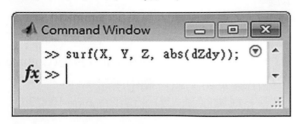 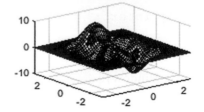

➤ **surf(X, Y, Z, abs(dR))**：radius 斜率的絕對值

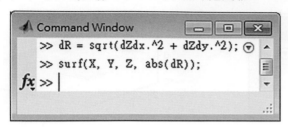
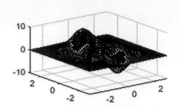

範 例 **4** 使用 colormap(colorcube)顯示 $Z = \dfrac{\sin(R)}{R}$，$R = \sqrt{X^2 + Y^2}$：分別為

(a) default　(b) Y axis color order　(c) X-Y color order　(d) radius color order

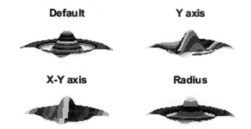

| MatLab | 以 ✏ Editor 撰寫，並重新命名為 caxisExa1.m

```
1.   x = -7.5:0.25:7.5;  y = x;            % 設定 x,y 軸範圍
2.   [X Y] = meshgrid(x);                  % 二維數據陣列化
3.   R = sqrt(X.^2+Y.^2)+eps;              % 設定三維數據
4.   Z = sin(R)./R;
5.   subplot(2,2,1);     surf(X,Y,Z,Z);       colormap(colorcube);
6.   shading interp;     axis tight off;      title('Default');
7.   subplot(2,2,2);     surf(X,Y,Z,Y);
8.   shading interp;     axis tight off;      title('Y axis');
9.   subplot(2,2,3);     surf(X,Y,Z,X-Y);
10.  shading interp;     axis tight off;      title('X-Y axis');
11.  subplot(2,2,4);     surf(X,Y,Z,R);
12.  shading interp;     axis tight off;      title('Radius');
```

▶ 執行結果　在 Editor 視窗中，按 ToolBar ▷，或按快速鍵 **F5**，或回命令視窗(Command Window)，鍵入檔名 caxisExa1，輸出結果如上題目欄中所示。

範 例　**5**　使用 colormap(colorcube) 示 $Z = \dfrac{\sin(R)}{R}$, $R = \sqrt{X^2 + Y^2}$: 分別為

　　(a) absolute Laplacian　　　　(b) absolute slope in x_direction

　　(c) absolute slope in y_direction　　(d) absolute slope in radius

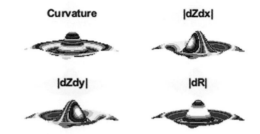

MatLab　以　Editor　撰寫，並重新命名為 caxisExa2.m

```
1.  x = -7.5:0.25:7.5;          y = x;               % 設定 x,y 軸範圍
2.  [X, Y] = meshgrid(x);                            % 二維數據陣列化
3.  R = sqrt(X.^2+Y.^2)+eps;   Z = sin(R)./R;        % 設定三維數據
4.  subplot(2, 2, 1);          surf(X, Y, Z, abs(del2(Z)));
5.  colormap(colorcube);
6.  shading interp;            axis tight off;    title('Curvature');
7.  subplot(2, 2, 2);          [dZdx, dZdy] = gradient(Z);
8.  surf(X, Y, Z, abs(dZdx));
9.  shading interp;            axis tight off;    title('|dZdx|');
10. subplot(2, 2, 3);          surf(X, Y, Z, abs(dZdy));
11. shading interp;            axis tight off;    title('|dZdy|');
12. subplot(2, 2, 4);          dR = sqrt(dZdx.^2 + dZdy.^2);
13. surf(X, Y, Z, abs(dR));
14. shading interp;            axis tight off;    title('|dR|');
```

▶ 執行結果　在 Editor 視窗中，按 ToolBar ▷ ，或按快速鍵 **F5**，或回命令視窗(Command Window)，鍵入檔名 caxisExa2，輸出結果如上題目欄中所示。

● **練習** 使用亂數控制 shading flat 或 shading interp 或 shading faceted 及所有 colormap 選項 (白色除外)；顯示 $Z = \dfrac{\sin(R)}{R}$，$R = \sqrt{X^2 + Y^2}$；分別為(a) default　(b) Y axis color order (c) X-Y color order　(d) radius color order (參考檔案 ColorAs4D.m)

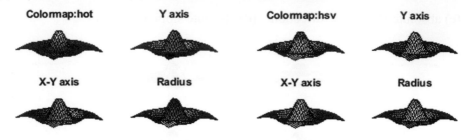

10-4　光源模式

以前所學過的圖形函數：pcolor()、fill()、fill3()、surf()，以及 **shading** 函數：**faceted**、**flat**、**interploated**(簡寫為 interp)，可以非常清楚的顯示出圖形所有資料訊息，如果這樣的效果還不夠，則可進一步考慮使用 **lighting** 光源。

按 **fx** 查詢 **light** 相關語法：

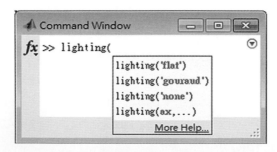

以 sphere 為例，程式碼可以參考如下所示的檔案 LightingMode.m

```
1.  [X, Y, Z] = peaks(25);              % 三維數據陣列化
2.  surf(X, Y, Z); shading faceted;     % 表面圖，使用 shading faceted 語法
3.  axis tight;
4.  lightno=round(rand*3+1);            % 亂數取值，絕定 lighting 模式
5.  switch lightno
6.      case 1
7.          light('position',[0,0,1]);
8.          lighting flat;              title('lighting flat');
```

```
9.      case 2
10.         light('position',[0,0,1]);
11.         lighting gouraud;        title('lighting gouraud');
12.     case 3
13.         light('position',[0,0,1]);
14.         lighting phong;          title('lighting phong');
15.     case 4
16.         ighting none;            title('lighting none');
17. end
18. xlabel('x');    ylabel('y');    zlabel('z');
```

沒有光源打光的球體做為樣本，效果如下所示：

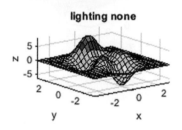

➤ **light**：產生光源物件

➤ **light('Position', [0 0 1])**：打光位置，其中參數 Position 為屬性名稱，[0 0 1]為屬性值

➤ **lighting none**：關閉所有光源

➤ **lighting flat**：入射光均勻灑落在圖形物件的每個面上，主要與 faced 配合使用，預設打光模式

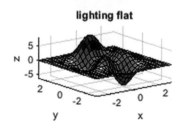

➤ **lighting gouraud**：定點顏色插補，在對定點勾畫的面色進行插補，使用於曲面表現

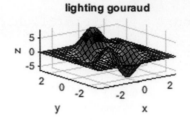

➤ **lighting phong**：定點出的法線插值，在計算個畫素的反光，效果好，但費時

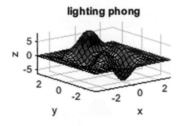

◉ material

按 🔲 查詢材質 **material** 相關語法：

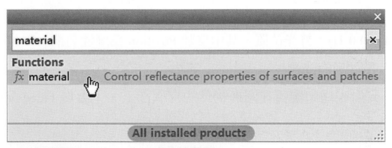

續上述範例，使用 light 配合 material 語法做說明：參考檔案 MaterialMode.m

```
1.  [X, Y, Z] = sphere(50);              % 三維數據陣列化
2.  surf(X, Y, Z);    shading flat;      % 表面圖，使用 shading flat 語法
3.  axis equal;
4.  light('Position',[0,-1,1]);          % 設定定點光源輻射源光照效果
5.  lighting flat;
6.  positionno=round(rand*3+1);          % 亂數取值，絕定 material 模式
7.  switch positionno
8.      case 1
9.          material default;            % 使用 material default 語法
```

```
10.        title('material default');
11.    case 2
12.        material shiny;                % 使用 material  shiny 語法
13.        title('material shiny');
14.    case 3
15.        material dull;                 % 使用 material  dull 語法
16.        title('material dull');
17.    case 4
18.        material metal;                % 使用 material  metal 語法
19.        title('material metal');
20. end
21. xlabel('x');    ylabel('y');    zlabel('z');
```

➤ **material default**：

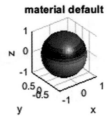

➤ **material shiny**：

➤ **material dull**：

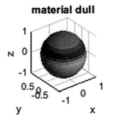

▶ **material metal**：

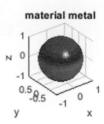

範例 6 使用 colormap(colorcube)與 **lighting** 顯示 $Z = \dfrac{\sin(R)}{R}$，$R = \sqrt{X^2 + Y^2}$：分別爲

(a) default　(b) Y axis color order　(c) X-Y color order　(d) radius color order

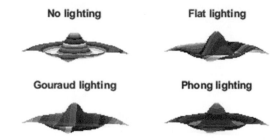

MatLab 以 Editor 撰寫，並重新命名爲 LightingModeExa.m

```matlab
1.  x = -7.5:0.25:7.5;          y = x;              % 設定 x,y 軸範圍
2.  [X, Y] = meshgrid(x);                           % 二維數據陣列化
3.  R = sqrt(X.^2+Y.^2)+eps;   Z = sin(R)./R;      % 設定三維數據
4.  subplot(2, 2, 1);  surf(X, Y, Z, Z);  colormap(colorcube);
5.  light;            shading interp;    axis tight off;
6.  lighting none;       title('No lighting');
7.  subplot(2, 2, 2);  surf(X, Y, Z, Y);
8.  light;            shading interp;    axis tight off;
9.  lighting flat;       title('Flat lighting');
10. subplot(2, 2, 3);  surf(X, Y, Z, X-Y);
11. light;       shading interp;    axis tight off;
12. lighting gouraud;  title('Gouraud lighting');
13. subplot(2, 2, 4);  surf(X, Y, Z, R);
14. light;            shading interp;    axis tight off;
15. lighting phong;        title('Phong lighting');
```

▶ 執行結果　在 Editor 視窗中，按 ToolBar ▣，或按快速鍵 F5，或回命令視窗(Command Window)，鍵入檔名 LightingModeExa，輸出結果如上題目欄中所示。

範 例　7　使用 colormap(jet)與 **material** 語法顯示 $Z = \dfrac{\sin(R)}{R}$，$R = \sqrt{X^2 + Y^2}$：分別為

(a) absolute Laplacian　　　　(b) absolute slope in x_direction

(c) absolute slope in y_direction　(d) absolute slope in radius

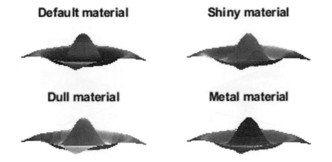

MatLab　以 ✏ Editor 撰寫，並重新命名為 MaterialExa.m

```
1.  x = -7.5:0.25:7.5;           y = x;               % 設定 x,y 軸範圍
2.  [X, Y] = meshgrid(x);                             % 二維數據陣列化
3.  R = sqrt(X.^2+Y.^2)+eps;   Z = sin(R)./R;         % 設定三維數據
4.  subplot(2, 2, 1);         surf(X, Y, Z, Z);       colormap(jet);
5.  light;                    shading interp;         axis tight off;
6.  material default;         title('Default material');
7.  subplot(2, 2, 2);         surf(X, Y, Z, Y);
8.  light;                    shading interp;         axis tight off;
9.  material shiny;           title('Shiny material');
10. subplot(2, 2, 3);         surf(X, Y, Z, X-Y);
11. light;                    shading interp;         axis tight off;
12. material dull;            title('Dull material');
13. subplot(2, 2, 4);         surf(X, Y, Z, R);
14. light;                    shading interp;         axis tight off;
15. material metal;           title('Metal material');
```

▶ 執行結果　在 Editor 視窗中，按 ToolBar ▣，或按快速鍵 F5，或回命令視窗(Command Window)，鍵入檔名 MaterialExa，輸出結果如上題目欄中所示。

◉ 練 習 **lighting**：顯示 peaks(50)，使用亂數控制 surf()或 surfc()或 surfl() plot，shading flat 或 shading interp 或 shading faceted，所有 colormap 選項(白色除外)及至少四種 lighting (參考檔案 ColormapRandomLight.m)

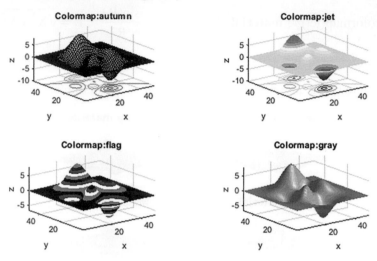

◉ 練 習 **material**：續上一練習，顯示 peaks(50)，使用亂數控制 surf()或 surfc()或 surfl() plot，shading flat 或 shading interp 或 shading faceted，所有 colormap 選項(白色除外)，至少四種 lighting 設定，至少四種 material 設定(參考檔案 ColormapRandomMaterial.m)

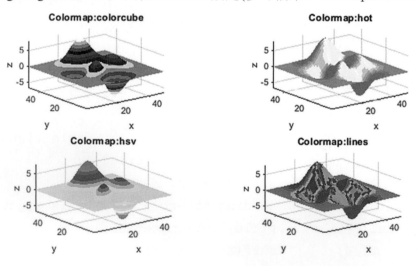

10-5　照相機光源

首先使用 **fx** 查詢 **camlight** 照相機光源語法：

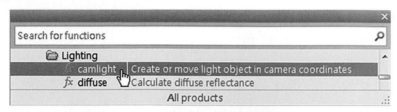

由查詢初步可知 camlight 照相機光源是在照相座標上產生或移動光物件：

建立類似照相定位打光的光源

camlight	觀查點右上方建立光源 （預設）	
camlight headlight	目前觀查點建立光源	
camlight right	觀查點右方建立光源	
camlight left	觀查點左方建立光源	
camlight(az, el)	相對觀查點方位角 az， 俯角 el 處建立光源	camlight(- 45, 45)

例 如 以 peaks(60)示範上述效果：首先開啓 📝 **Editor**，按 📂 開檔，選項 CamlightDemo.m

```
1.  [X, Y, Z] = peaks(60);
2.  surf(X, Y, Z);
3.   subplot(2, 3, 1);    surf(X, Y, Z);      shading interp;
4.  axis tight off;    camlight;             title('camlight');
5.   subplot(2, 3, 2);    surf(X, Y, Z);      shading interp;
6.  axis tight off;    camlight headlight;title('headlight');
7.   subplot(2, 3, 3);    surf(X, Y, Z);      shading interp;
8.  axis tight off;    camlight right;    title('right');
9.   subplot(2, 3, 4);    surf(X, Y, Z);      shading interp;
10. axis tight off;    camlight left;     title('left');
11.  subplot(2, 3, 5);    surf(X, Y, Z);      shading interp;
12. axis tight off;    camlight(-45, 45);      title('camlight(az, el)');
```

按 ▶ 執行，結果：

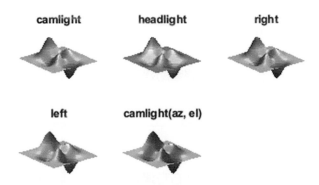

範 例 8 使用 **camlight** 顯示 $Z = \dfrac{\sin(R)}{R}$, $R = \sqrt{X^2 + Y^2}$, $-10 \leq x \leq 10$：分別為(a) camlight

(b) camlight headlight (c) camlight right (d) camlight left (e) camlight $(-60, 45)$

MatLab　參考檔案 CamlightTest. m

```
1.  colormap jet;                                  % 色調 jet
2.  [X, Y, Z] = peaks(60);                         % 設定三維數據
3.  surf(X, Y, Z);
4.    subplot(2, 3, 1);     surf(X, Y, Z);        shading interp;
5.  axis tight off;         camlight;             title('camlight');
6.    subplot(2, 3, 2);     surf(X, Y, Z);        shading interp;
7.  axis tight off;         camlight headlight;   title('headlight');
8.    subplot(2, 3, 3);     surf(X, Y, Z);        shading interp;
9.  axis tight off;         camlight right;       title('right');
10.   subplot(2, 3, 4);     surf(X, Y, Z);        shading interp;
11. axis tight off;         camlight left;        title('left');
12.   subplot(2, 3, 5);     surf(X, Y, Z);        shading interp;
13. axis tight off;         camlight(-45, 45);    title('camlight(az, el)');
```

▶ 執行結果　在 Editor 視窗中，按 ToolBar ▷，或按快速鍵 **F5**，或回命令視窗(Command Window)，鍵入檔名 CamlightTest，輸出結果如上題目欄中所示。

◑ 練 習　**camlight**：續上一節練習，顯示 peaks(50)，使用亂數控制 surf()或 surfc()或 surfl() plot，shading flat 或 shading interp 或 shading faceted，所有 colormap 選項(白色除外)，至少四種 **camlight** 設定，至少四種 material 設定 (參考檔案 ColormapRandomCamligth.m)

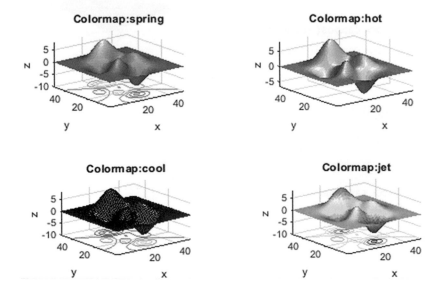

另外，更高階控制觀察點的語法有

➤ **campos**：目前觀察點的位置座標(x, y, z)

```
>> [X,Y] = meshgrid(-10:0.5:10);
>> R = sqrt(X.^2+Y.^2)+eps;
>> Z = sin(R)./R;
>> mesh(X,Y,Z);
fx >> |
```

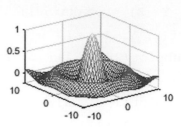

```
>> campos
ans =
   -91.3142  -119.0030     5.6621
fx >>
```

➤ **camva**：觀察點的觀察角度

```
>> camva
ans =
   10.3396
fx >>
```

➤ **camroll**：觀察軸旋轉；例如將觀察點移到對稱原點的位置，並旋轉 180 度

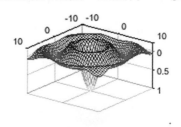

```
>> campos(-campos);
>> camroll(180);
fx >> |
```

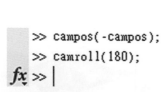

➤ **camzoom**：放大或縮小圖形大小

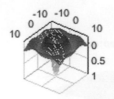

```
>> camzoom(0.7);
fx >> |
```

習題

1.　使用 colormap 語法，繪圖 $z = x^2 \cos(x^2 - y^2)$ (參考檔案 colormapx2cosx2y2.m)

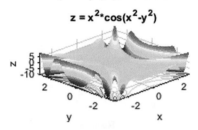

2.　使用 caxis 語法，繪圖 $Z = \dfrac{6\sin(x-y)}{\sqrt{1+x^2+y^2}}$ (參考檔案 caxis6sinxy.m)

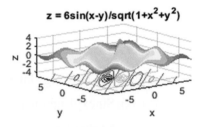

3.　使用 ? 語法，繪圖 $Z = \dfrac{6\sin(x-y)}{\sqrt{1+x^2+y^2}}$ (參考檔案 caxis6sinxylight.m)

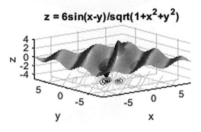

4. 使用 colormap(jet)顯示 peaks(50)：亂數決定(a) default，(b)Y axis color order，(c) X-Y color order，(d) radius color order，(e) absolute Laplacian，(f) absolute slope in x_direction，(g) absolute slope in y_direction，(h) absolute slope in radius，輸出如下圖所示 (參考檔案 caxisSincxy.m)

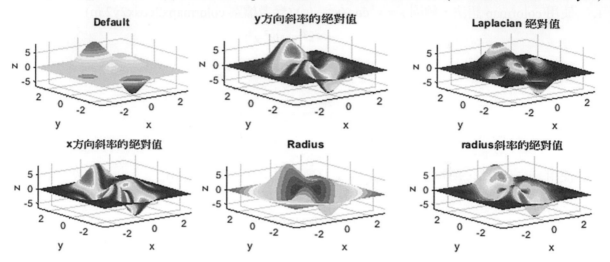

5. 續第 4 題，亂數決定 (a) lighting none，(b) lighting flat，(c) lighting gouraud，(d) lighting phong，輸出如下圖所示 (參考檔案 caxisSincxyLight.m)

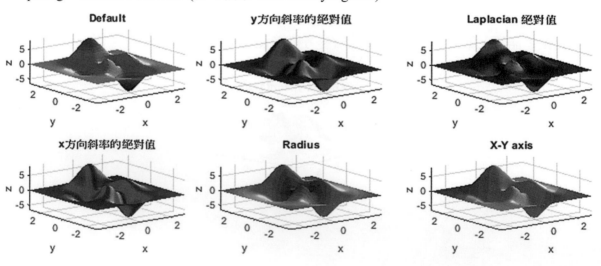

6. 續第 4 題，亂數決定 (a) camlight，(b) camlight headlight，(c)camlight right，(d) camlight left，輸出如下圖所示 (參考檔案 caxisSincxyCamlight.m)

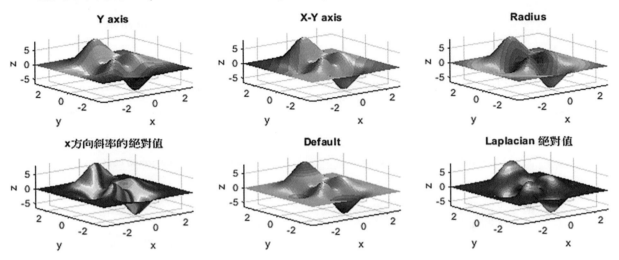

7. 使用 function & camlight 語法，繪圖 sinc3()，如下圖所示

```
1   □ function sinc3( init, final)      % 傳入init, final參數
2 -   clf;          % 清除圖形
3 -       x = linspace( init, final);
4 -       y = linspace( init, final);
```

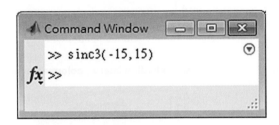

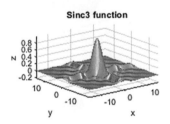

8. 使用 function & material & camlight 語法，繪圖 sinR()，如下圖所示

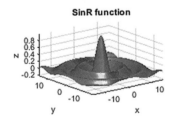

9. 畫 $z = xe^{-[(x-y^2)^2+y^2]}$ ，$-2 \leqq x \leqq 8$ ，$-4 \leqq y \leqq 4$：使用 mesh()語法，以及任意 4 種 colormap (參考檔案 colormapXexp.m)

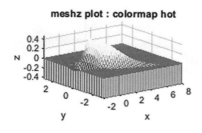
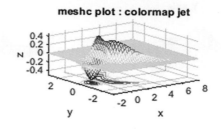
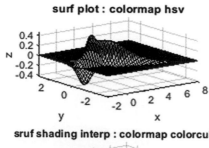
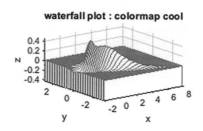

10. 續上第 9 題，使用表面圖 surf()語法，以及任意 4 種 colormap (參考檔案 colormapXexpSurf.m)

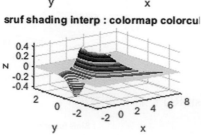
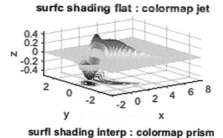
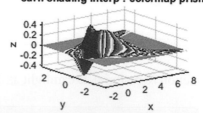

11. 續上第 10 題，使用表面圖 surf()語法，以及任意 4 種 colormap，任意 4 種 view (參考檔案 colormapXexpView.m)

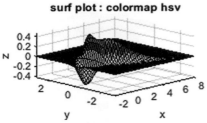

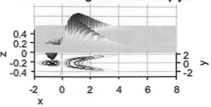

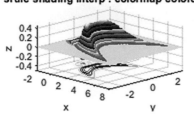

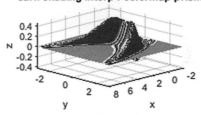

12. 續上第 11 題，使用等高線圖 contour()語法 (參考檔案 colormapXexpSurfContour.m)

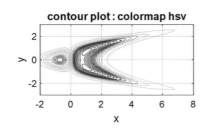

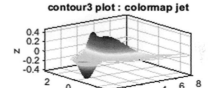

13. 續上第 10 題，使用表面圖 surf ()，colormap，顏色做為第 4 軸語法，輸出如下圖所示 (參考檔案 colormapXexpSurfContour.m)

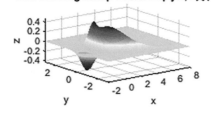

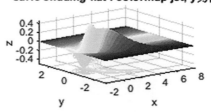

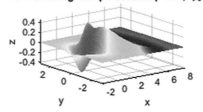

14. 續上第 13 題，使用 light 語法，輸出如下圖所示 (參考檔案 colormapXexpLight.m)

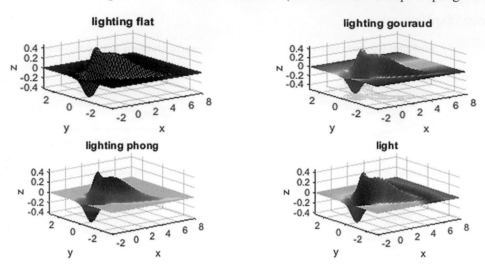

15. 續上第 14 題，使用 camlight 語法，輸出如下圖所示 (參考檔案 colormapXexpCamlight.m)

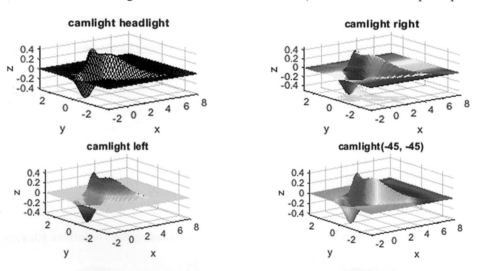

16. 自定函數繪製三維函數圖形，輸出如下圖所示 (參考檔案 mynewplot3Ex.m)

```
>> mynewplot3Ex([-2,8],[-4,4],'x.*exp(-((x-y.^2).^2+y.^2))','mesh', 50)
fx >> |
```

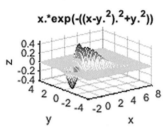

```
>> mynewplot3Ex([-5,5],[-5,5],'sin(x).*cos(y)','surfc', 45)
fx >>
```

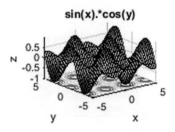

```
>> mynewplot3Ex([-5,5],[-5,5],'peaks(100)','waterfall', 100)
fx >> |
```

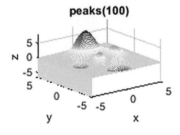

17. 自定函數繪製函數之等高線圖形，並具備不同觀察點功能，輸出如下圖所示 (參考檔案 mynewcontourEx.m)

```
>> mynewcontourEx([-5,5],[-5,5],'cos(x).*sin(y)','contour3', 20, [-37.5, 45])
fx >> |
```

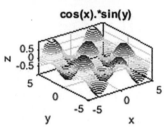

```
>> mynewcontourEx([-5,5],[-5,5],'cos(x).*sin(y)','contour', 20, [0, 90])
fx >> |
```

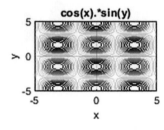

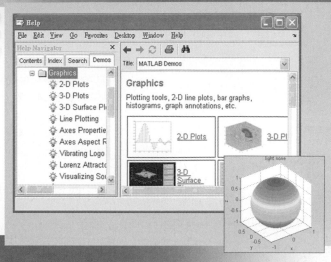

Chapter **11**

多項式

研習完本章,將學會

1. 求根
2. 運算
3. Evaluation
4. 曲線擬合

11-1 求根

Polynomial 表示**多項示**,以 array 陣列方式按照冪次排列,其所屬相關語法查詢如下:

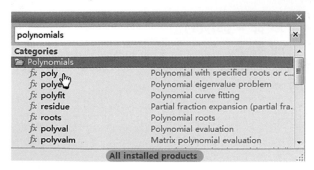

例如 $x^3 + 4x^2 - 7x - 10$ 如下圖所示

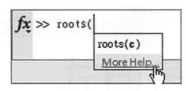

多項式求根，語法為 **roots()**，簡單查詢方法如下所示：在命令視窗中鍵入 roots(後，再按 More Help

例如 求多項式 $x^3 + 4x^2 - 7x - 10$ 的根

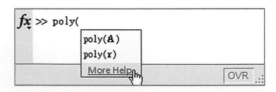

反之，已知根求多項式，語法為 **poly(r)**，簡單查詢方法如下所示：在命令視窗中鍵入 poly 後，再按 More Help

例如 已知根 $r = -5$、2、-1，反求多項式是否為 $x^3 + 4x^2 - 7x - 10$

```
>> pp = poly(r)
pp =
    1.0000    4.0000    -7.0000    -10.0000
fx >>
```

範例 1 建立多項式 (a) $x^3 - 6x^2 + 11x - 6$　(b) $x^3 + 2x^2 + 3x + 4$

MatLab 開啓檔案 PolynomialNew.m

```
1 -    p1 = [1 -6 11 -6];
2 -    p2 = [1 2 3 4];
3 -    disp('p1 = ');        disp(p1);
4 -    disp('p2 = ');        disp(p2);
```

▶ 執行結果 在 Editor 視窗中，按 ToolBar ▣，或按快速鍵 F5，或回 Command Window，鍵入檔名 PolynomialNew

```
>> PolynomialNew
p1 =
     1    -6    11    -6
p2 =
     1     2     3     4
fx >>
```

範例 2 續上一範例，多項式為(a) $x^3 - 6x^2 + 11x - 6$　(b) $x^3 + 2x^2 + 3x + 4$，求其根

MatLab 開啓檔案 PolynomialNewRoot.m

```
1 -    p1 = [1 -6 11 -6];
2 -    p2 = [1 2 3 4];
3 -    r1 = roots(p1);    disp('根r1 = ');    disp(r1);
4 -    r2 = roots(p2);    disp('根r2 = ');    disp(r2);
```

▶ 執行結果 在 Editor 視窗中，按 ToolBar ▣，或按快速鍵 F5，或回 Command Window，鍵入檔名 PolynomialNewRoot

```
>> PolynomialNewRoot
根r1 =
     3.0000
     2.0000
     1.0000
根r2 =
    -1.6506
    -0.1747 + 1.5469i
    -0.1747 - 1.5469i
fx >>
```

11-2　運算

多項式的相乘積，語法為 **conv()**，其相關參數的查詢如下所示：

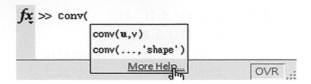

其中提醒注意 u、v 必須是向量。例如多項式 $a(x) = x^3 + 2x^2 + 3x + 4$，$b(x) = x^3 + 4x^2 + 9x + 16$，求其相乘積：

```
>> a = [1 2 3 4];
>> b = [1 4 9 16];
>> c = conv(a, b)
c =
     1     6    20    50    75    84    64
fx >>
```

亦即多項式 c 等於

$$c(x) = x^6 + 6x^5 + 20x^4 + 50x^3 + 75x^2 + 84x + 64$$

若多項式冪次相同，代號直接相加，例如 $a(x) + b(x)$

```
>> d = a+b
d =
     2     6    12    20
fx >>
```

亦即

$$d(x) = 2x^3 + 6x^2 + 12x + 20$$

冪次若不相同，則必須補足較低冪次多項式的陣列值，例如 $e(x) = c(x) + d(x)$

```
>> e = c+[0 0 0 d]
e =
     1     6    20    52    81    96    84
fx >>
```

亦即

$$e(x) = x^6 + 6x^5 + 20x^4 + 52x^3 + 81x^2 + 96x + 84$$

多項式求其相除，語法爲 **deconv()**，其語法相關參數快速查詢，結果如下：

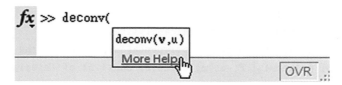

其中 q(x)：相除之多項式，r(x)：餘數多項式。例如多項式

$$c(x) = x^6 + 6x^5 + 20x^4 + 50x^3 + 75x^2 + 84x + 64，b(x) = x^3 + 4x^2 + 9x + 16$$

```
>> [q, r] = deconv(c, b)
q =
     1     2     3     4
r =
     0     0     0     0     0     0     0
fx >>
```

多項式微分語法爲 **polyder()**，其語法相關參數快速查詢，結果如下：

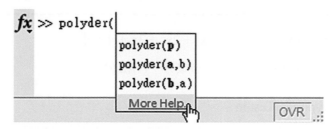

例 如 微分多項式 $e(x) = x^6 + 6x^5 + 20x^4 + 52x^3 + 81x^2 + 96x + 84$

```
>> f = polyder(e)
f =
     6    30    80   156   162    96
fx >>
```

亦即 $f(x) = 6x^5 + 30x^4 + 80x^3 + 156x^2 + 162x + 96$；又例如兩多項式 $a = 3x^2 + 6x + 9$，$b = x^2 + 2x$，求兩多項式相乘的微分，結果爲

```
>> a = [3 6 9];
>> b = [1 2 0];
>> c = polyder(a, b)
c =
    12    36    42    18
fx >>
```

多項式積分語法為 **polyint()**，在 Command Window 中查詢

```
>> help polyint
POLYINT Integrate polynomial analytically.
    POLYINT(P,K) returns a polynomial representing the integral
    of polynomial P, using a scalar constant of integration K.
```

例 如　積分 $f(x) = 6x^5 + 30x^4 + 80x^3 + 156x^2 + 162x + 96$，常數項假設為 84，結果為原先的

$e(x) = x^6 + 6x^5 + 20x^4 + 52x^3 + 81x^2 + 96x + 84$

```
>> f
f =
     6    30    80   156   162    96
>> polyint(f, 84)
ans =
     1     6    20    52    81    96    84
fx >>
```

範 例　**3**　多項式為 $x^3 - 6x^2 + 11x - 6$，$x^3 + 2x^2 + 3x + 4$，求

　　　　(a)加　(b)減　(c)乘　(d)除　(e)微分　(f)積分

MatLab　開啟檔案 PolynomialTest.m

```
1.  p1 = [1 -6 11 -6];          % 設定多項式 p1 係數
2.  p2 = [1 2 3 4];             % 設定多項式 p2 係數
3.  pa = p1+p2;                 % 多項式 相加
4.  pb = p1-p2;                 % 多項式 相減
5.  pc = conv(p1, p2);          % 多項式 相乘
6.  [pd, r] = deconv(p1, p2);   % 多項式 相除
7.  pe1 = polyder(p1);          % 多項式 微分
8.  pe2 = polyder(p2);
9.  pf1 = polyint(p1);          % 多項式 積分
10. pf2 = polyint(p2);
```

▶ 執行結果　在 Editor 視窗中，按 ToolBar ▶，或按快速鍵 F5，或回 Command Window，
　　　　鍵入檔名 PolynomialTest，再依序鍵入所需查詢的變數

```
>> PolynomialTest
>> pa
pa =
     2    -4    14    -2
fx >>
```

```
>> pb,pc,pd
pb =
      0    -8     8    -10
pc =
      1    -4     2     2    -3    26    -24
pd =
      1
fx >>
```

```
>> r,pe1,pe2
r =
      0    -8     8    -10
pe1 =
      3   -12    11
pe2 =
      3     4     3
fx >>
```

```
>> pf1,pf2
pf1 =
     0.2500   -2.0000    5.5000   -6.0000         0
pf2 =
     0.2500    0.6667    1.5000    4.0000         0
fx >>
```

或者使用 disp()語法顯示變數值。

11-3　**Evaluation**

計算多項式的數值，語法爲 **polyval()**，其語法查詢結果如下：

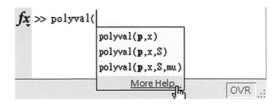

例如　$p(x) = x^3 + 4x^2 - 7x - 10$，$-5 \leq x \leq 2$，求其範圍數值

```
1.  p = [1 4 -7 -10];                    % 設定多項式 p 係數
2.  x = linspace(-5, 2);                 % 設定 x 軸範圍
3.  v = polyval(p, x);                   % 計算多項式數值
4.  plot(x, v);                          % 繪圖多項式
5.  title('p(x) = x{^3}+4x{^2}-7x-10');
6.  xlabel('x');        ylabel('p(x)');        axis tight;
7.  grid on;
```

按快速鍵 **F5**

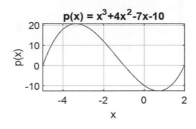

求其根：

```
1.  p = [1 4 -7 -10];                 % 設定多項式 p 係數
2.  x = linspace(-5, 2);              % 設定 x 軸範圍
3.  v = polyval(p, x);                % 計算多項式數值
4.  plot(x, v);                       % 繪圖多項式
5.  hold on;                          % 保持原圖形
6.  r = roots(p);                     % 求根
7.  vr = polyval(p, r);               % 根轉換為數值
8.  plot(r, vr, 'ro');
9.  title('p(x) = x{^3}+4x{^2}-7x-10');
10. xlabel('x');  ylabel('p(x)');   axis tight;   grid on;
```

按快速鍵 **F5**

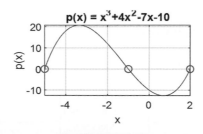

- -

範 例　4 **particle** 運動方程式：$x = -4t + 2t^2$，$0 \leq t \leq 4$，求其 x‑t 與 v‑t 圖

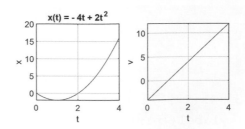

MatLab 以 Editor 撰寫，按 □ 新增，並命名為 PolyValExa.m

```
1.  p = [ 2 -4 0 ];                        % 設定多項式 p 係數
2.  t = linspace(0,4);                     % 設定 t 範圍
3.  x = polyval(p,t);                      % 計算多項式數值
4.  subplot(1,2,1);
5.     plot(t,x);                          % 繪圖多項式
6.     xlabel('t');    ylabel('x');
7.     title('x(t) = - 4t + 2t{^2}');        grid on;
8.  subplot(1,2,2);                        % 繪圖多項式微分
9.     v = polyval(polyder(p),t);            plot(t,v);
10.    xlabel('t');    ylabel('v');          grid on;
```

▶ 執行結果　在 Editor 視窗中，按 ToolBar ▷，或按快速鍵 F5，或回 Command Window，
　　　　　　鍵入檔名 exa19_1，結果如題目欄中所示。

◐ 練 習　**particle** 運動方程式：$x = t^3 - 1$，$0 \leq t \leq 3$，求其 x - t，v - t，a - t 圖 (參考檔案 Polyval
　_ex.m)

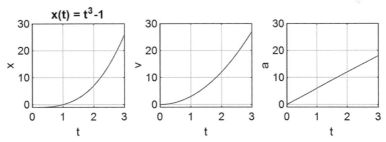

11-4　曲線擬合

曲線擬合(Curve fitting)係指一組數據，通常是以**最小平方法**(least squares)，找出一最接近但不一定通過所有數據的曲線，而此曲線可以多項式表示

函數	說明
polyfit(x, y, n)	最小平方法曲線擬合 x、y：相對應的數據組 n：擬合階數

以 Command Window 查詢更詳盡的描述：

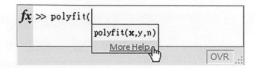

舉一簡單數據說明：如下圖所示，以 CurveFittingDemo 存檔

```
1.  x = 0:0.1:1;          % 設定 x，y 陣列
2.  y = [-0.45,1.98,3.23,6.36,7.04,7.57,7.81,9.67,9.42,9.12,11.9];
3.  % 曲線擬合，7 階
4.  n = 7;
5.  p = polyfit(x, y, n);
6.  % 計算多項式數值
7.  xi = linspace(0, 1, 100);
8.  yi = polyval(p, xi);
9.  % 曲線擬合繪圖
10. plot(x, y, '-o', xi, yi, 'r-');
11. xlabel('x');    ylabel('y');    grid on;
12. axis tight;    title('Curve Fitting : n = 10');
```

回 Command Window 執行

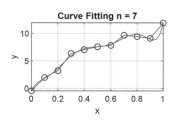

其餘級數的效果，如下所示：

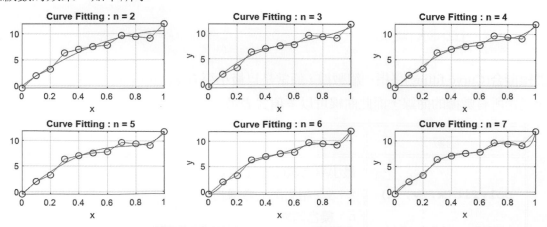

級數由 n＝2 變化到 n＝7，可以清楚看到級數愈大，擬合效果愈好。

範例 5 **Curve fitting**：x 與 y 的數據，如下所示

	x	y
1	1	0.5
2	2	2.5
3	3	2
4	4	4
5	5	3.5
6	6	6
7	7	5.5

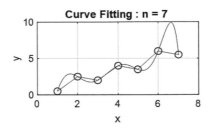

以曲線擬合方法，亂數決定級數 n = 2~7，畫出其擬合的曲線，並原數據圖形做比較

MatLab 以 Editor 撰寫，並重新命名為 CurveFitting_exa.m

```matlab
1.  x = 1:1:7;       y = [0.5,2.5,2,4,3.5,6,5.5];          % 設定 x，y 陣列
2.  % 曲線擬合方法，亂數決定級數
3.  n = 2+round(rand*8);           p = polyfit(x, y, n);
4.  % 計算多項式數值
5.  xi = linspace(1, 7, 100);      yi = polyval(p, xi);
6.  % 曲線擬合繪圖
7.  plot(x, y, '-o', xi, yi, 'r-');
8.  xlabel('x');    ylabel('y');    grid on;
9.  if n == 2
        title('Curve Fitting : n = 2');
10. end
11. if n == 3
        title('Curve Fitting : n = 3');
12. end
13. if n == 4
        title('Curve Fitting : n = 4');
14. end
15. if n == 5
        title('Curve Fitting : n = 5');
16. end
17. if n == 6
        title('Curve Fitting : n = 6');
```

```
18. end
19. if n == 7
        title('Curve Fitting : n = 7');
20. end
```

▶ 執行結果　在 Editor 視窗中，按 ToolBar ▣，或按快速鍵 F5，回 Command Window，鍵入檔名 CurveFitting_exa，結果如題目欄中所示。重複執行：理論上 n 階數越高，擬合程度越好，但因多項式的階數高，會造成有些點錯離幅度很大的現象，因此使用時必須多加留意。

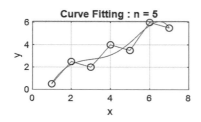
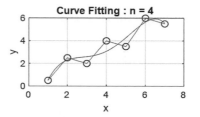

◉ 練 習　**Curve fitting**：x 與 y 的數據，如下所示 (參考檔案 CurveFitting_ex.m)

x	0	2	4	6	9	11	13	15	17	19	23	25	28
y	1.2	0.6	0.4	-0.2	0	-0.6	-0.4	-0.2	-0.4	0.2	0.4	1.2	1.8

曲線擬合方法，亂數決定級數 n = 2~7，畫出其擬合的曲線，並原數據圖形做比較

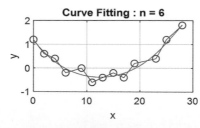

◉ 練 習　**Curve fitting**：x 與 y 的數據由亂數產生，0≦x≦15，以曲線擬合方法，亂數決定級數 n = 2~7，畫出其擬合的曲線，並原數據圖形做比較。(參考檔案 CurveFitting_ex2.m)

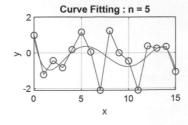

習題

1.　使用 polyeval()語法，輸出如下所示

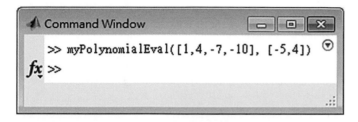

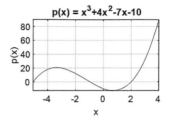

2.　使用曲線擬合 polyfit()語法，輸出如下所示

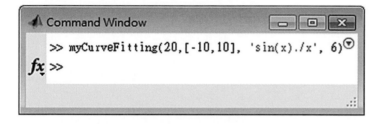

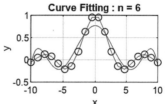

3.　使用曲線擬合 polyfit()語法，亂數輸入 11 個數據，輸出如下所示

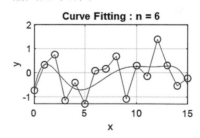

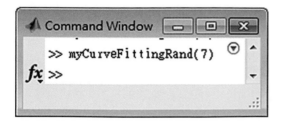

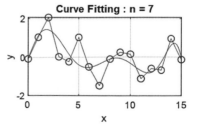

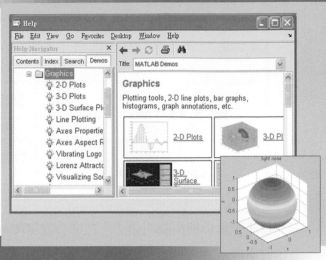

MATLAB
The Language of Technical Computing

Chapter **12**

三次方曲線規

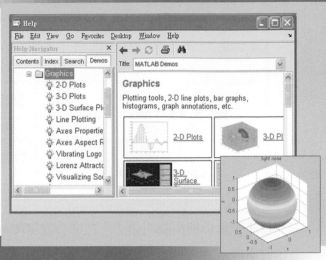

學習重點

研習完本章，將學會

1.　Spline

2.　Hermite

3.　Interp

4.　Integration

5.　Differentiation

6.　Spline on a plane

12-1　Spline

有限個數據，以**曲線規 spline()**方式插補畫出圖形

函數	說明
`yi = spline(x, y, xi);`	曲線規平滑插補 x：原始數據 y：函數值

函數	說明
	xi ： 在此插值
pp = spline(x, y);	曲線規平滑插補 pp ： 多項式
ppval(pp, x);	計算 cubic spline 函數 spline(x, y, x) = ppval(pp, x)

首先查詢插補相關的語法：在**命令視窗(Command Window)**中鍵入 help **spline**，或者在命令視窗中鍵入 spline，出現語法提示框架，選按 More Help

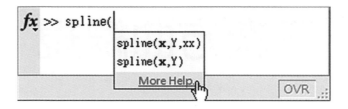

例 如 spline()方式插補 sin(x)函數。(參考檔案 SplineDemo.m)

```
1.  x = 0:10;          y = sin(x);                 % 原始數據：sin(x)
2.  xx = 0:0.25:10;  yy = spline(x, y, xx);     % 曲線規平滑插補
3.  plot(x, y, 'o', xx, yy);                    % 原始數據與曲線規平滑插補數據 繪圖
4.  xlabel('x');      ylabel('y');   grid on;
5.  title('Spline Fit');
```

行號 1：x 從 0 到 10，步進值 1，意即有 11 個數據，代入 sin(x)，計算相對應的 y 值

行號 2：xx 從 0 到 10，步進值 0.25，意即 0~1 之間插補 3 個數據，代入 spline()函數，計算相對應的 yy 值

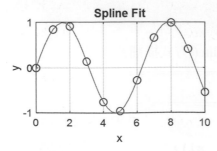

又例如使用 **spline()**函數配合 **ppval()**函數的方式，插補 sin(x)函數。(參考檔案 SplineCircle.m)

```
1.  x = 0:10;           y = sin(x);           % 原始數據：sin(x)
2.  % 曲線規平滑插補：使用 ppval()函數
3.  xx = 0:0.25:10;    pp = spline(x, y);    yy = ppval(pp, xx);
4.  plot(x, y, 'o', xx, yy);                  % 原始數據與曲線規平滑插補數據 繪圖
5.  xlabel('x');         ylabel('y');      grid on;
6.  title('Spline Fit');
```

行號 2：xx 從 0 到 10，步進值 0.25，意即 0~1 之間插補 3 個數據，先使用原(x, y)數據代入
spline()函數，再使用 ppval()函數計算相對應的 yy 值

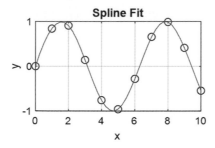

若行號 3 改為 xx = 0:1:10，插補效果明顯變差，如下圖所示。

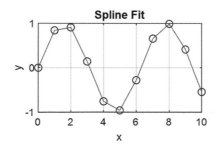

範例 1 使用 spline()語法：$y = \tan\left(\dfrac{\pi x}{25}\right)$，$0 \le x \le 12$

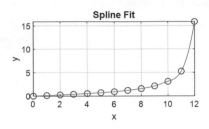

MatLab 以 Editor 撰寫，按 新增，並命名為 splineExa1.m

```
1.  x = 0:1:12;              y = tan(pi*x/25);           % 原始數據：tan(x)
2.  xi = linspace(0, 12);   yi = spline(x, y, xi);      % 曲線規平滑插補
3.  plot(x, y, 'o', xi, yi);                % 原始數據與曲線規平滑插補數據 繪圖
4.  xlabel('x');   ylabel('y');   grid on;   title('Spline Fit');
```

行號 2：使用 linspace()函數設定 xi，範圍從 0 到 12，數據點數預設 100，再使用 spline()函數計算相對應的 yi 值

或使用 spline()函數配合 ppval()函數的方式，進行插補函數。(參考檔案 splineExa1p.m)

```
1.  x = 0:12; y = tan(pi*x/25);           % 原始數據：tan(x)
2.  xi = linspace(0, 12);                 % 曲線規平滑插補：使用 ppval()函數
3.  pp = spline(x, y); yi = ppval(pp, xi);
4.  plot(x, y, 'o', xi, yi);              % 原始數據與曲線規平滑插補數據 繪圖
5.  xlabel('x'); ylabel('y'); grid on; title('Spline Fit');
```

▶ 執行結果 在 **Editor** 視窗中，按 ToolBar ，或按快速鍵 **F5**，或回命令視窗(Command Window)，鍵入檔名 splineExa1，結果如題目欄中所示。

● 練習 spline()：x 與 y 的 data 由亂數產生，$0 \le x \le 15$，以 **Spline Fit** 方法畫出曲線，並原數據圖形做比較。 (參考檔案 Spline_ex.m)

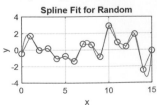

● **練 習**　$0.1 \leqq x \leqq 4\pi + 0.1$，以 spline()方法畫出六個三角函數，並原數據圖形做比較。

(參考檔案 SplineTriangle)

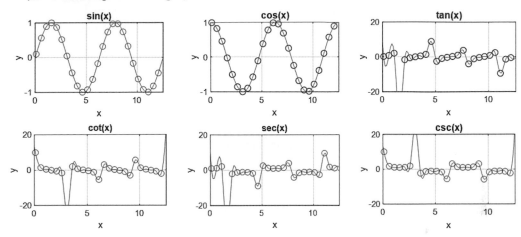

12-2　**Hermite**

有限個非平滑數據，以**曲線規 pchip 插補**方式畫出圖形

函數	說明
pchip()	非平滑插補
ppxy(t, [x : y])	t : data range for time x, y : not one_to_one function
ppval(ppxy, t)	evaluate both splines

查詢更詳盡的描述，在命令視窗(Command Window)中鍵入 help **pchip**，或者在命令視窗中直接鍵入 pchip 查詢

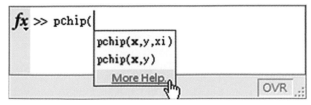

由查詢結果可知，spline()與 pchip()函數的用法一樣。舉簡單實例說明：使用 pchip()語法插補 $y = \exp(-x / 6)\cos(x)$

```
1.  x = [0 2 4 5 7.5 10];  y = exp(-x/6).*cos(x);      % 原始數據
2.  CubicSpline = spline(x, y);    CubicHermite = pchip(x, y);
        xi = linspace(0, 10, 100);
        ysi = ppval(CubicSpline, xi);        % spline 插值
        yhi = ppval(CubicHermite, xi);       % Hermite 插值
3.  plot(x, y, '-o', xi, ysi, ':', xi, yhi);
4.  xlabel('x');    ylabel('y');    grid on;
5.  legend('data', 'Spline', 'Hermite');
6.  title('Spline & Hermite Interpolation');
```

或直接代入 spline( )與 pchip( )函數

```
1.  x = [0 2 4 5 7.5 10];  y = exp(-x/6).*cos(x);    % 原始數據
        xi = linspace(0, 10, 100);
        ysi = spline(x, y, xi);            % spline 插值
        yhi = pchip(x, y, xi);             % Hermite 插值
2.  plot(x, y, '-o', xi, ysi);              % 原始數據與曲線規平滑插補數據繪圖
3.  xlabel('x');    ylabel('y');    grid on;
4.  legend('data', 'Spline', 'Hermite');
5.  title('Spline & Hermite Interpolation');
```

行號 2：使用 linspace()函數設定 xi，範圍從 0 到 10，數據點數預設 100，做為插補動作的點數

行號 3：使用 spline()函數設定 ysi，x、y 是原始數據，xi 是插補動作的數據

行號 4：使用 pchip()函數設定 yhi，x、y 是原始數據，xi 是插補動作的數據

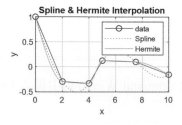

範例　**2**　**Hermite & Spline**：x 與 y 的數據由亂數產生，0≦x≦15，以 **Hermite** 與 **Spline Fit** 方法畫出曲線，並原 data 圖形做比較

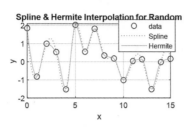

MatLab　參考檔案 HermiteTest.m

```
1.  x = 0:1:15;                          % 原始數據
2.  y = [randn,randn,randn,randn,randn,randn...
3.  randn,randn,randn,randn,randn,randn...
4.  randn,randn,randn,randn];
5.  % 取樣 data 數愈大愈擬合
6.  xi = linspace(0, 15, 100);   yi = spline(x, y, xi);
7.  yhi = pchip(x, y, xi);
8.  plot(x, y, 'o', xi, yi, ':', xi, yhi); % 原始數據與曲線規平滑插補數據繪圖
9.  xlabel('x');    ylabel('y');  grid on;
10. legend('data', 'Spline', 'Hermite');
11. title('Spline & Hermite Interpolation for Random');
```

行號 6：使用 spline()函數設定 yi，x、y 是原始數據，xi 是插補動作的數據

行號 7：使用 pchip()函數設定 yhi，x、y 是原始數據，xi 是插補動作的數據

▶ 執行結果　在 **Editor** 視窗中，按 ToolBar ▶️，或按快速鍵 **F5**，或回**命令視窗(Command Window)**，鍵入檔名 HermiteTest，結果如題目欄中所示。

● 練習　0≦x≦4π，以 **Hermite** 方法畫出六個三角函數，並原數據圖形做比較。

(參考檔案 HermiteTest.m)

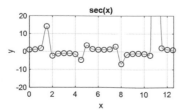

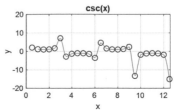

12-3　Interp

有限個數據，以**曲線規**一維插值 interp1()或二維插值 interp2()函數畫出方程式，其相關的詳細說明，可以在命令視窗(Command Window)中鍵入 help interp1 查詢，或者直接在命令視窗中，使用鍵入 interp1(的方式查詢，或者按 **𝑓𝑥** 查詢，結果分別如下列所示

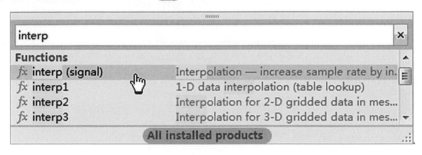

interp1()與 interp2()函數相關語法，整理條列如下：

➤ **yi = interp1(x, y, xi)**：曲線規一維插值，x 為原始數據，y 為函數值，xi 為插插數據

➤ **yi = interp1(x, y, xi , 'method')**：不同方法的曲線規一維插值

method 包括

1. **linear**：線性插值 (預設)
2. **nearest**：最近點插值
3. **spline**：三次插值
4. **cubic**：三次多項式插值

➤ **zi = interp2(x, z, xi, yi)**：曲線規二維插值

x、y 為原始數據，z 為函數值，xi、yi 為插補數據

➤ **zi = interp2(x, y, z, xi, yi, 'method')**：不同方法的曲線規二維插值

method 包括

1. **linear**：線性插值 (預設)
2. **nearest**：最近點插值
3. **bilinear**：雙線性插值
4. **cubic**：三次多項式插值
5. **bicubic**：雙立方插值

例 如 使用 interp1()函數語法，配合不同的處理方法，插補 cos(x)函數。(參考檔案 Interp1Demo.m)

```
1.  x = 0:10;          y = cos(x);
2.  xi = linspace(0, 10);
3.  yi1 = interp1(x, y, xi, 'linear');  yi2 = interp1(x, y, xi, 'nearest');
4.  yi3 = interp1(x, y, xi, 'spline'); yi4 = interp1(x, y, xi, 'cubic');
5.     subplot(2,2,1);    plot(x,y,'o', xi,yi1,'r-');
6.  xlabel('x');     ylabel('y');         title('interp1 Fit');
7.  subplot(2,2,2);       plot(x,y,'o', xi,yi2,'k:');
8.  xlabel('x');     ylabel('y');
9.     subplot(2,2,3);   plot(x,y,'o', xi,yi3,'b-.');
10. axis([0 10 -1 1]);   xlabel('x');    ylabel('y');
11. subplot(2,2,4);         plot(x,y,'o', xi,yi4,'c--');
12. xlabel('x');     ylabel('y');
```

行號 2：使用 linspace()函數設定 xi，範圍從 0 到 10，數據點數預設 100，做爲插補動作的點數

行號 3：使用 interp1()函數設定 yi1，x、y 是原始數據，xi 是插補動作的數據，方法爲 linear

行號 3：使用 interp1()函數設定 yi2，x、y 是原始數據，xi 是插補動作的數據，方法爲 nearest

按 ▶ 執行

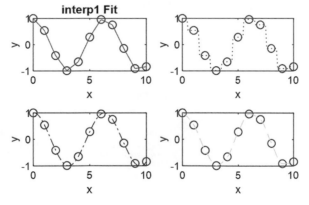

由結果發現，四種方法中以 spline 效果最佳，cubic 效果次之；若是處理 3D 圖形，則使用 **interp2()**語法，例如，以 interp2()函數語法，配合不同處理方法，插補 peaks()函數。(參考檔案 Interp2Demo.m)

```
1.  clf;                        % 清除圖形
2.  x = -3:1:3;                 y = x;
3.  [x, y] = meshgrid(x, y);    z = peaks(x, y);
4.  %
5.  [xi, yi] = meshgrid(-3:0.25:3);
```

```
6.  zi1 = interp2(x, y, z, xi, yi, 'linear');
7.  zi2 = interp2(x, y, z, xi, yi, 'nearest');
8.  zi3 = interp2(x, y, z, xi, yi, 'bilinear');
9.  zi4 = interp2(x, y, z, xi, yi, 'cubic');
10. zi5 = interp2(x, y, z, xi, yi, 'bicubic');
11. figure(1);       surf(x, y, z);        axis tight;
12. figure(2);       surf(xi, yi, zi1);    title('interp2 Fit');
13. axis tight;
14. figure(3);       surf(xi, yi, zi2);    axis tight;
15. figure(4);       surf(xi, yi, zi3);    axis tight;
16. figure(5);       surf(xi, yi, zi4);    axis tight;
17. figure(6);       surf(xi, yi, zi5);    axis tight;
```

行號 2：使用 meshgrid()函數將原始二維數據陣列化[x, y]，範圍從-3 到 3，步進值 1

行號 4：使用 meshgrid()函數將原始二維數據陣列化[xi, yi]，範圍從-3 到 3，步進值 0.25

行號 5：使用 interp2(x, y, z, xi, yi, 'linear')函數設定 zi1，x、y、z 是原始數據，xi、yi 是插補動作的數據，方法選用 linear

行號 6：使用 interp2(x, y, z, xi, yi, 'nearest')函數設定 zi2，x、y、z 是原始數據，xi、yi 是插補動作的數據，方法選用 nearest

按 ▶ 執行

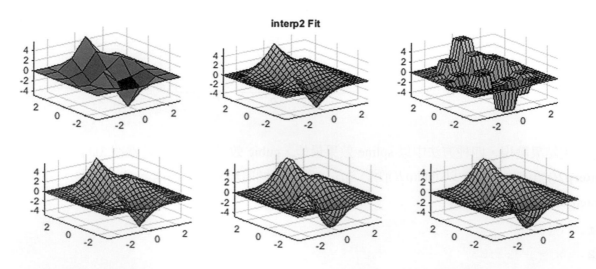

插補輸出效果，如同 interp1()函數處理的結果，以 bicubic 與 cubic 效果最佳。

範 例　3 0≦x≦4π，以 interp1()函數畫出六個三角函數，方法任選其一，並原數據圖形做比較，method 包括 1.linear：線性插值(預設)，2.nearest：最近點插值，3.spline：三次插值，4.cubic：三次多項式插值

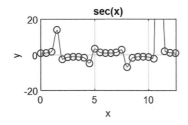
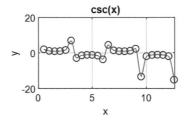

MatLab　參考檔案 InterpTriangle.m

```
1.  x = 0:0.5:4*pi;                                      % 原始數據
2.  y1 = sin(x);        y2 = cos(x);        y3 = tan(x);
3.  y4 = 1./tan(x);     y5 = sec(x);        y6 = csc(x);
4.  xi = linspace(0, 4*pi);
5.  % 使用 interp1()函數語法
6.  y1i = interp1(x,y1,xi,'cubic');    y2i = interp1(x,y2,xi,'cubic');
7.  y3i = interp1(x,y3,xi,'cubic');    y4i = interp1(x,y4,xi,'cubic');
8.  y5i = interp1(x,y5,xi,'cubic');    y6i = interp1(x,y6,xi,'cubic');
9.     figure(1);       plot(x, y1, 'o', xi, y1i, 'r-');
10. axis([0 4*pi -1 1]);        xlabel('x');        ylabel('y');
11. title('sin(x)');    grid on;
12.    figure(2);       plot(x, y2, 'o', xi, y2i, 'r-');
13. axis([0 4*pi -1 1]);        xlabel('x');        ylabel('y');
14. title('cos(x)');    grid on;
15.    figure(3);       plot(x, y3, 'o', xi, y3i, 'r-');
16. axis([0 4*pi -20 20]);      xlabel('x');        ylabel('y');
17. title('tan(x)');    grid on;
18.    figure(4);       plot(x, y4, 'o', xi, y4i, 'r-');
19. axis([0 4*pi -20 20]);      xlabel('x');        ylabel('y');
20. title('cot(x)');    grid on;
21.    figure(5);       plot(x, y5, 'o', xi, y5i, 'r-');
22. axis([0 4*pi -20 20]);      xlabel('x');        ylabel('y');
23. title('sec(x)');    grid on;
```

```
24.        figure(6);        plot(x, y6, 'o', xi, y6i, 'r-');
25. axis([0 4*pi -20 20]);        xlabel('x');        ylabel('y');
26. title('csc(x)');    grid on;
```

▶ 執行結果　在 **Editor** 視窗上，按 ▷，或按快速鍵 **F5**，結果：

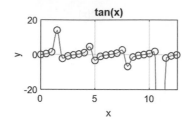
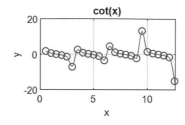

● 練 習　$-10 \leq x \leq 10$，$-10 \leq y \leq 10$，以 interp2()語法畫出 sinc(x, y)函數，並原 sinc(x, y)圖形做比較，method 包括 1.linear：線性插值(預設)，2.nearest：最近點插值，3.bilinear：雙線性插值，4.cubic：三次多項式插值，5.bicubic：雙立方插值。 (參考檔案 Interp2Sinc.m)

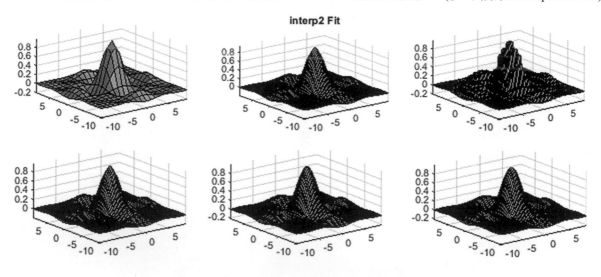

12-4 Integration

有限各數據，以**曲線規 mmppint()**方式畫出積分方程式，其語法在命令視窗中直接鍵入 mmppint(查詢，如下圖所示

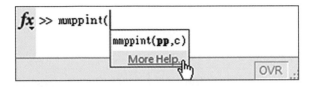

語法整理表列如下

函數	說明
mmppint(pp, c);	cubic spline integral interpolation c : integration constant
ppxy(t, [x : y]);	t : data range for time x, y : not one_to_one function
ppval(ppxy, t);	evaluate both splines

例 如 求積分 $\int_0^x \sin(x)dx = 1 - \cos(x)$ ；參考檔案 mmppintDemo.m。

```
1.  x = (0:0.1:1)*2*pi;        y = sin(x);
2.  pp = spline(x,y);          ppi = mmppint(pp,0);
3.  xi = linspace(0, 2*pi);    yi = ppval(pp,xi);
4.  yyi = ppval(ppi, xi);
5.  plot(x,y,'o',xi,yi,xi,yyi,'r-');
6.  xlabel('x');               title('Spline Integration');
7.  axis([0 2*pi -1 2]);       grid on;
```

行號 2：使用 spline()函數處理原始數據 x、y，範圍從 0 到 2π，步進值為 2π 的十分之一

行號 2：使用 mmppint()函數處理原始擬合數據 pp，積分常數為 0

行號 3：使用 linspace()函數設定插補數據，範圍從 0 到 2π，數據個數 100

行號 3：使用 ppval()函數，代入插補數據計算原始擬合數據 pp 的對應數值 yi

行號 4：使用 ppval()函數，代入插補數據計算原始積分擬合數據 ppi 的對應數值 yyi

按 ▶ 執行 3

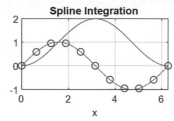

範 例 **4** 使用 spline integral interpolation：求 $\int_0^x \sin(x)dx = 1 - \cos(x)$

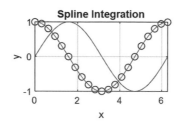

MatLab 以 📝 Editor 撰寫，按 🗋 新增，並命名為 mmppintExa1.m

```
1.  x = (0:0.05:1)*2*pi;        y = cos(x);
2.  pp = spline(x, y);
3.  ppi = mmppint(pp, 0);          % 使用 mmppint()函數
4.  xi = linspace(0, 2*pi);
5.  yi = ppval(pp,xi);
6.  yyi = ppval(ppi, xi);
7.  plot(x, y, 'o', xi, yi, xi, yyi, 'r-');
8.  title('Spline Integration');
9.  xlabel('x');          ylabel('y');
10. axis tight;           grid on;
```

▶ 執行結果　在 **Editor** 視窗中，按 ToolBar ▶，或按快速鍵 **F5**，或回命令視窗(**Command Window**)，鍵入檔名 mmppintExa1，輸出結果如題目欄中所示。

12-5　Differentiation

有限個數據，以**曲線規 mmppder()**方式畫出微分方程式

函數	說明
mmppder(pp, c);	cubic spline derivative interpolation

或者在命令視窗中直接鍵入 mmppder 查詢，如下圖所示

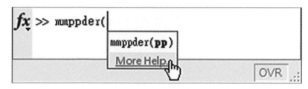

例 如　求微分 $\dfrac{d}{dx}\sin(x) = \cos(x)$ ；參考檔案 mmppderDemo.m。

```
1.   x = (0:0.1:1)*2*pi;            y = sin(x);
2.   pp = spline(x, y);
3.   ppd = mmppder(pp);             % 使用 mmppder()函數
4.     xi = linspace(0, 2*pi);
5.     yi = ppval(pp, xi);
6.     yyd = ppval(ppd, xi);
7.   plot(x, y, 'o', xi, yi, xi, yyd, 'r-');
8.   title('Spline differentiation');
9.   axis tight;        grid on;
```

行號 2：使用 spline()函數處理原始數據 x、y，範圍從 0 到 2π，步進值為 2π 的十分之一

行號 3：使用 mmppder()函數處理原始擬合數據 pp

行號 4：使用 linspace()函數設定插補數據，範圍從 0 到 2π，數據個數 100

行號 5：使用 ppval()函數，代入插補數據計算原始擬合數據 pp 的對應數值 yi

行號 6：使用 ppval()函數，代入插補數據計算原始微分擬合數據 ppd 的對應數值 ydi

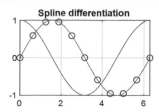

範 例 5 使用 **spline** derivative interpolation：求 $\dfrac{d}{dx}[1-\cos(x)] = \sin(x)$

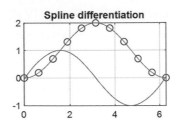

[MatLab] 以 [Editor] 撰寫，按 新增，並命名為 mmppderExa.m

```
1.  x = (0:0.1:1)*2*pi;              y = 1 - cos(x);
2.  pp = spline(x,y);
3.  ppd = mmppder(pp);              % 使用 mmppder()函數
4.     xi = linspace(0, 2*pi);
5.     yi = ppval(pp, xi);
6.     yyd = ppval(ppd, xi);
7.  plot(x, y, 'o', xi, yi, xi, yyd, 'r-');
8.  title('Spline differentiation');
9.  axis tight;       grid on;
```

▶ 執行結果 在 **Editor** 視窗中，按 ToolBar，或按快速鍵 **F5**，或回命令視窗(Command Window)，鍵入檔名 mmppderExa，輸出結果如題目欄中所示。

● 練 習 使用 **pchip** derivative interpolation：求 $\dfrac{d}{dx}\tan(x) = \sec^2(x)$。 (參考檔案 PchipDer.m)

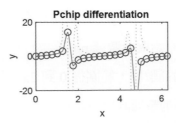

12-6　**Spline on a plane**

函數	說明
ppxy(t, [x : y]);	t：data range for time x, y：not one_to_one function
ppval(ppxy, t);	evaluate both splines

直接在命令視窗中鍵入 ppval 查詢

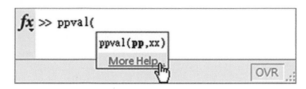

例 如 在平面上的螺旋形 x = sqrt(t)*cos(t)，y = sqrt(t)*sin(t)；參考檔案 ppxyDemo1.m

```
1.  t = linspace(0, 3*pi, 20);
2.  x = sqrt(t).*cos(t);   y = sqrt(t).*sin(t);
3.  plot(x, y);
4.  xlabel('X');           ylabel('Y');     title('Spiral Y = f(X)');
```

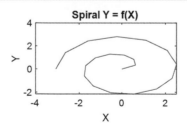

例 如 以 **ppval**()改善輸出結果

```
1.  t = linspace(0, 3*pi,20);
2.  x = sqrt(t).*cos(t);              y = sqrt(t).*sin(t);
3.    ppxy = spline(t, [x ; y]);              % 使用 ppxy()函數
4.  ti = linspace(0, 3*pi);          xy = ppval(ppxy, ti);
5.    plot(x, y, 'd', xy(1, :), xy(2, :));
6.  xlabel('X');     ylabel('Y');      title('Spiral Y = f(X)');
```

結果：

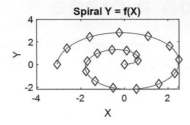

習題

以下所有習題皆須撰寫自定函數

1. 使用 spline()語法，輸入 n 個亂數數據，輸出如下所示

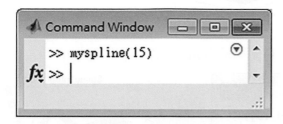 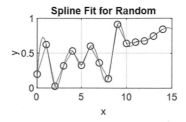

2. 使用 pchip()語法，輸入 n 個亂數數據，輸出如下所示

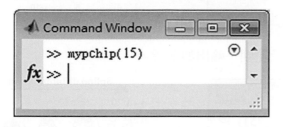 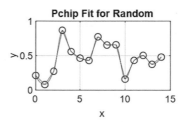

3. 使用 interp1()語法，輸入 n 個亂數數據，並選用 inpterp 的方法，輸出如下所示

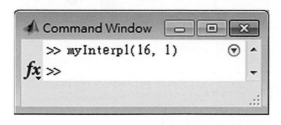 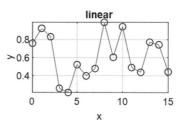

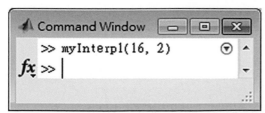 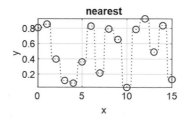

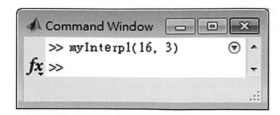 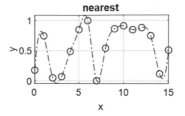

4. 使用 interp2()語法，針對 sinc 函式，選用 inpterp2 的方法，輸出如下所示

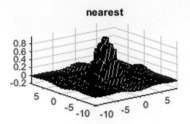

5. 使用 mmppint()語法，輸入函數與顯示範圍，輸出如下所示

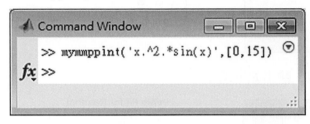
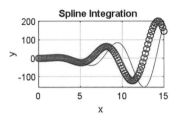

6. 使用 mmppder()語法，輸入函數與顯示範圍，輸出如下所示

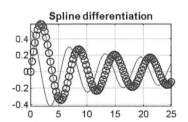

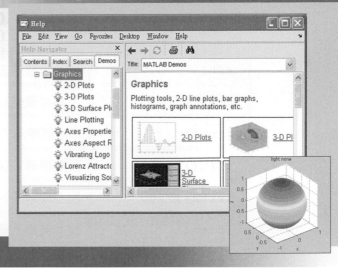

Chapter **13**

傅立葉分析

研習完本章，將學會

1. fft
2. fft2
3. ifft2

13-1　fft

函數	說明
conv()	Convolution
conv2()	2-D Convolution
convn()	n-D Convolution
filter()	離散時間濾波器
filter2()	二維離散時間濾波器

函數	說明
`fft()`	一維離散傅立葉轉換
`fft2()`	二維離散傅立葉轉換
`fftn()`	n 維離散傅立葉轉換
`ifft()`	反離散傅立葉轉換
`ifft2()`	反二維離散傅立葉轉換
`ifftn()`	反 n 維離散傅立葉轉換
`fftshift()`	位移離散傅立葉轉換結果
`ifftshift()`	反位移離散傅立葉轉換結果
`abs()`	複數陣列的大小
`angle()`	複數陣列的相位

使用 f_x 查詢傅立葉轉換相關語法：

例如 ━ 求 $f(t) = 2e^{-3t}$，$t \geqq 0$ 的快速傅立葉轉換

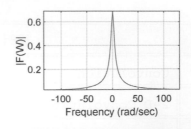

```
1.  N = 128;                        % N:2n 次方的取樣數
2.  t = linspace(0, 3, N);
3.  f = 2*exp(-3*t);               % 方程式
```

```
4.  Ts = t(2)-t(1);                      % Ts:樣本週期
5.  Ws = 2*pi/Ts;                        % Ws:樣本角頻率
6.  F = fft(f);
7.  Fc = fftshift(F)*Ts;                 % fftshift()*Ts:shift & scale
8.  W = Ws*(-N/2:N/2-1)/N;               % W:角頻率軸
9.  plot(W, abs(Fc));
10. xlabel('Frequency (rad/sec)');       ylabel('|F(W)|');
11. grid on;        axis tight;
```

補充　若不使用 fftshift()函數，結果如下所示：

```
1.  N = 128;                             % 取樣點數
2.  t = linspace(0, 3, N);
3.  f = 2*exp(-3*t);                     % 方程式
4.  Ts = t(2)-t(1);                      % Ts:樣本週期
5.  Ws = 2*pi/Ts;                        % Ws:樣本角頻率
6.    F = fft(f);
7.  %Fc = fftshift(F)*Ts;                % 取消 shift 作用
8.  W = Ws*(-N/2:N/2-1)/N;
9.  plot(W, abs(F));          grid on;
10. xlabel('Frequency (rad/sec)');       ylabel('|F(W)|');     axis tight;
```

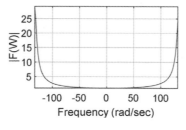

範例　1　使用 fft()語法：T = 10，顯示振幅與相位結果

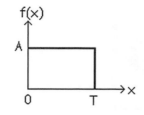
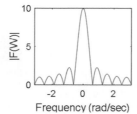
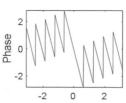

MatLab 以 ✏ Editor 撰寫，按 🗋 新增，並命名為 fftExa1.m

```
1.  N = 4*128;                    % 取樣點
2.    f(1:10) = 1;
3.    f(11:4*128) = 0;
4.  Ts = 1;
5.  Ws = 2*pi/Ts;
6.    F = fft(f);                 % 呼叫 fft
7.    Fc = fftshift(F)*Ts;        % 使用 fftshift()函數語法
8.  W = Ws*(-N/2:N/2-1)/N;        % 頻率軸
9.  subplot(1, 2, 1);  plot(W, abs(Fc));
10. xlabel('Frequency (rad/sec)');      ylabel('|F(W)|');
11. subplot(1, 2, 2);  plot(W, angle(Fc));
12. xlabel('Frequency (rad/sec)');      ylabel('Phase');
```

▶ 執行結果 在 Editor 視窗中，按 ToolBar ▶，或按快速鍵 F5，回命令視窗(Command Window)，鍵入檔名 fftExa1，輸出結果如題目欄中所示。

補充 f(x)有值的範圍改變，例如 $251 \leq x \leq 261$，f(x) = 1

```
1.  N = 4*128;                          % 取樣點
2.    f(1:4*128) = 0;  f(251:261) = 1;
3.  Ts = 1;
4.  Ws = 2*pi/Ts;
5.    F = fft(f);                       % 呼叫 fft
6.    Fc = fftshift(F)*Ts;
7.  W = Ws*(-N/2:N/2-1)/N;              % 頻率軸
8.  subplot(1, 2, 1);  plot(W, abs(Fc));
9.  xlabel('Frequency (rad/sec)');      ylabel('|F(W)|');
10. subplot(1, 2, 2);  plot(W, angle(Fc));
11. xlabel('Frequency (rad/sec)');      ylabel('Phase');
```

執行結果：

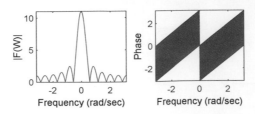

● **練 習** 使用 **fft()**語法：續上一範例，以**取樣**方式處理，顯示**取樣點**與振幅結果。(參考檔案 fft1_ex.m)

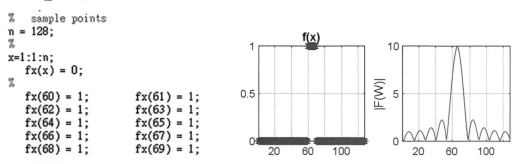

```
%    sample points
n = 128;
%
x=1:1:n;
   fx(x) = 0;
%
   fx(60) = 1;      fx(61) = 1;
   fx(62) = 1;      fx(63) = 1;
   fx(64) = 1;      fx(65) = 1;
   fx(66) = 1;      fx(67) = 1;
   fx(68) = 1;      fx(69) = 1;
```

● **練 習** 使用 **fft()**語法：續上一練習，以**亂數取樣狹縫寬度**，顯示振幅與相位結果。(參考檔案 SingleSlitDiffraction.m)

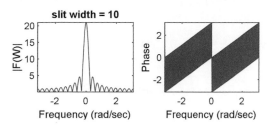

13-2 fft2

函數	說明
conv2()	2-D Convolution
filter2()	二維離散時間濾波器
fft2()	二維離散傅立葉轉換
ifft2()	反二維離散傅立葉轉換
fftshift()	位移離散傅立葉轉換結果
ifftshift()	反位移離散傅立葉轉換結果
abs()	複數陣列的大小
angle()	複數陣列的相位

補充 若不使用 **fftshift()** 函數，結果如下所示：

```
1.  clear;                        clf;
2.  N = 1*128;                         % 取樣點
3.    f(1:10, 1:10) = 1;       f(11:N, 11:N) = 0;
4.    Ts = 1;                   Ws = 2*pi/Ts;
5.    F = fft2(f);
6.  % Fc = fftshift(F)*Ts;
7.    W = Ws*(-N/2:N/2-1)/N;
8.    [X, Y] = meshgrid(W, W);
9.  subplot(1, 2, 1);
10.   surfl(X, Y, abs(F));    shading interp;
11.   xlabel('Wx(rad/sec)'); ylabel('Wy(rad/sec)');
12.   zlabel('|F(W)|');
13.   axis([-0.5*Ws 0.5*Ws -0.5*Ws 0.5*Ws 0 100]);
14. subplot(1, 2, 2);
15.   mesh(X, Y, abs(F));      view(0, 90);
```

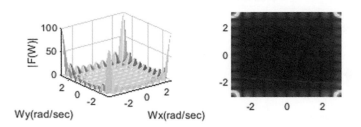

範 例　2 求二維孔徑的 fft：顯示振幅與相位結果

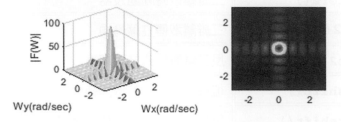

MatLab 以 Editor 撰寫，按 新增，並命名為 fft2Exa.m

```
1.  clear;                     % 清除變數
2.  clf;
3.  N = 1*128;                 % 取樣點
4.    f(1:10, 1:10) = 1;       f(11:N, 11:N) = 0;
5.    Ts = 1;                  Ws = 2*pi/Ts;
6.    F = fft2(f);             Fc = fftshift(F)*Ts;
7.    W = Ws*(-N/2:N/2-1)/N;
8.    [X, Y] = meshgrid(W, W);
9.  subplot(1, 2, 1);
10.    surfl(X, Y, abs(Fc));   shading interp;
11.    xlabel('Wx(rad/sec)');  ylabel('Wy(rad/sec)');
12.    zlabel('|F(W)|');
13.    axis([-0.5*Ws 0.5*Ws -0.5*Ws 0.5*Ws 0 100]);
14. subplot(1, 2, 2);
15.    mesh(X, Y, abs(Fc));    view(0, 90);
```

▶ 執行結果　在 Editor 視窗中，按 ToolBar ▷，或按快速鍵 F5，回命令視窗(Command Window)，鍵入檔名 fft2Exa，輸出結果如題目欄中所示。

◉ 練習　使用 fft2()語法:續上一範例，以**取樣**方式處理，顯示**取樣點**與振幅結果，如下圖所示。(參考檔案 fft2_ex.m)

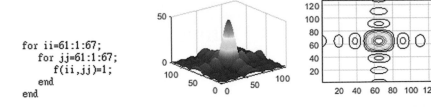

◉ 練習　使用 fft2()語法：續上一練習，以亂數取樣**矩形孔徑寬度**與位置，顯示**取樣點**與振幅結果，如下圖所示。(參考檔案 fft2Rect2.m)

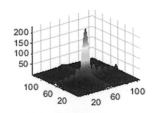 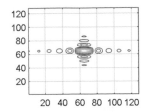 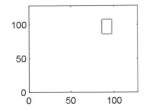

13-3 ifft2

函數	說明
`ifft()`	反一維離散傅立葉轉換
`fft2()`	二維離散傅立葉轉換
`ifft2()`	反二維離散傅立葉轉換
`fftshift()`	位移離散傅立葉轉換結果
`ifftshift()`	反位移離散傅立葉轉換結果

　　反傅立葉轉換執行**傅立葉轉換**相反的動作，不論是一維或者是二維的處理；舉一維反傅立葉轉換的簡單範例做說明，例如，$0 \leq x \leq 16\pi$，$f(x) = \cos(x)$，繪製 $f(x)$傅立葉轉換的結果，並且使用反傅立葉轉換，還原驗證是否為 $\cos(x)$，其執行結果與程式碼頭如下所示：

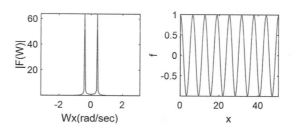

```
1.  clear;                               % 清除變數
2.  clf;
3.  N = 1*128;                           % 取樣點
4.    x = linspace(0, 16*pi, N);
5.    f = cos(x);                        % 取樣函數
6.    Ts = 1;                    Ws = 2*pi/Ts;
7.    F = fft2(f);              Fc = fftshift(F)*Ts;
8.    W = Ws*(-N/2:N/2-1)/N;
9.  % 反傅立葉函數處理
10.   F_i = ifftshift(Fc/Ts); f_i = ifft(F_i);
11. subplot(121)
12.   plot(W, abs(Fc));                  % 傅立葉函數處理結果顯示
13.   xlabel('Wx(rad/sec)'); bylael('|F(W)|');        axis tight;
```

```
14. subplot(122)
15.    plot(x, f_i);                    % 反傅立葉函數處理結果顯示
16.    xlabel('x');           ylabel('f');        axis tight;
```

以上 subplot()子圖之一顯示 cos(x)的傅立葉轉換結果，subplot()子圖之二則顯示的反傅立葉轉換結果，證明確實是 cos(x)函數；有了上述反一維傅立葉轉換成功的經驗，當然可以類推到反二維傅立葉轉換的處理，例如延續範例 exa21_3.m，新增反二維傅立葉轉換功能，其執行結果與程式碼如下所示 (參考檔案 ifft2Demo.m)

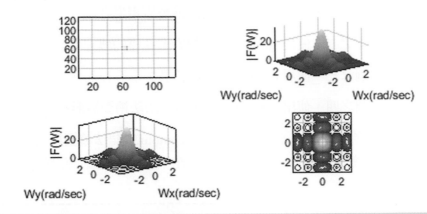

```
1.  clear;                % 清除變數
2.  N = 1*128;            % 取樣點
3.    f(1:N, 1:N) = 0;    f(60:65, 60:65) = 1;        % 矩形孔徑取樣
4.    Ts = 1;             Ws = 2*pi/Ts;
5.    F = fft2(f);        Fc = fftshift(F)*Ts;
6.    W = Ws*(-N/2:N/2-1)/N;
7.    [X, Y] = meshgrid(W, W);
8.  % 反二維傅立葉函數處理
9.    F_i = ifftshift(Fc/Ts); f_i = ifft2(F_i);
10. subplot(2,2,1)
11.    contour3(f, 50);        view(0, 90);     axis tight;
12. subplot(2,2,2)
13.    surf(X, Y, abs(Fc));    shading interp;
14.    xlabel('Wx(rad/sec)'); ylabel('Wy(rad/sec)'); zlabel('|F(W)|');
15.    axis tight;
16. subplot(2,2,3)
17.    contour3(X, Y, abs(Fc), 50);
18.    xlabel('Wx(rad/sec)'); ylabel('Wy(rad/sec)');  label('|F(W)|');
```

```
19.    axis tight;
20. subplot(2,2,4)
21.    contour3(X, Y, abs(Fc), 50);    view(0, 90);    axis equal;
22. figure(2)            % 顯示反二維傳立葉函數處理：結果
23. subplot(2,2,1)
24.    contour3(abs(f_i), 50); view(0, 90);    axis tight;
```

行號 9：使用 ifftshift()與 ifft2()語法進行反二維傳立葉轉換的處理

行號 10~11：subplot()子圖之一，使用 contour3()語法繪製原矩形孔徑

行號 12~15：subplot()子圖之二，使用 surf()語法繪製矩形孔徑的傅立葉轉換結果

行號 16~19：subplot()子圖之三，使用 contour3()語法繪製矩形孔徑的傅立葉轉換結果

行號 20~21：subplot()子圖之四，使用 contour3()與 view()語法繪製矩形孔徑的傅立葉轉換結果

行號 22~24：圖形視窗 2 的 subplot()子圖之一，使用 contour3()語法繪製反傅立葉轉換的結果，其中圖形視窗 2 預留 subplot()子圖的位置，以供未來顯示頻域濾波處理。

範例 3 續範例 iff2Demo，新增低通濾波器的功能，求其反傅立葉轉換 ifft2()的處理結果，輸出如下所示

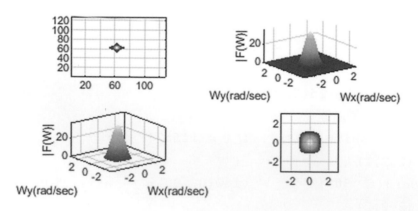

MatLab 僅列出部分新增程式碼 (參考檔案 ifft2LowPass.m)

```
19. % 低通濾波
20.    Fc(1:128, 1:42) = 0;      Fc(1:128, 88:128) = 0;
21.    Fc(1:42, 1:128) = 0;      Fc(88:128, 1:128) = 0;
22. % 反二維傳立葉函數處理
```

```
23.    F_i = ifftshift(Fc/Ts);   f_i = ifft2(F_i);
24. figure(2)          % 顯示反二維傅立葉函數處理：結果
25. subplot(2,2,1)
26.    contour3(abs(f_i), 50);   view(0, 90);    axis tight;
27. subplot(2,2,2)
28.    surf(X, Y, abs(Fc));      shading interp;
29.    xlabel('Wx(rad/sec)'); ylabel('Wy(rad/sec)');   zlabel('|F(W)|');
30.    axis tight;
31. subplot(2,2,3)
32.    contour3(X, Y, abs(Fc), 50);
33.    xlabel('Wx(rad/sec)'); ylabel('Wy(rad/sec)');   zlabel('|F(W)|');
34. subplot(2,2,4)
35.    contour3(X, Y, abs(Fc), 50);   view(0, 90);   axis equal;
```

行號 20~21：低通濾波設定

行號 25~26：subplot()子圖之一，使用 contour3()語法繪製低通濾波後的矩形孔徑

▶ 執行結果　在 Editor 視窗中，按 ToolBar ▶，或按快速鍵 F5，或回命令視窗(Command Window)，鍵入檔名 ifft2LowPass，輸出結果如題目欄中所示。

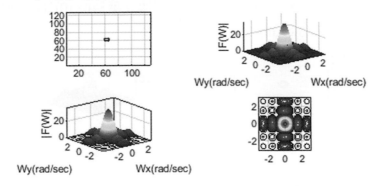

● 練習　續範例 3，改用高通濾波器的處理，求其反傅立葉轉換 ifft2()的繪製結果
(參考檔案 ifft2HighPass.m)

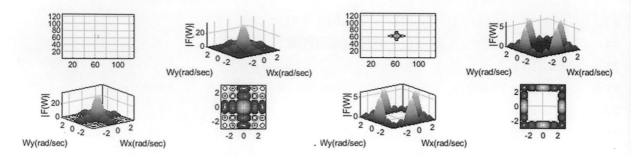

● **練 習** 續範例 3，改用帶通濾波器的處理，求其反傳立葉轉換 ifft2()的繪製結果
(參考檔案 ifft2BandPass.m)

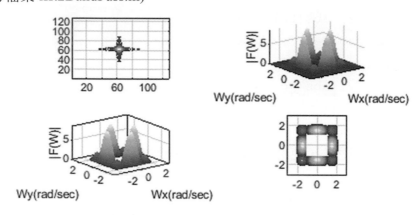

● **練 習** 續範例 3，改用帶止濾波器的處理，求其反傳立葉轉換 ifft2()的繪製結果
(參考檔案 ifft2BandStop.m)

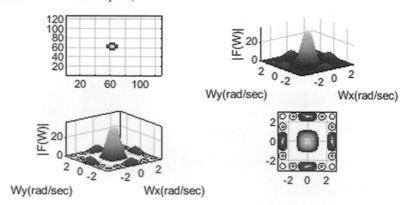

習題

1.　使用 fft1()語法，取樣點 4×128，輸入狹縫寬度，輸出如下所示

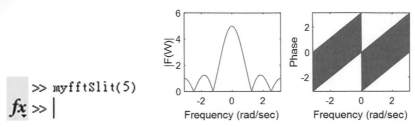

2.　使用 fft2()語法，輸入狹縫寬度範圍，輸出如下所示

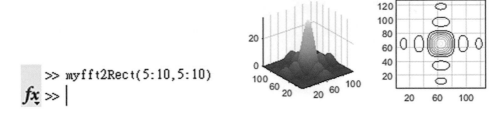

3.　使用 fft2()語法，取樣點 128×128，亂數決定輸入雙矩形孔徑，長寬度範圍 6×6，輸出如下所示 (參考檔案 fft2Rect2.m)

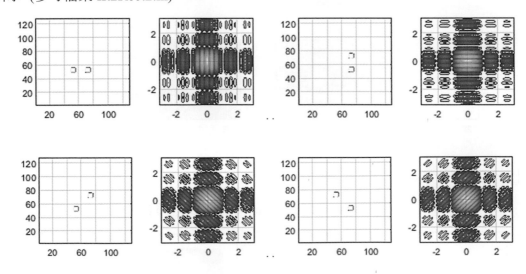

4. 續上一題，亂數決定輸入雙矩形孔徑的位置與長、寬，輸出如下所示

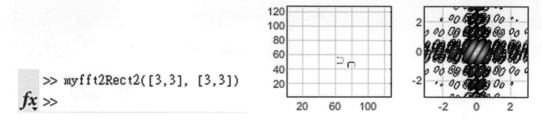

5. 續單矩形繞射，輸入低通濾波範圍，輸出如下所示

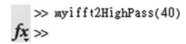

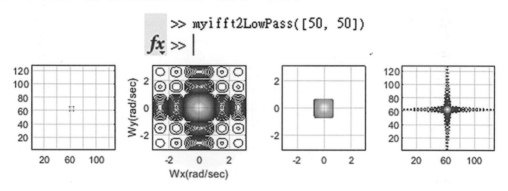

6. 續上一題，輸入高通濾波範圍，輸出如下所示

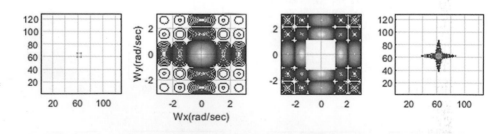

7. 續上一題，輸入帶通濾波範圍，輸出如下所示

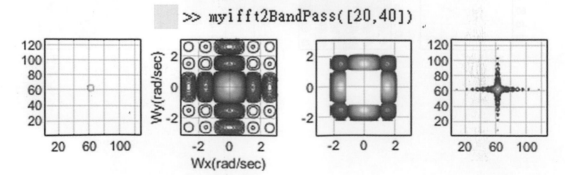

8. 續上一題，輸入帶止濾波範圍，輸出如下所示

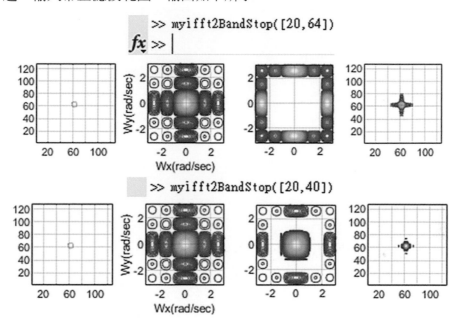

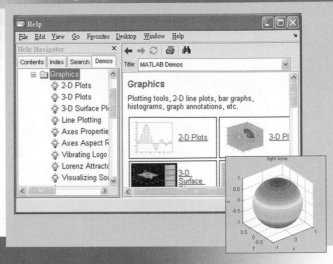

Chapter 14

MATLAB
The Language of Technical Computing

積分與微分

學習重點

研習完本章,將學會

1. 積分
2. 微分

14-1 積分

一維與二維函數的數值積分方法,主要有下列 5 種:

➤ **trapz(x, y)**:梯形積分法,或者稱為不規則四邊形積分法,x 為積分範圍,y 為對應函數

➤ **cumtrapz(x, y)**:累計的梯形積分法,x 為積分範圍,y 為對應函數

➤ **quad('myfun', x_min, x_max)**:Simpson's 法則

➤ **quad8('myfun', x_min, x_max)**:Newton-Cotes 8 分割面法則

➤ **dblquad('myfun', x_min, x_max, y_min, y_max)**:二維積分

例 如 以不規則四邊形 **trapz()**語法計算積分值 (參考檔案 trapzDemo.m)

```
1.  % Trapezoid
2.  x = -1:0.05:2;          y = humps(x);
3.  area = trapz(x, y);
4.  plot(x,y);
5.  disp('積分值 = ');       disp(area);           % 積分值
6.  xlabel('x');            ylabel('y');           grid on;
7.  title('Integration Approximation with Trapezoid');
```

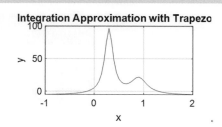

例 如 以累計方式 **cumtrapz()**語法計算積分值

```
1.  % Cumulative
2.  x = linspace(-1, 2, 100);  y = humps(x);
3.  z = cumtrapz(x, y);
4.  plot(x, y, x, z);
5.  z(end)                                          % 累計到最後的積分值
6.  xlabel('x');        ylabel('y');     grid on;
7.  title('Cumulative Integral of humps(x)');
```

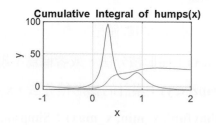

例 如 求 $\int_{\pi}^{\pi}-\int_{0}^{\pi}[\sin(x)\cos(y)+1]\,dxdy=$ ？

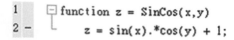

```
1   function z = SinCos(x,y)
2 -     z = sin(x).*cos(y) + 1;
```

```
1.  %   Integration of function sin(x)*cos(x)+1
2.  x = linspace(0, pi, 20);        y = linspace(-pi, pi, 20);
3.  [xx, yy] = meshgrid(x, y);      zz = SinCos(xx, yy);
4.  mesh(xx, yy, zz);
5.  % 積分值
6.  area = dblquad('SinCos',0 ,pi, -pi, pi);
7.  disp('積分值 = ');        disp(area);        % 顯示積分值
8.  xlabel('x');              ylabel('y');    title('Myfunction plot');
```

```
>> dblquadDemo
積分值 =
    19.7392
fx >>
```

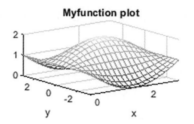

使用 trapz()語法計算雙重積分：

```
>> x = linspace(0, pi, 20);
>> y = linspace(-pi, pi, 20);
>> [X, Y] = meshgrid(x, y);
>> FC = sin(X).*cos(Y)+1;
>> I = trapz(y, trapz(x, FC, 2))
I =
    19.7392
fx >>
```

使用@函數文件語法

```
>> fc = @(x,y) sin(x)*cos(y)+1;
>> i = dblquad(fc, 0, pi, -pi, pi)
i =
    19.7392
fx >>
```

範例 **1** 使用 trapz()或 cumtrapz()語法：求 $\int_0^{8\pi} x\sin(x)dx = ?$

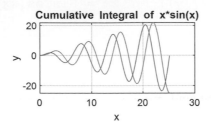

MatLab 以 Editor 撰寫，按 新增，並命名為 cumtrapzExa.m

```
1.  % Cumulative of function x sin(x)
2.  x = linspace(0, 4*6.28, 100);  y = x.*sin(x) ;
3.  z = cumtrapz(x, y);
4.  plot(x, y, x, z);
5.  z(end)                          % 累計到最後的積分值
6.  xlabel('x');       ylabel('y');    grid on;
7.  title('Cumulative  Integral  of  x*sin(x)');
```

▶ 執行結果 在 Editor 視窗中，按 ToolBar ，或按快速鍵 F5，回命令視窗(Command Window)，鍵入檔名 cumtrapzExa，輸出結果如題目欄中所示。

範例 **2** 使用 quad()或 quad8()語法：求 x sin(x)的積分值，範圍 $0 \leq x \leq 8\pi$

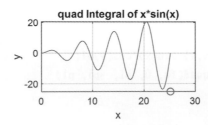

MatLab 續上一範例，按[File/Save As]另存新檔 QuadTest.m

```
1.  %  Quad of function x sin(x)
2.  x = linspace(0, 8*pi, 200);   y = x.*sin(x) ;
3.    z = quad('myFunction',0, 8*pi);
4.  plot(x, y, 8*pi, z, 'ro');
5.  z(end)                          % 累計到最後的積分值
```

```
6.  xlabel('x');        ylabel('y');      grid on;
7.  title('quad Integral of x*sin(x)');
```

myFunction 程式碼：

```
1   ┌ function y = myFunction(x)
2 ─ └     y = x.*sin(x);
```

▶ 執行結果　在命令視窗(Command Window)鍵入 QuadTest，按 [Enter]

● 練 習　使用 quad()或 quad8()語法：求(a) $\int_0^\pi \sin(x)dx = ?$　　(b) $\int_0^1 \sqrt{x}dx = ?$

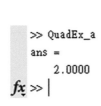

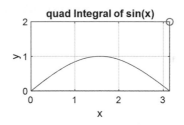

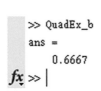

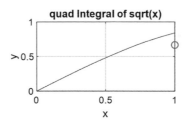

[MatLab] 續上一範例 QuadTest，另存新檔 QuadEx_a 與 QuadEx_b

```
3 ─     y = sin(x) ;
4 ─         z = quad('myFunction_a',0, pi);
```

```
3 ─     y = sin(x) ;
4 ─         z = quad('sqrt',0, 1);
```

● 練 習　使用 **dblquad()**語法：求 $\int_{-3.14}^{3.14}\int_{-3.14}^{3.14} e^{-(x^2+y^2)dx} = ?$

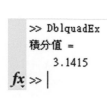

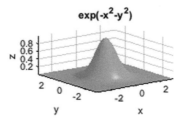

MatLab 參考檔案 DblquadEx.m

```
4 -          zz = ExpX2Y2(xx, yy);
5 -             surfl(xx, yy, zz);          shading interp;
```

14-2 微分

數值**微分**比**積分**困難許多：因為後者是描述函數的**全區域**或 **macroscopic** 性質，而前者是描述函數上某點的斜率，這是屬於 **microscopic** 性質，換言之，微分對微分點附近斜率的變化非常敏感，即使是小小的變化，均易引起極大的改變。

函數	說明
p = polyfit(x, y, n);	x, y : data 範圍 n : least square curve order of fit
polyder(p);	多項式微分
diff(y)./ diff(x);	$\dfrac{dy}{dx}$

例如 以 **polyfit()** 與 **polyder()** 語法求一組數據的微分 (參考檔案 polyFitDerDemo.m)

```
1.  x = [0, 0.1, 0.2, 0.3, 0.4, 0.5, 0.6, 0.7, 0.8, 0.9,1];
2.  y = [-.447, 1.978, 3.28, 6.16, 7.08, 7.34, 7.66, 9.56, 9.48, 9.3, 11.2];
3.  n = 2;                    % order of fit
4.  p = polyfit(x, y, n);     % find polynomial coefficients
5.  pd = polyder(p);          % derivative
6.  xi = linspace(0, 1, 100);
7.  yi = polyval(p, xi);      % evaluate polynomial
8.  plot(x, y, '-o', xi, yi, '--');
9.  xlabel('x');      ylabel('y = f(x)');       grid on;
10. title('Second Order Curve Fitting');
```

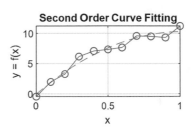

```
>> p                              ▼
p =
     -9.8108    20.1293   -0.0317
fx >>
```

```
>> pd                             ▼
pd =
     -19.6217   20.1293
fx >>
```

p 是多項式的係數，由此可知多項式爲

$$y(x) = 9.8108x^2 + 20.1293x - 0.0317$$

而微分後的多項式係數爲 pd，可見微分後的多項式爲

$$\frac{dy}{dx} = -19.6217x + 20.1293$$

Second Order Curve Fitting

例 如 以 **diff()** 方式計算微分值 (參考檔案 diffDemo.m)

```
1.   x = [0 .1 .2 .3 .4 .5 .6 .7 .8 .9 1];
2.   y = [-.447 1.978 3.28 6.16 7.08 7.34 7.66 9.56 9.48 9.3 11.2];
3.   n = 2;                        % order of fit
4.   p = polyfit(x, y, n);         % find polynomial coefficients
5.   pd = polyder(p);              % derivative
6.   xi = linspace(0, 1, 100);
7.   yi = polyval(p, xi);          % evaluate polynomial
8.      figure(1);      plot(x, y, '-o', xi, yi, '--');
9.      xlabel('x');    ylabel('y = f(x)');    grid on;
10.     title('Second Order Curve Fitting');
11. % diff()語法
12.     dyp = polyval(pd, x);      dy = diff(y)./diff(x);
13. % new x array since dy is shorter than y
14.     xd = x(1:end-1);
15.     figure(2);      plot(xd, dy, x, dyp, ':');
16.     xlabel('x');    ylabel('dy/dx');     grid on;
17.     title('Forward Difference Derivative Appraoximation');
```

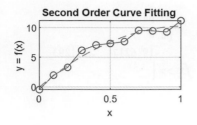
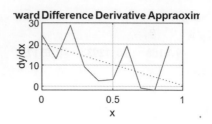

從上圖中可知，使用 diff 方法，x 的 data 少掉一個；當第一個 x 值 thrown out，稱為 **backward difference approximation**，意即使用 x(n-1) 與 x(n)訊息，計算 x(n)的逼近值；反之，當最後一個 x 值 thrown out，稱為 **forward difference approximation**，意即使用 x(n+1) 與 x(n)訊息，計算 x(n) 的逼近值。

2D data

相關於二維的數值微分，主要函數方法有 **gradient()** 與 **del2()**，依序查詢顯示如下：

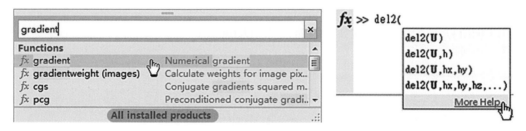

其語法表列如下：

函數	Description
`[dzdx, dzdy]` `= gradient(z, dx, dy);`	梯度 dzdx, dzdy：$\dfrac{dz}{dx}, \dfrac{dz}{dy}$ dx, dy：x 方向之 spacing, y 方向之 spacing
`del2(z, dx, dy);`	離散式 Laplacian curvature of a surface：$\nabla^2 z(x,y) = \dfrac{d^2 z}{dx^2} + \dfrac{d^2 z}{dy^2}$

例 如 以 **gradient()** 語法顯示 peaks 的梯度 (參考檔案 gradientDemo.m)

```
1.  [x, y, z] = peaks(20);
2.  dx = x(1,2) - x(1,1);        dy = y(2,1) - y(1,1);
3.  [dzdx, dzdy] = gradient(z, dx, dy);        % 使用 gradient() 語法
4.  contour(x, y, z);            hold on;
5.  quiver(x, y, dzdx, dzdy);  hold off;
6.  title('Gradinet Arrow Plot');
```

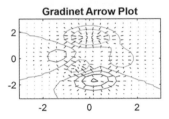

例 如 以 **del2()** 語法顯示 peaks 的曲率

```
1.  [x, y, z] = peaks(80);
2.  dx = x(1,2) - x(1,1);        dy = y(2,1) - y(1,1);
3.  L = del2(z, dx, dy);
4.  surf(x, y, z, abs(L));       shading interp;
5.  axis tight;                  title('Disctete Laplacian Color');
```

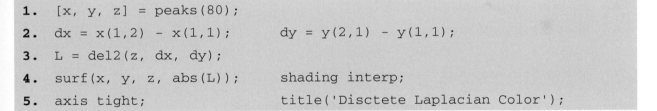

- -

範 例 3 使用 **diff()** 語法：求 sin(x) 的微分

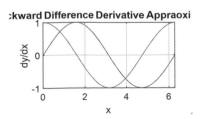

MatLab 以 Editor 撰寫，按 ◻ 新增，並命名為 diffExa.m

```
1.  x = linspace(0, 2*pi);          y = sin(x);
2.  dy = diff(y)./diff(x);
3.  % new x array since dy is shorter than y
4.  xd = x(2:end);
5.  plot(x, y, xd, dy);
6.  xlabel('x');     ylabel('dy/dx');     grid on;
7.  title('Backward Difference Derivative Appraoximation');
```

▶ 執行結果　在 Editor 視窗中，按 ToolBar ▣，或按快速鍵 F5，回命令視窗(Command Window)，鍵入檔名 diffExa，輸出結果如題目欄中所示。

補充　使用 Forward Difference approximation，結果相同 (參考檔案 diffExa2.m)

```
1.  x = linspace(0,2*pi);          y = sin(x);
2.  dy = diff(y)./diff(x);
3.  % new x array since dy is shorter than y
4.  xd = x(1:end-1);
5.  plot(x, y, xd, dy);
6.  xlabel('x');     ylabel('dy/dx');     grid on;
7.  title('Forward Difference Derivative Appraoximation');
```

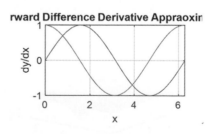

●**練習** 使用 **diff()**語法，求六個三角函數：sin(x)，cos(x)，tan(x)，cot(x)，sec(x)，csc(x)的
微分 (參考檔案 DiffTriangle.m)

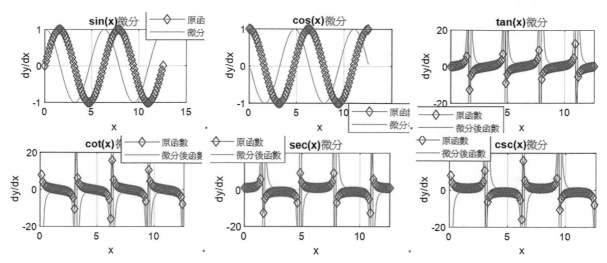

習題

1. 使用 trapz()語法，輸入積分範圍與函式，輸出如下所示

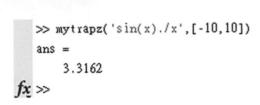

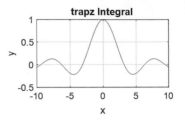

2. 使用 cumtrapz()語法，輸入積分範圍與函式，輸出如下所示

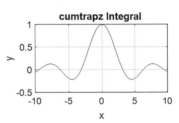

3. 續上一題，新增 quad()方法，輸入積分範圍與函式，輸出如下所示

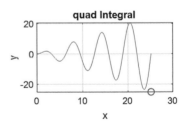

4. 使用 dblquad()與@(x, y)語法，計算雙重積分值，輸出如下所示

dblquad(@(x, y) y*sin(x)+x*cos(y), pi, 2*pi, 0, pi)

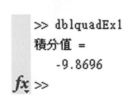

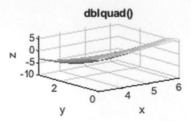

5.　續上一題，使用自定函數計算雙重積分值，輸出如下所示

```
>> mydblquad('y.*sin(x)+x.*cos(y)',[-2*pi,2*pi],[-2*pi,2*pi])
積分值 =
   -9.1511e-16
fx >>
```

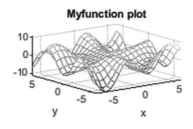

6.　續上一題，使用 trapz()雙重積分語法，輸出如下所示

```
>> trapz2
積分值 =
   680.5664
fx >>
```

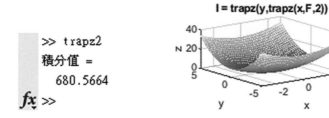

7.　使用 diff()語法，輸入微分範圍與函數，輸出如下所示

```
>> mydiff('sin(x)./x',[-10,10])
fx >>
```

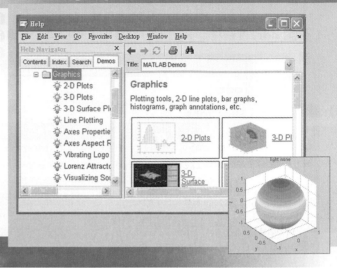

Chapter **15**

微分方程

學習重點

研習完本章，將學會

1. 一階微分方程式
2. 二階微分方程式

15-1 一階微分方程式

解題器(Solver)	說明
ode23()	nonstiff，低階解題器
ode45()	nonstiff，中階解題器
ode113()	nonstiff，可變階數解題器

查詢 **ode23()** 更詳盡的描述：其中的範例 Example 更是值得研究

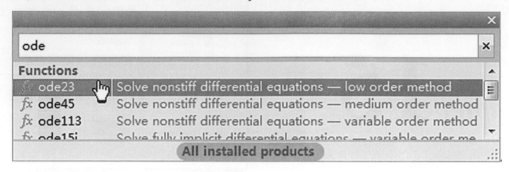

由查詢得知，欲解方程式 $y' = f(t, y)$，基本語法為

$$[t, y] = ode23 \,('ydot', \, tspan, \, y0)$$

其中：ydot 為函數檔名稱，ode23() 為組合二階與三階 **Runge-Kutta** 法，tspan 定義為 $[t0，tf]$，t0：t 初始值，tf：終止值，y0：初始值 $y(t_0)$。例如，欲解方程式 $y' = -10y$，$y(0) = 2$

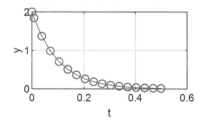

Step1　建立 ydot

```
1  function ydot = myfc(t,y)
2      ydot = -10*y ;
```

Step2　檔案 odeDemo1.m

```
1.  [t,y] = ode23('myfc', [0, 0.5], 2) ;
2.  plot(t, y, '-o') ;
3.  xlabel('t');    ylabel('y');    grid on;
```

範 例　1　解方程式 $y' = \sin(t)$，$y(0) = 0$

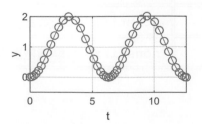

MatLab 以 📝 Editor 撰寫，按 🔲 新增，並命名為 odeExa1.m

```
1. [t, y] = ode23('sinfc', [0, 4*pi], 0) ;
2. plot(t, y, '-o') ;
3. xlabel('t');   ylabel('y');   grid on ;
4. axis([0 4*pi -0.5 2]) ;
```

```
1  ⊟ function ydot = sinfc(t,y)
2 -       ydot = sin(t) ;
```

▶ 執行結果　在 Editor 視窗中，按 ToolBar ▷，或按快速鍵 F5，回命令視窗(Command Window)，鍵入檔名 odeExa1，輸出結果如題目欄中所示。

分析── 使用 **ode45()**語法的輸出結果，如下圖所示

```
1. [t, y] = ode45('sinfc', [0, 4*pi], 0);        % 使用 ode45()函數語法
2. plot(t, y, '-o');
3. xlabel('t');   ylabel('y');   grid on;
4. axis([0, 4*pi, -0.5, 2]);
5. title('ode45()');
```

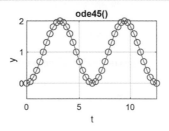

範例 **2** 解方程式 $y' = -2x^3 + 12x^2 - 20x + 8.5$，$0 \leq x \leq 4$，$y(0) = 1$

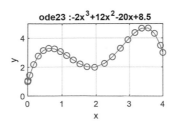

MatLab 續上一範例，修改程式碼，並另存新檔 OdeTest.m

```
1.  [x, y] = ode23('odefc1', [0,4], 1) ;
2.  plot(x, y, '-o') ;
3.  xlabel('x');    ylabel('y');    grid on;
4.  axis([0 4 0 5]);
5.  title('ode23 :-2x^3+12x^2-20x+8.5');
```

呼叫函數 odefc1：

```
1  function ydot = odefc1(x, y)
2      ydot = -2*x^3 + 12*x^2 - 20*x + 8.5 ;
```

▶ 執行結果   在命令視窗(Command Window)鍵入 OdeTest，按 **Enter**，輸出結果如題目欄中
所示。

分析 一   使用 **ode45()** 語法的輸出結果，如下圖所示

```
1.  [x, y] = ode45('odefc1', [0,4], 1);
2.  plot(x, y, '-o');
3.  xlabel('x');    ylabel('y');    grid on;
4.  axis([0 4 0 5]);
5.  title('ode45 : -2x^3+12x^2-20x+8.5');
```

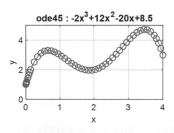

● 練 習   解方程式 $y' = y$，$y(0) = c$，常數 $c = -1 \sim 1$，step = 0.05 (參考 OdeY.m × 與 OdeFcY.m ×)

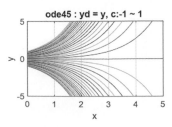

● **練習**　**Lorenz 方程式**：解方程式 (參考檔案 Lorenz.m 與 LorenzFc.m)

$$\frac{dx}{dt} = s(y - x)$$

$$\frac{dy}{dt} = rx - y - xz$$

$$\frac{dz}{dt} = xy - bz$$

初始條件：$x(0) = -7.69$，$y(0) = -15.61$，$z(0) = 90.39$，假設 $r = 100$，$s = 10$，$b = 8/3$，輸出結果如下圖所示：

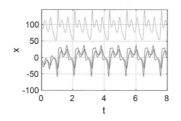 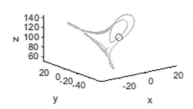

15-2　二階微分方程式

解題器(Solver)	說明
ode23()	nonstiff，低階解題器
ode45()	nonstiff，中階解題器
ode113()	nonstiff，可變階數解題器

欲解方程式 $ay'' + by' + cy = f(t)$，$y'' = \dfrac{1}{a}f(t) - \dfrac{c}{a}y - \dfrac{b}{a}y'$，使用變換變數方法，令

$$x_1 = y$$
$$x_2 = y'$$

原式改寫為

$$x_2' = \frac{1}{a}f(t) - \frac{c}{a}x_1 - \frac{b}{a}x_2$$

本語法為

$$[t, x] = ode23('xdot', tspan, x0)$$

其中 xdot：函數檔名稱。ode23：組合二階與三階 **Runge-Kutta** 法。tspan：定義為$[t_0，t_f]，t_0：t$ 起始值。t_f：終止值。x_0：起始值$[x_1(0), x_2(0)]$。例如，欲解方程式 $5y'' + 7y' + 4y = \sin(t)$，$y(0) = 3$，$y'(0) = 9$

Step1 建立 xdot：改寫原方程式為 $5y'' = \sin(t) - 4y - 7y'$，即

$$y'' = \frac{\sin(t) - 4y - 7y'}{5} = 0.2(\sin(t) - 4y - 7y')$$

換言之，若令 $x_1 = y$，$x_2 = y'$，上式再改寫為 $x_2' = 0.2(\sin(t) - 4x_1 - 7x_2)$

```
function xdot = ode2fc(t,x)
    xdot = [x(2) ; 0.2*(sin(t)-4*x(1)-7*x(2))];
end
```

Step2 MATLAB 程式：ode23Demo.m

```
1. clear;
2. [t,x] = ode23('ode2fc',[0,6], [3,9]);
3. plot(t,x,'-o') ;
4. xlabel('t');   ylabel('y');   grid on;
```

▶ 執行結果 呼叫**解題器** ode23()，解出 $x(1) = y$ 與 $x(2) = y'$

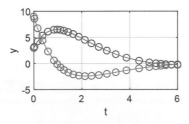

範例 **3** 解方程式 $y'' + 2y' + y = e^{-t}\cos(t)$，$y(0) = 0$，$y'(0) = 0$

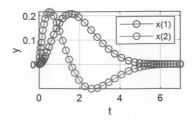

MatLab 以 📝 Editor 撰寫，按 🗋 新增，並命名為 ode23Exa1.m

```
1   ┌ function xdot = ode2fc24_4(t,x)
2 - └     xdot = [x(2) ; exp(-t)*cos(t)-x(1)-2*x(2)];
```

1. `[t, x] = ode23('ode2fc24_4',[0, 7], [0, 0]);`
2. `plot(t, x, '-o');`
3. `legend('x(1)', 'x(2)');`
4. `xlabel('t');    ylabel('y');    grid on;`
5. `axis tight;`

▶ 執行結果　在 Editor 視窗中，按 ToolBar 🔁，或按快速鍵 F5，回命令視窗(Command Window)，鍵入檔名 ode23Exa1，輸出結果如題目欄中所示。

範例 4　解方程式 y″ = 10 cos (x) − 5y − 2y′，y(0) = 5，y′(0) = 6

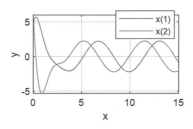

MatLab 續上一範例，另存新檔名為 SdeTest.m

```
1   ┌ function xdot = ode2fc2(t,x)
2 - └     xdot = [x(2) ; 10*cos(t)-5*x(1)-2*x(2)];
```

1. `[t,x] = ode23('ode2fc2',[0, 15], [5, 6]);`
2. `plot(t,x);`
3. `legend('x(1)', 'x(2)');`
4. `xlabel('x');    ylabel('y');    grid on;`

在命令視窗(Command Window)鍵入 SdeTest，輸出結果如題目欄中所示。

● 練 習 解方程式 $y'' - 2y' + y = e^x + x$，$y(0) = 1$，$y'(0) = 0$ (參考 Sde_ex.m × 與 Sde_exFc.m ×)

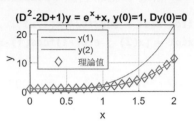

● 練 習 解方程式 $y'' + y' - 2y = -6\sin(2x) - 18\cos(2x)$，$y(0) = 2$，$y'(0) = 2$ (參考 Sde_ex2.m 與 Sde_ex2Fc.m)

```
1    function ydot = Sde_ex2Fc(x, y)
2        ydot = [y(2) ; -6*sin(2*x)-18*cos(2*x)+2*y(1)-y(2)];
```

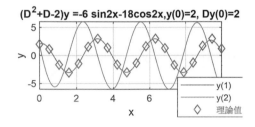

習題

1. 解方程式 $y' + y = \sin(x)$，$y(0) = 0.5$ [hint：解為 $y = 0.5(\sin x - \cos x) + e^{-x}$] (參考檔案 odeEx1.m)

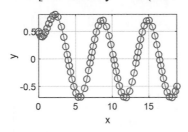

2. 解方程式 $y' + \tan(x)\, y = \sin(2x)$，$y(0) = 1$ [hint：解為 $y = -2\cos^2 x + 3\cos(x)$]
   (參考檔案 odeEx2.m)

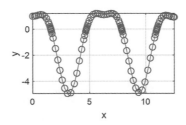

3. 解方程式 $y' - y = e^{2x}$，$y(0) = 4$ [hint：解為 $y = e^{2x} + 3e^x$] (參考檔案 odeEx3.m)

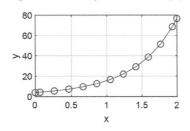

4. 解方程式 $y' + 2y = \cos(x)$，$y(0) = 1$ [hint：解為 $y = 0.2(\sin x + 2\cos x + 3e^{-2x})$]
   (參考檔案 odeEx4.m)

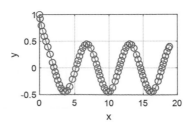

5. 解方程組 $y_1' = 0.5y_1$，$y_2' = 4 - 0.3y_2 - 0.1y_1$，$y_1(0) = 4$，$y_2(0) = 6$ (參考檔案 odeEx5.m)

```
1.  function ydot = Ex5fc(x, y)          % 注意變數參數
2.      ydot = zeros(2,1);               % a column vector
3.      ydot(1) = -0.5*y(1);
4.      ydot(2) = 4 - 0.3*y(2) -0.1*y(1);
5.  end
```

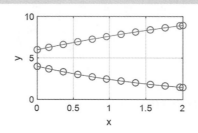

6. 解方程組 $y_1' = -y_2 + 2\cos x$，$y_2' = -y_1$，$y_1(0) = 0$，$y_2(0) = 1$ (參考檔案 odeEx6.m)

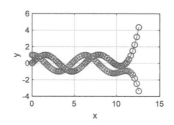

7. 解二階微分方程式 $y'' + 4y' = 8 + 34\cos(x)$，$y(0) = 3$，$y'(0) = 2$ (參考檔案 odeEx7.m)

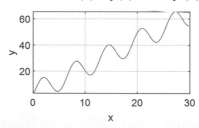

8. 解二階微分方程式 $y'' + 2y' + 5y = 0$，(a) $y(0) = 5$，$y'(0) = 0$，(b) $y(0) = 0$，$y'(0) = 5$
   (參考檔案 odeEx8.m)

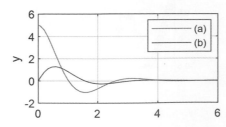

9. 解方程組 $y'' + 2y' + 5y = -\sin(x)$，$y(0) = 1$，$y'(0) = 0$ (參考檔案 odeEx9.m)

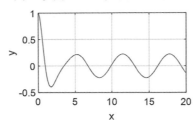

10. 自定函數解一階微分方程式，使用 quiver()與 ode23()語法 (參考檔案 myvf.m)

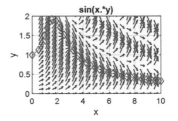

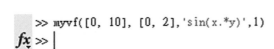

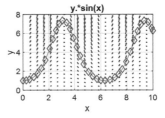

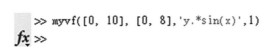

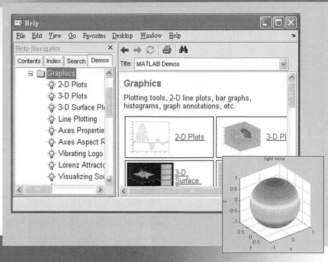

MATLAB
The Language of Technical Computing

Chapter 16

影像與動畫

學習重點

研習完本章，將學會

1. image
2. movie
3. simple Animation
4. 數位影像顯示
5. 數位影像點處理
6. 數位影像鄰域處理
7. 數位影像之傅立葉轉換

16-1　image

使用 **load** 語法將影像載入，其相關語法說明查詢如下：

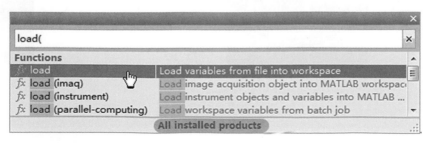

➤ **load filename**：載入影像檔；例如 load earth，image(X)

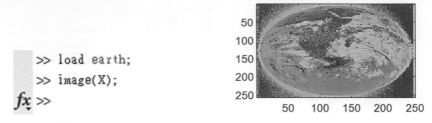

```
>> load earth;
>> image(X);
fx >>
```

Name ▲	Value	Size	Bytes	Class	Min	Max
X	<257...	257x250	514000	double	1	64
map	<64x...	64x3	1536	double	0	1

➤ **colormap(map)**：陣列之顏色圖

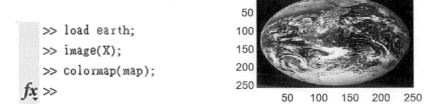

```
>> load earth;
>> image(X);
>> colormap(map);
fx >>
```

MATLAB 中有許多影像樣本，例如，clown.mat，detail.mat，durer.mat，flujet.mat，gatlin.mat，mandrill.mat，spinc.mat 等：

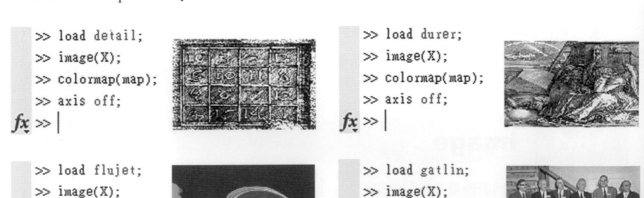

```
>> load detail;
>> image(X);
>> colormap(map);
>> axis off;
fx >>
```

```
>> load durer;
>> image(X);
>> colormap(map);
>> axis off;
fx >>
```

```
>> load flujet;
>> image(X);
>> colormap(map);
>> axis off;
fx >>
```

```
>> load gatlin;
>> image(X);
>> colormap(map);
>> axis off;
fx >>
```

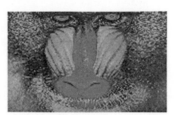

```
>> load mandrill;
>> image(X);
>> colormap(map);
>> axis off;
fx >>
```

影像檔

➤ **A = imread(FileName，FMT)**：將 image 讀取設定給變數 A，FileName 為影像檔名，FMT 可以是'jpg'，'tif'，'gif'，'bmp'，'png'，'hdf'，'pcx'，'xwd'，'cur'，'ico'

➤ **imwrite(A，FileName，FMT)**：將 A 以 FMT 的格式，FileName 檔名寫入

➤ **warp(X, map)**：投影

例如 投影 earth.jpg 在 cylinder 上 (參考檔案 WarpDemo.m)

```
1.  clear;
2.  I = imread('earth.jpg', 'jpg');          % 讀取影像檔 earth.jpg
3.  image(I);                                 % 顯示影像
4.  figure(1);
5.  [x, y, z] = cylinder(60);      warp(x, y, z, I);
6.  grid on;        axis tight;
```

例如 檔名 guide_41.jpg 的電路圖

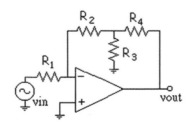

以 imread()方式讀入

```
1 -     A = imread('guide_41.jpg','jpg');
2 -     image(A);        axis off;
```

範 例 1 使用 **image()**語法顯示小丑，如下圖所示

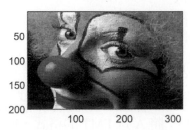

MatLab

```
1.  load clown;                % 載入小丑影像資料，含變數 X 和 map
2.  [r,c] = size(X);
3.  figure('Units','Pixels','Position',[100 100 c r]);
4.  image(X);                  % 顯示影像
5.  set(gca,'Position',[0 0 1 1]);
6.  colormap(map);             % 取用色譜矩陣
```

▶ 執行結果　在 Editor 視窗中，按 ToolBar ▶，或按快速鍵 F5，回命令視窗(Command Window)，鍵入檔名 clownImage，結果如題目欄中所示。

範 例 2 使用 warp()語法，投影顯示 Mandrill，如下圖所示

MatLab　參考檔案 WarpImage.m

```
1.  clear;
2.     I = imread('Mandrill.jpg', 'jpg');     image(I);
3.  subplot(1, 2, 1);
```

```
4.      [x, y, z] = sphere(60);                  warp(x, y, z, I);
5.      grid on;        axis tight;
6.   subplot(1, 2, 2);
7.      [x, y, z] = cylinder(60);                warp(x, y, z, I);
8.      grid on;        axis tight;
```

▶ 執行結果　在 Editor 視窗中，按 ToolBar ▶，或按快速鍵 F5，回命令視窗(Command Window)，鍵入檔名 WarpImage，結果如題目欄中所示。

16-2　Movie

以 help 查詢 **movie** 語法：

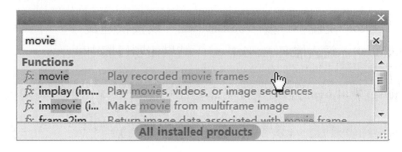

➤ **m(i) = getframe**：以 frame 結構取得影像；例如

```
for i = 1:n
    view(-37.5+15*(i-1), 30);       % 改變角度
    m(i) = getframe;                % 以frame結構取得影像
end
```

➤ **movie(m, No)**：撥放影片，No 為撥放次數

➤ **m = moviein(n)**：儲存 n 個畫面，n 為畫面數

範 例　**3**　使用 view()與 movie()語法，設計如下圖所示的動畫

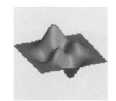

MatLab 參考檔案 movieExa1.m

```
1.  clf;
2.  [X, Y, Z] = peaks(50);                  % 產生數據
3.  surfl(X, Y, Z);                shading interp;
4.  axis([-3 3 -3 3 -10 10]);     axis vis3d off;
5.     colormap(copper);
6.  for i = 1:50
7.     view(-37.5+15*(i-1), 30);             % 改變角度
8.     m(i) = getframe;                      % 以 frame 結構取得影像
9.  end
10. cla;                                     % 清除軸
11. movie(m);                                % 撥放影片
```

▶ 執行結果　在 Editor 視窗中，按 ToolBar ▣，或按快速鍵 F5，回命令視窗(Command Window)，鍵入檔名 movieExa1，結果如題目欄中所示。

● 練習　使用 **view()** 與 **movie()** 語法：方程式 $z = \dfrac{xy(x^2 - y^2)}{x^2 + y^2}$ ，$-10 \leqq x \leqq 10$，$-10 \leqq y \leqq 10$，設計如下圖所示的動畫。(參考檔案 MovieTest.m ✕)

16-3　**Simple Animation**

➤ **comet(x, y)**：二維曲線追蹤動畫；help 查詢 comet，並練習語法執行

```
>> x=linspace(0, 4*pi);
>> y=sin(tan(x))-tan(sin(x));
>> comet(x, y);
fx >>
```

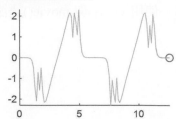

➤ **comet3(x, y, z)**：三維曲線追蹤動畫；help 查詢 comet3，並練習語法執行

```
1.  t = 0:0.1:10*pi;
2.  x = t.*sin(t);      y = t.*cos(t);      z = t;
3.  plot3(x, y, z);    grid on;       hold on;
4.  xlabel('x');       ylabel('y');
5.  comet3(x, y, z, 0.01);            hold off;
```

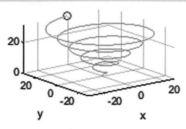

或者加入時間變化，亦可產生動態效果，例如

```
1.  no = 50;                    % data 數目
2.  for i=1:no
3.      t = (i-1)*2*pi/no;      % 2*pi 分成 50 等份
4.      x = -2*pi:0.2:2*pi;
5.      y = sin(x-t);           % 加入時間變數
6.      plot(x, y, 'bd-');
7.      xlabel('x');   ylabel('y');   axis tight;   grid on;
8.      pause(1/10);            % 暫停時間
9.  end
```

按 ▶ 執行

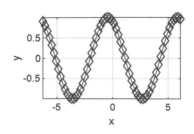

範例 4 使用 comet()語法，設計如下圖所示的拋物運動動畫

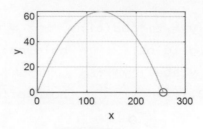

MatLab 參考檔案 CometTest.m

```
1.  clear;
2.  vi = 50;        theta = 45/57.3;
3.  g = 9.8;
4.  t1 = vi * sin(theta) / g;              % 到達最高所需時間
5.  hmax = vi^2*(sin(90/57.3))^2/(2*g);     % 最高
6.  Rmax = vi^2*sin(2*45/57.3)/g;           % 最遠
7.  t = 0: 0.01: 2*t1;
8.  xf = (vi * cos(theta)).*t;
9.  yf = (vi * sin(theta)).*t - 0.5*g*t.^2;
10. %
11. plot(xf, yf);
12. grid on;        hold on;        xlabel('x');        ylabel('y');
13. comet(xf, yf);        hold off;
```

▶ 執行結果 按 ▶ 執行，結果如題目欄中所示。

範例 5 **animation**：參數方程式 x = a(t − sint)，y = a(1 − cost)，設計如下圖所示的動畫

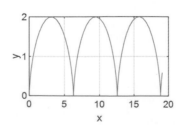

MatLab　參考檔案 ParameterAnimation.m

```
1.  checkno = 0;
2.  for t = 0:0.25:20
3.        % parameter equation
4.        x = (t - sin(t));    y = (1 - cos(t));
5.        if checkno == 0                          % 第一點
6.            plot(x, y);        checkno = 1;
7.        else                                     % 其餘點：連線
8.            X = [x, xx];       Y = [y, yy];       % 設定 陣列
9.            line(X, Y);
10.       end
11.       pause(0.1);                              % 暫停 0.1 秒
12.       xx = x;        yy =    y;                 % 前一點座標 設定
13.       hold on;                                 % 畫面維持
14.       axis([0 20 0 2]);
15.       xlabel('x');        ylabel('y');         grid on;
16. end
17. hold off;                                      % 取消畫面維持
```

▶ **執行結果**　按 ▷ 執行，結果如題目欄中所示。

● **練 習**　設計如下圖所示的圓形運動動畫 (參考檔案 CircleAnimation.m)

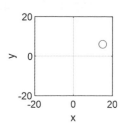

● **練 習**　設計如下圖所示的球運動動畫 (參考檔案 SphereAnimation.m)

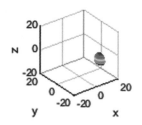

16-4 數位影像顯示

MATLAB 系統中，已知提供 6 個可以使用 load 語法直接載入的**索引影像**(index image)，例如 gatlin、durer、cape、clown、earth 以及 mandrill 等 6 個索引影像；舉 gatlin 為例，在命令視窗(Command Window)依序中鍵入

```
>> load cape;
>> image(X);
>> colormap(map);
fx >>
```

結果如下圖所示

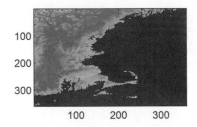

上述鍵入指令中，使用的 X 與 map，可以從 Workspace 視窗查詢

Name	Value	Size	Bytes	Class ▲	Min	Max
ab caption	<2x55 char>	2x55	220	char		
X	<360x360 double>	360x360	1036800	double	1	192
map	<192x3 double>	192x3	4608	double	0	0.9...

⬤ imwrite( )函數

imwrite( )函數可以將影像寫入檔案，其語法格式查詢如下所示：

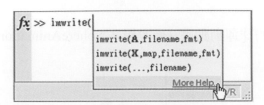

例 如　首先載入 cape 影像，接著 image 顯示影像，再賦予色譜 colormap，最後 imwrite()語
法將影像寫入

```
1.  load cape;              % 載入影像
2.  image(X);               % 顯示影像
3.  colormap(map);          % 取用色譜矩陣
4.  % 寫入影像
5.      imwrite(X, map, 'cape.tif', 'tif');
```

因為 cape 是索引影像，因此行號 5 必須代入 X 與 map，檔名續用不更改，最後是檔案格式。

imread( )函數

相對於 **imread( )** 函數可以將影像寫入檔案，**imread( )函數**則可以將影像讀出，其語法格式
查詢如下所示：

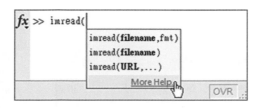

如下所示的行號 2，讀出前述使用 imwrite()語法寫入檔案的影像 cape.tif，索引值變數設定為 x，
色譜仍然為 map，行號 3 使用 image()語法顯示影像，行號 4 使用 colormap()語法賦予正確的色
套調。

```
1.  load cape;              % 載入影像
2.  image(X);               % 顯示影像
3.  colormap(map);          % 取用色譜矩陣
4.  % 寫入影像
5.      imwrite(X, map, 'cape.tif', 'tif');
```

imfinfo( )函數

imfinfo( )函數提供影像的相關資訊，其語法格式查詢如下所示：

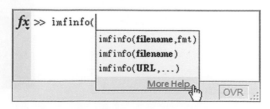

例 如 在命令視窗中鍵入 info = imfinfo('cape.tif ')，結果如下圖所示，其中必須特別注意 BitDepth 與 ColorType 兩項

```
BitDepth: 8
ColorType: 'indexed'
```

補充 如果使用的電腦有 MATLAB 影像處理的工具箱，上述的 image()語法，可以改用 imshow() 語法：按 fx，查詢影像處理的工具箱 📁 Image Processing Toolbox

比照查詢範例實做一次：

1. 彩色影像

2. 索引影像(indexed image)：顯示索引影像必須傳入 X 與 map 兩參數

3. 灰階影像(grayscale image)

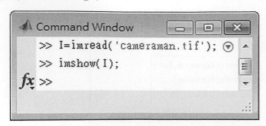

範 例　6　使用 load，imwrite( )與 imread( )語法，輸出 gatlin 影像如下圖所示

MatLab　參考檔案 load_gatlin.m

```
1.  % 載入影像，顯示影像，取用色譜矩陣
2.     load gatlin;    image(X);    colormap(map);
3.     % imwrite()
4.     imwrite(X,map,'gatlin.tif','tif');
5.  % imread()
6.     [x,map] = imread('gatlin.tif');
7.     image(x);    colormap(map);
8.  % imfinfo()
9.     imfinfo('gatlin.tif')
```

練 習　使用 load，imwrite( )與 imread( )語法，輸出 (a) durer.tif，(b) clown，(c) earth.tif，
(d)mandrill.tif 影像，分別如下圖所示

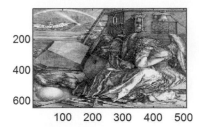

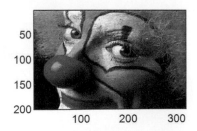

灰階影像

MATLAB 系統中，所有提供的**影像**，可以透過 help **imdemos** 查詢。不過，未安裝影像處理工具箱者，無法進行此項執行動作；為了幫助瞭解其他類型的影像特性，我們事先使用 imread() 與 imwrite()語法，將 JPEG 影像、PNG 影像以及 TIFF 影像製作產生出來，並且以 imfinfo 語法查證其影像類型，結果如下圖所示 (參考檔案 image_finfo.m)：

```
1 -    Sample JPEG images.
2 -        football.jpg : truecolor;
3 -        greens.jpg : truecolor;
4
5 -    Sample PNG images.
```

其中載明 grayscale 者，就是灰階影像，例如在命令視窗(Command Window)中，鍵入 imfinfo cameraman.tif

```
FormatVersion: []
        Width: 256
       Height: 256
     BitDepth: 8
    ColorType: 'grayscale'
```

假設查詢得知某影像是屬於灰階影像，必須配合使用 size(unique( ), 1)語法，找出灰階影像的灰階大小，而後才能 image()顯示影像，再使用 colormap(gray( ))語法賦予相對的色譜，例如，cameraman.tif 灰階影像的顯示；執行結果如下所示，由 title 顯示可知灰階大小為 247。

範 例 7 使用 imread( )語法，輸出灰階影像 moon.tif，如下圖所示

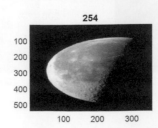

MatLab　如上述程式碼，影像檔改爲 moon.tif 即可，輸出圖中顯示灰階大小爲 254 (參考檔案 gray_image.m)

```
1.  clear;
2.      imfile = 'moon.tif';                % 設定影像檔
3.      x = imread(imfile);                 % 讀入影像檔
4.      image(x);                           % 顯示影像
5.  colormap(gray(size(unique(x),1)));      % 色譜
6.  title(size(unique(x),1));               % 顯示灰階大小
```

● 練習　使用 imread()語法，輸出 (a) concordorthophoto.png　(b) circuit.tif 灰階影像，分別如下圖所示

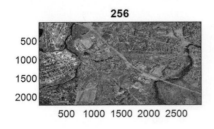
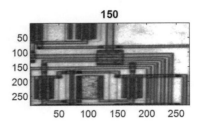

RGB 影像

以 imfinfo 語法查證影像類型，結果有載明 truecolor 者，就是 RGB 影像，例如在命令視窗 (Command Window)中，鍵入 imfinfo football.jpg。

```
FormatVersion: ''
        Width: 320
       Height: 256
     BitDepth: 24
    ColorType: 'truecolor'
```

由結果可知，此影像的確是 24 位元的彩色 truecolor 影像；另外，其矩陣大小可利用 size()指令查詢，輸出如下圖所示：

```
>> x = imread('football.jpg');
>> size(x)
ans =
   256   320     3
fx >>
```

此 RGB 彩色影像的矩陣大小為 256 列、320 行、3 個平面數，意即是多維陣列；基本上，RGB 彩色影像不需要使用 size(unique( ), 1)語法，通常直接 image()顯示影像即可；若有必要轉換影像檔案格式，例如 RGB 彩色影像轉換成灰階影像，則可比照上述灰階影像處理方式。football.jpg 執行結果如下所示，其中 title 標題所顯示的 251 正是灰階數大小。

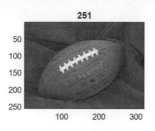

範例 **8** 使用 imread( )語法，輸出 RGB 影像 greens.jpg，如下圖所示

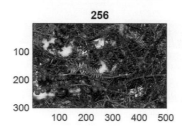

MatLab 如上述程式碼，影像檔改為 greens.jpg 即可

● 練習 使用 **imread( )**語法，輸出(a) board.tif，(b) saturn.png RGB 影像，分別如下圖所示

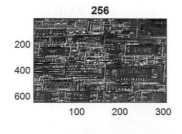 

◉ 二元影像

MATLAB 無法區分灰階影像與二元影像，因為以 imfinfo()語法查證影像類型，結果都是 grayscale 格式；例如 blobs.png 的輸出只有黑與白色，就是典型的二元影像。

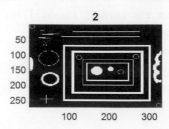

在命令視窗(Command Window)中，鍵入 imfinfo blobs.png，結果為

Width: 329
Height: 272
BitDepth: 1
ColorType: 'grayscale'

由 ColorType 得知二元影像是屬於灰階影像中的一種，不過其 BitDepth 值為 1，從此可以清楚判斷是二元影像。

範例 9 　使用 imread( )語法，輸出二元影像 circles.png，如下圖所示

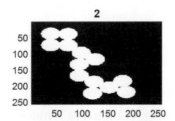

MatLab 　如上述程式碼，影像檔改為 circles.png 即可

練習 　使用 imread()語法，輸出 (a) text.png　(b) circbw.tif　(c) logo.tif 二元影像，分別如下圖所示

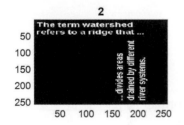 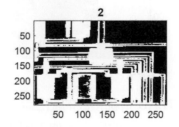 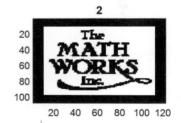

補充 　影像處理工具箱所提供的影像轉換函數，有

函數	功能	語法
ind2gray()	索引轉灰階	y = ind2gray(x, map)
ind2rgb()	索引轉 RGB	y = ind2rgb (x, map)
gray2ind()	灰階轉索引	[y, map] = gray2ind(x)
gray2rgb()	灰階轉 RGB	y = gray2rgb(x)
rgb2ind()	RGB 轉索引	[y, map] = rgb2ind(x)
rgb2gray()	RGB 轉灰階	y = rgb2gray(x)

補充 前述 imread( )與 imwrite( )函式，支援的影像檔案格式，最常見的有

JPEG	壓縮方法產生的影像
TIFF	標記影像檔案格式：非常普遍的格式，支援不同壓縮方法與上述各種影像格式
GIF	圖形交換格式
BMP	微軟點矩陣格式
PNG	可攜帶網路圖形格式

影像顯示

　　在前述章節中已經示範過 **image()**語法，將索引、RGB、灰階以及二元四種格式的影像顯示出來，例如舉 cape.tif 說明，在命令視窗(Command Window)依序中鍵入

\>> load cape;　　\>> image(X)；

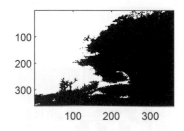

結果色調似乎不對，這是因為 MATLAB 系統預設的話色譜 colormap 為 jet，因此，必須繼續鍵入>> colormap(map)；才能顯示正確的色譜的影像，如下圖所示

索引影像預設有 map 的資料可供 colormap( )使用，將影像的原先色調顯示出來，其餘類型的影像，則不需要使用 colormap( )函式；除此之外，不論何種類型的影像，均可使用 colormap(gray( ))方式，將影像轉換為灰階影像，例如，轉換 mandrill.tif 為灰階影像 (參考檔案 gray_mandrill.m)

```
1.   % imread()
2.   figure(1);
3.      [x,map] = imread('mandrill.tif');    image(x);    colormap(map);
4.      % 色譜
5.      colormap(gray(size(unique(x),1)));
6.      % 顯示灰階大小
7.      title(size(unique(x),1));
8.   % 灰階數 1.5 倍
9.   figure(2);
10.     image(x);       colormap(map);
11.     % 色譜
12.     colormap(gray(1.5*size(unique(x),1)));
13.     % 顯示灰階大小
14.     title(1.5*size(unique(x),1));
15.  % 灰階數 0.5 倍
16.  figure(3);
17.     image(x);       colormap(map);
18.     % 色譜
19.     colormap(gray(0.5*size(unique(x),1)));
20.     % 顯示灰階大小
21.     title(0.5*size(unique(x),1));
```

行號 6 使用 size(unique(x), 1)函式，事先取出其灰階大小，然後再灰階處理 colormap(gray( ))，結果由輸出圖形的標題可知灰階數為 220，如下圖所示：

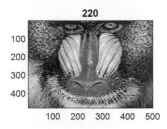

若將灰階數放大為 1.5 倍，結果灰階影像會趨向變黑，程式碼與效果如下圖所示：

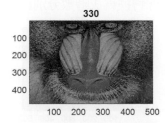

類推這樣的處理，若將灰階數縮小為 0.5 倍，可想而知灰階影像會趨向變白，程式碼與效果如下圖所示：

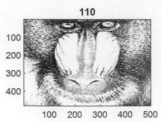

一般而言，灰階數 256 已經是人類眼睛辨識的極限，再增加灰階數大小，影像顯示不會因此增加。

補充 影像處理工具箱常用的影像顯示函數為 **imshow()**

範例 10 輸出 clown 索引影像轉換為灰階影像，並將灰階數分別為原灰階數的 1 倍、1.5 倍，以及 0.5 倍

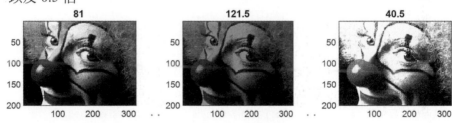

程式碼 修改上述程式碼，將影像檔改為 clown.tif 即可

● **練習** 輸出 durer 索引影像轉換為灰階影像，並將灰階數分別為原灰階數的 1 倍、1.25 倍，以及 0.5 倍

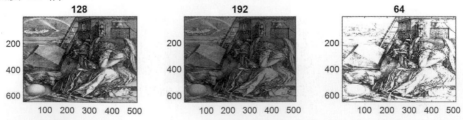

● **練習** 輸出 liftingbody.png 灰階影像轉換為灰階數分別為原灰階數的 1 倍、1.25 倍，以及 0.5 倍

空間解析度

空間解析度係指影像像素的密度，密度愈高，空間解析度愈大；例如取樣 mandrill.tif

```
1.  % imread()
2.      [x,map] = imread('mandrill.tif');
3.      x3 = x(1:3:end, 1:3:end);        x5 = x(1:5:end, 1:5:end);
4.      x7 = x(1:7:end, 1:7:end);        x9 = x(1:9:end, 1:9:end);
5.      x12 = x(1:12:end, 1:12:end);
6.  figure(1);
7.      subplot(1,2,1);      image(x);   colormap(map);
8.      title('取樣間隔:1');
9.      subplot(1,2,2);      image(x3); colormap(map);
10.     title('取樣間隔:3');
11. figure(2);
12.     subplot(1,2,1);      image(x5); colormap(map);
13.     title('取樣間隔:5');
14.     subplot(1,2,2);      image(x7);  colormap(map);
15.     title('取樣間隔:7');
16. figure(3);
17.     subplot(1,2,1);      image(x9);  colormap(map);
18.     title('取樣間隔:9');
19.     subplot(1,2,2);      image(x12); colormap(map);
20.     title('取樣間隔:12');
```

每隔 3、5、7、9、12 取樣數據，結果與原影像比較，依序分別如下圖所示

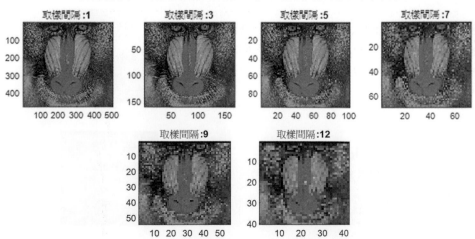

取樣間隔愈大,解析度降低,影像格子化現象也愈明顯,例如取樣間隔 12 的影像,影像格子化現象已經非常明顯,如果再增加取樣間隔,終將產生無法辨識的影像,如下圖所示,取樣間隔 25 的情形。

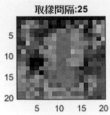

補充 影像處理工具箱常用的影像**解析度函數**為 imresize()

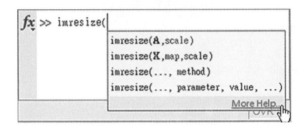

例如 比照查詢結果的語法示範,使用 imresize()語法處理,實作如下:

1. 灰階影像

```
>> i = imread('rice.png');
>> i=imresize(i, 0.5);
>> j=imresize(i, 0.5);
>> figure, imshow(i);
>> figure, imshow(j);
fx >> |
```

2. 索引影像

```
>> [x, map] = imread('mandrill.tif');
>> [y, newmap] = imresize(x, map, 0.25);
>> imshow(y, newmap);
fx >> |
```

3. **RGB 影像**

```
>> rgb = imread('peppers.png');
>> rgb2 = imresize(rgb, [128,128]);
>> imshow(rgb2);
fx >>
```

範 例 **11**　earth 索引影像分別取樣間格 1、3、5、7

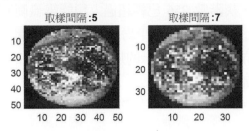

程式碼　如上述 resol_mandrill.m 程式碼，影像檔改爲 earth.tif 即可

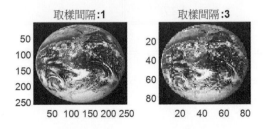

● 練 習　durer.tif 索引影像分別取樣間格 1、3、5、7、9、12

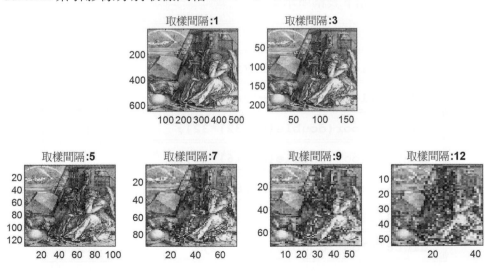

 ## 量化灰階

如同前述所討論的內容，灰階數 256 已經超過人類能辨識範圍，因此在有些應用上，適度降低灰階數反而更加實用，這種將灰階範圍平均分割成 n 個範圍，以降低灰階數的處理就稱為**均勻量化**(uniform quatization)，而影像所顯示的灰階數即為所謂的**量化**；例如，取 n = 4，灰階數 256 重新映射的輸出值，如下表格所示：

原始數值	輸出數值
0 ~ 63	0
64 ~ 127	1
128 ~ 191	2
192 ~ 255	3

使用 MATLAB 語法，可以寫成

$$uint8(floor(double(x)/64)*64)；$$

以此類推其餘均勻量化數，如下表格所示：

語法	灰階數
`uint8(floor(double(x)/128)*128);`	2
`uint8(floor(double(x)/64)*64);`	4
`uint8(floor(double(x)/32)*32);`	8
`uint8(floor(double(x)/16)*16);`	16
`uint8(floor(double(x)/8)*8);`	32
`uint8(floor(double(x)/4)*4);`	64
`uint8(floor(double(x)/2)*2);`	128

補充　影像處理工具箱常用的影像**均勻量化函數**為 grayslice(x, n)

語法	灰階數
`imshow(grayslice(x, 2), gray(2));`	2
`imshow(grayslice(x, 4), gray(4));`	4
`imshow(grayslice(x, 8), gray(8));`	8
`imshow(grayslice(x, 16), gray(16));`	16
`imshow(grayslice(x, 32), gray(32));`	32
`imshow(grayslice(x, 64), gray(64));`	64
`imshow(grayslice(x, 128), gray(128));`	128

查詢 **imshow()**函數之相關語法：

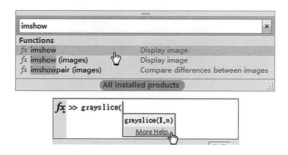

舉影像 liftingbody.png 為例，均勻量化數 n 當做變數輸入，程式碼如下所示 (參考檔案 quatization
_liftingbody.m)

```
1.  clear;      clf;
2.  n = 8;      % 均勻量化數
3.  figure(1);
4.    x = imread('liftingbody.png');       % imread()
5.    image(grayslice(x, size(unique(x),1)));
6.    colormap(gray(size(unique(x),1)));
7.    %imshow(grayslice(x,size(unique(x),1)), gray(size(unique(x),1)));
8.    title(size(unique(x),1));              % 顯示灰階大小
9.  figure(2);                              % 量化灰階數
10.   image(grayslice(x, n));        colormap(gray(n));
11.    %imshow(grayslice(x, n), gray(n));
12.    title(n);                            % 均勻量化數 n
```

行號 2：輸入均勻量化數 n

行號 5：使用 grayslice()與 image()語法將灰階數 256 平均分配，並且顯示

行號 6：使用 colormap()語法賦予正確的色調

行號 7：亦可使用 imshow()語法，其效果等同於行號 5、6

按 ▶ 或快速鍵 F5 執行，當 n = 8，結果為

 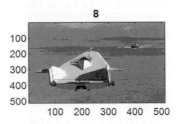

當 n = 4，結果為

當 n = 2，結果為

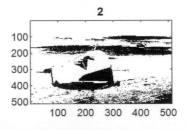

由以上均勻量化的結果，可以看出最明顯的變化就是輪廓失真，而且灰階數愈小愈明顯，至於灰階數為何，輪廓失真可視為消失，留待讀者實作驗證。

範例 12 使用均勻量化語法，輸出索引影像 mandrill.tif，如下圖所示

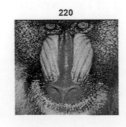 

程式碼　參考檔案 quatization_mandrill.m

```
1.  clear;        n = 4;                      % 均勻量化數
2.  figure(1);
3.      x = imread('mandrill.tif');    % imread()
4.      imshow(grayslice(x, size(unique(x),1)), gray(size(unique(x),1)));
5.      title(size(unique(x),1));         % 顯示灰階大小
6.  figure(2);                            % 量化灰階數
7.      imshow(grayslice(x, n), gray(n));
8.      title(n);                             % 均勻量化數 n
```

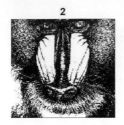

混色

混色就是減少影像色彩數目的處理，對灰階影像而言，目的在讓灰階值轉換後，能夠比較均勻，舉 liftingbody.png256 灰階影像為例 (參考檔案 ditheringDemo_liftingbody.m)

假設希望量化為 4 個層次 0、1、2、3，則須將原影像灰階值除以 3，即 255 / 3 = 85。換言之，欲 4 個層次必須令 q = floor(double(x) / 85)，再設計一適當混色矩陣 d = [0, 56;84, 28]

$$d =$$
$$\begin{array}{cc} 0 & 56 \\ 84 & 28 \end{array}$$

接著將重複到與原影像同大小 r = repmat (d, 256, 256)，最後調整混色矩陣為 xd = q + (double (x) -85*q > r)，xd = uint8 (85*xd)，至此混色完成，結果顯示如下圖所示：

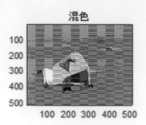

若是要有 8 個層次的混色，必須 255 / 7 = 36，意即 36 取代 85，並且混色矩陣改為 d = [0, 24; 36, 12]，結果顯示如下圖所示：

類似以上的處理步驟，混色 16 與 32 層次，分別如下圖所示：

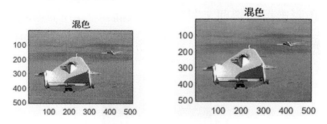

由輸出圖可知，當混色 16 層次時，特別是 32 層次，雖然經過量化，但與原影像幾乎沒有差別。另外一種 4 × 4 混色矩陣，如下所示：

```
d4 =

     0    128     32    160
   192     64    224     96
    48    176     16    144
   240    112    208     80
```

上述 2 × 2 混色矩陣，4 個層次處理的程式碼改寫 (參考檔案 dithering4x4_liftingbody)

```
1.  % 混色：d4 = [0,128,32,160;192,64,224,96;48,176,16,144;240,112,208,80];
2.  clear;
3.  subplot(1,2,1);
4.      x = imread('liftingbody.png');          % imread()
```

```
5.      image(x);
6.      colormap(gray(size(unique(x),1)));       % 色譜
7.      title(size(unique(x),1));                 % 顯示灰階大小
8.  % dithering 混色
9.  subplot(1,2,2);
10.     d4 = [0,128,32,160; 192,64,224,96; 48,176,16,144; 240,112,208,80];
11.     r = repmat(d4, 128, 128);
12.     q = floor(double(x)/85);
13.     xd = q + (double(x)-85*q > r);
14.     xd = uint8(85*xd);
15.     image(xd);
16.     title('混色');
```

其混色效果爲：

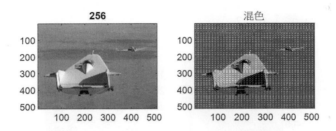

範 例 13 使用 2 × 2 混色矩陣語法，輸入混色層次，處理 mandrill.tif 影像

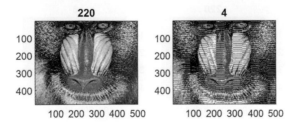

程式碼 參考檔案 dithering_mandrill

```
1.  % 混色
2.  clear;
3.  subplot(1,2,1);
4.      x = imread('mandrill.tif');        image(x);        % imread()
5.
6.      colormap(gray(size(unique(x),1)));                 % 色譜
7.      % 顯示灰階大小
8.      title(size(unique(x),1));
```

```
9.   % dithering 混色
10.  subplot(1,2,2);
11.    n = input('n 灰階數 = ');
12.    gray_size = floor(size(unique(x),1)/n);
13.    quat_size = floor(size(unique(x),1)/(n-1));              % 量化數
14.    d = [0, uint8(gray_size);
15.       uint8(3*gray_size/2), uint8(gray_size/2)];
16.    r = repmat(d, 0.5*size(x,1), 0.5*size(x,2));
17.    q = floor(double(x)/quat_size);
18.    xd = q + (double(x)-quat_size*q > r);
19.    xd = uint8(quat_size*xd);
20.    image(xd);
21.    title(n);
```

按 ▶ 或快速鍵 F5 執行，輸入 n = 2

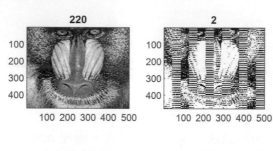

若是輸入 n = 8

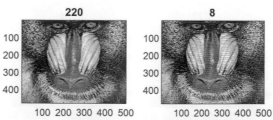

● **練 習** 使用 2 × 2 混色矩陣語法，輸入混色層次，處理 gatlin.tif 影像

● **練 習** 使用 2 × 2 混色矩陣語法，輸入混色層次，處理 clown.tif 影像

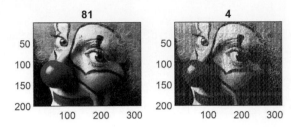

16-5 數位影像點處理

影像處理可以依序區分成三種等級：

➤ **轉換**(transform)：將像素值改變爲其他相等的形式

➤ **鄰域處理**(neighborhood processing)：知道指定像素周圍像素的灰階值，進行改變該像素

➤ **點運算**(point operation)：不知道指定像素周圍像素的灰階值

其中屬點運算爲最簡單的處理方式，計有處理方式：

➤ **加減處理**：影像的每一像素值加、減某一常數值，例如 durer.tif 影像，x ± 64

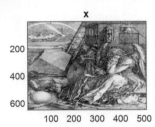

參考檔案 PointOperation_durer.m

```
1.  load durer;
2.  figure(1);
3.  x = X;    image(x);    colormap(map);        title('x');
4.  figure(2);
5.  x1 = double(x)+64;    image(uint8(x1));    colormap(map);
6.  title('uint8(double(x)+64)');
7.  figure(3);
8.  x2 = double(x)-64;    image(uint8(x2));    colormap(map);
```

```
9.  title('uint8(double(x)-64)');
10. figure(4);
11. x3 = double(x)/2;    image(uint8(x3));    colormap(map);
12. title('uint8(double(x)/2)');
13. figure(5);
14. x4 = double(x)*2;    image(uint8(x4));    colormap(map);
15. title('uint8(double(x)*2)');
16. figure(6);
17. x5 = double(x)/2+32; image(uint8(x5));    colormap(map);
18. title('uint8(double(x)/2+32)');
19. % 負片
20. figure(7);
21. x6 = double(max(unique(x)))-x; image(uint8(x6));   colormap(map);
22. title('uint8(double(max(unique(x))-x)');
```

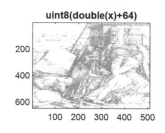
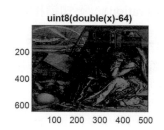

一如過去的處理方式，x 先取 double，方便加減運算，然後再取 uint8 顯示影像；由輸出圖形可知，加上常數值會使影像變亮，反之，減掉常數值會使影像變暗，如上圖所示。

➤ **乘除處理**：影像的每一像素值乘、除某一常數值，例如 x × 2 與 x / 2，以及 x / 2 + 32

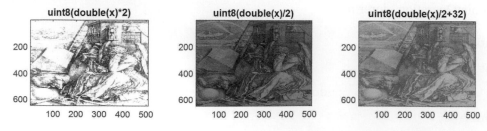

由輸出圖形可知，乘上常數值會使影像變亮，反之，除以常數值會使影像變暗，如上圖所示。

➤ **補色處理**：形同相片的負片，例如 double(max(unique(x))) − x

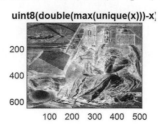

範 例 **14** 輸出 clown 索引影像轉換爲灰階影像，並將影像點運算處理

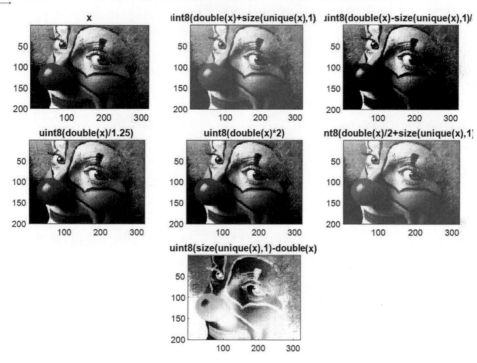

程式碼 僅列出部分程式碼，其餘請自行練習修改 (參考 PointOperation_clown)

```
1.      figure(1);
2.   [x,map] = imread('clown.tif');
3.   image(x);
4.   max_gray = double(max(unique(x)));     % 最大灰階層次值：轉換成 double
5.   colormap(gray(max_gray));              % 灰階色調
6.   title('x');
7.      figure(2);
8.   x1 = double(x)+double(max(unique(x)))/2;
```

```
9.  image(uint8(x1));
10. max_gray = double(max(unique(x1)));      % 最大灰階層次值:轉換成 double
11. colormap(gray(max_gray));                 % 灰階色調
12. title('uint8(double(x)+size(unique(x),1)/2)');
13.     figure(3);
14. x2 = double(x)-double(max(unique(x)))/4;
15. image(uint8(x2));
16. max_gray = double(max(unique(x2)));       % 最大灰階層次值:轉換成 double
17. colormap(gray(max_gray));                 % 灰階色調
18. title('uint8(double(x)-size(unique(x),1)/4)');
19.     figure(4);
20. x3 = double(x)/1.25;
21. image(uint8(x3));
22. max_gray = double(max(unique(x3)));       % 最大灰階層次值:轉換成 double
23. colormap(gray(max_gray));                 % 灰階色調
24. title('uint8(double(x)/1.25)');
25.     figure(5);
26. x4 = double(x)*2;
27. image(uint8(x4));
28. max_gray = double(max(unique(x4)));       % 最大灰階層次值:轉換成 double
29. colormap(gray(max_gray));                 % 灰階色調
30. title('uint8(double(x)*2)');
31.     figure(6);
32. x5 = double(x)/2+double(max(unique(x)))/4;
33. image(uint8(x5));
34. max_gray = double(max(unique(x5)));       % 最大灰階層次值:轉換成 double
35. colormap(gray(max_gray));                 % 灰階色調
36. title('uint8(double(x)/2+size(unique(x),1)/4)');
37.     figure(7);
38. x6 = double(max(unique(x)))-double(x);
39. image(uint8(x6));
40. max_gray = double(max(unique(x6)));       % 最大灰階層次值:轉換成 double
41. colormap(gray(max_gray));                 % 灰階色調
42. title('uint8(size(unique(x),1)-double(x))');
```

行號 3：求出影像的最大灰階數；在命令視窗(Command Window)鍵入 unique(x)'，結果顯示

```
       55    56    57    58    59    60    61    62    63    64    65
Columns 67 through 77
       66    67    68    69    70    71    72    73    74    75    76
Columns 78 through 81
       77    78    79    80
fx >>
```

再鍵入 max(unique(x))，結果顯示

```
>> max(unique(x))
ans =
    80
fx >>
```

可知影像的最大灰階數為 80，然後配合行號 3：colormap(gray( ))語法必須使用 double 或 float 變數，因此取 double。

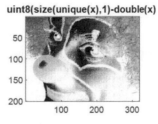

uint8(size(unique(x),1)-double(x)

● **練習** 輸出 mandrill.tif 索引影像，轉換為灰階影像，並將影像點運算處理，如下圖所示
(參考檔案 PointOperation_mandrill)

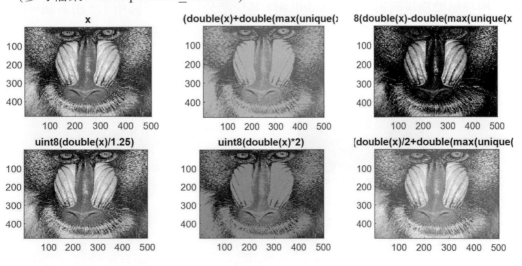

❸ **練 習** 輸出 woman 影像，轉換為灰階影像，並將影像點運算處理，如下圖所示

　　　　(參考檔案 PointOperation_woman)

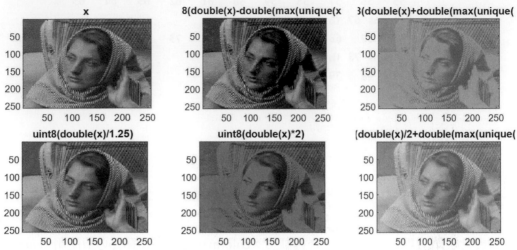

灰階分佈圖

　　灰階分佈圖，又稱直方圖(histogram)，係指影像灰階層次出現次數所繪出的圖表，種類大致可區分為：

1. **較暗影像**：聚集在數值較低的區域
2. **較亮影像**：聚集在數值較高的區域
3. **對比均勻影像**：灰階層次平均分散在所有範圍

　　例如，掃描轉換為灰階影像的 mandrill.tif，其灰階分佈圖如下圖所示，由右圖可明顯看出，是屬於對比均勻的影像，因為灰階分佈圖除了靠近數值較高的區域外，其餘為均勻分佈 (參考 Histogram_mandrill)

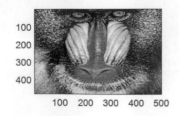
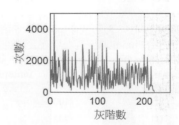

又例如，掃描轉換爲灰階影像的 pout.tif，其灰階分佈圖如下圖所示，由右圖可明顯看出，這不是對比均勻的影像，因爲灰階數集中在中間的區域，缺少較低與較高灰階數的區域分佈 (參考 Histogram_pout)

 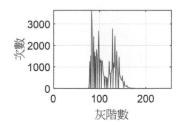

再例如，掃描轉換爲灰階影像的 tire.tif，其灰階分佈圖如下圖所示，由右圖可明顯看出，還算是對比均勻的影像，但是整體來看，影像偏暗，這是因爲灰階數幾乎集中在在數值較低的區域，其餘的區域雖有分佈，只是次數太少 (參考 Histogram_tire)

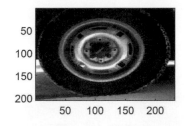 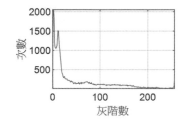

補充 影像處理工具箱常用的**灰階分佈圖函數**爲 imhist()

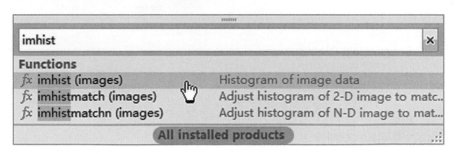

例如 顯示 pout.tif 影像的直方圖

```
>> i = imread('pout.tif');
>> imhist(i);
fx >>
```

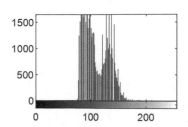

範 例 **15** cameraman.tif 灰階影像，繪出其灰階分佈圖

 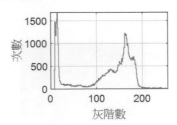

程式碼 參考 Histogram_cameraman

```
1.  clear
2.     figure(1);
3.     x = imread('cameraman.tif');        % grayscale image
4.     image(x);
5.  % 最大灰階層次值:轉換成 double
6.     max_gray = double(max(unique(x)));
7.  % 灰階色調 : 系統預設為 colormap(jet), 64 個明亮色彩組成
8.     colormap(gray(max_gray));
9.  % 灰階值分佈圖
10.    [mm, nn] = size(x);                  % 二維 data 陣列化
11. for i=0:1:255;                          % 計算灰階數 0~255 的出現次數
12.    c(i+1)=0;                            % 歸零
13.    for m=1:1:mm
14.       for n=1:1:nn
15.          if x(m, n) == i
16.             c(i+1) = c(i+1)+1;
17.          end
18.       end
19.    end
20. end
21. %
22. figure(2);
23. i=0:1:255;
24. stairs(i,c);                            % 可以使用外形柱狀圖 : plot(i,c);
25. grid on;
26. xlabel('灰階數');     ylabel('次數');
27. axis tight;
```

行號 7：求出影像的最大灰階數；在命令視窗(Command Window)鍵入 unique(x)，結果顯示

$$252$$
$$253$$
$$fx \gg$$

再鍵入 max(unique(x))，結果顯示

$$ans =$$
$$253$$
$$fx \gg$$

可知影像的最大灰階數為 253，然後配合**行號 9**：colormap(gray( ))語法必須使用 double 或 float 變數，因此取 double。

行號 11：將二維數據陣列化，注意何者為行(即 y 軸)，注意何者為列(即 x 軸)

行號 12~21：逐一掃描累計每一灰階數的次數

行號 24~25：將掃描累計的灰階數的次數畫出

補充　灰階分佈計數部分，改用自定函式 **myHistogram()** 處理，如下所示

```
1.  function c = myHistogram(x)
2.  % 灰階值分佈圖
3.      [mm, nn] = size(x);              % 二維 data 陣列化
4.  for i=0:1:255                        % 計算灰階數 0~255 的出現次數
5.      c(i+1) = 0;                      % 歸零
6.      for m=1:1:mm
7.          for n=1:1:nn
8.              if x(m, n) == i
9.                  c(i+1) = c(i+1)+1;
10.             end
11.         end
12.     end
13. end
14. %
15. figure;
16. i=0:1:255;
17. plot(i,c);                           % 可以使用外形柱狀圖 : stairs(i,c);
18. grid on;
19. xlabel('灰階數');     ylabel('次數');
20. axis tight;
```

函式傳入參數 x，回傳值 c

```
10    % 呼叫 灰階值分佈圖function
11 -      c = myHistogram(x);
```

行號 11：呼叫函式 myHistogram(x)，回傳值設定給 c 變數

行號 15：灰階值從 0~255，逐一將累計次數畫出

🌑 **練 習** clown 索引 indexed 影像，繪出其灰階分佈圖 (參考 Histogram_clown)

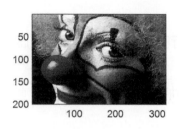 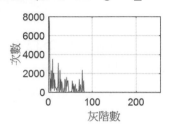

🌑 **練 習** earth 索引 indexed 影像，繪出其灰階分佈圖 (參考 Histogram_earth)

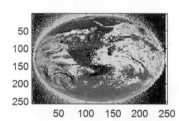 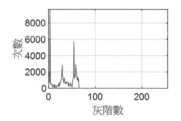

🌑 **練 習** woman 影像，繪出其灰階分佈圖 (參考 Histogram_woman)

 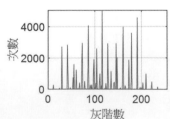

◉ 直方圖等化

由直方圖得知：

1. **較暗影像**：聚集在數值較低的區域

2. **較亮影像**：聚集在數值較高的區域

3. **對比均勻影像**：灰階層次平均分散在所有範圍

因此，對於灰階分佈不均勻的直方圖，進行分佈均勻處理，使能夠均勻分佈在所有的灰階上，即為所謂的直方圖等化，其語法為

Syntax

```
J = histeq(I,hgram)
J = histeq(I,n)
[J,T] = histeq(I)

newmap = histeq(X,map)
newmap = histeq(X,map,hgram)
[newmap,T] = histeq(X, __ )
```

例如，掃描轉換為灰階影像的 mandrill.tif，其灰階分佈圖如下圖所示，由右圖可明顯看出，是屬於對比均勻的影像，因為灰階分佈圖除了靠近數值較高的區域外，其餘為均勻分佈。

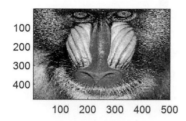 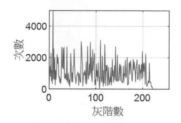

又例如，掃描轉換為灰階影像的 pout.tif，其灰階分佈圖如下圖所示，由右圖可明顯看出，這不是對比均勻的影像，因為灰階數集中在中間的區域，缺少較低與較高灰階數的區域分佈。

 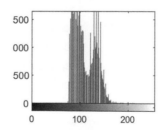

使用 histeq()語法處理，效果如下所示：

 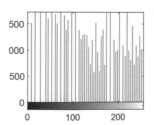

```
>> i = imread('pout.tif');
>> figure;  imshow(i);
>> figure;  imhist(i);
>> ie = histeq(i);
>> figure;  imshow(ie);
>> figure;  imhist(ie);
fx >> |
```

由上述結果可知，經過灰階分佈均勻等化處理影像，確實比原影像清晰許多。

掃描轉換為灰階影像的 tire.tif，其灰階分佈圖如下圖所示，由右圖可明顯看出，還算是對比均勻的影像，但是整體來看，影像偏暗，這是因為灰階數幾乎集中在數值較低的區域，其餘的區域雖有分佈，只是次數太少。

 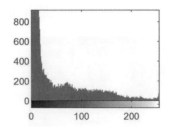

同樣使用 histeq()語法處理，效果如下所示：

```
>> i = imread('tire.tif');
>> figure;  imshow(i);
>> figure;  imhist(i);
>> ie = histeq(i);
>> figure;  imshow(ie);
>> figure;  imhist(ie);
fx >> |
```

 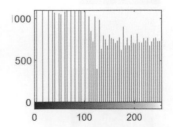

由上述結果可知，灰階分佈均勻等化的處理，確實改善了影像的清晰度。

以上所示範說明的直方圖等化，都是直接套用函數 histeq()，至於自定函數的撰寫，留做練習，在此不再贅述示範。

16-6 數位影像鄰域處理

濾波函數

系統提供 **filter2()** 函數，可以用來進行線性濾波運算，其語法格式為

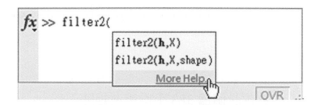

其中 h 為濾波矩陣，x 為 2 維影像數據，shape 有三種設定，預設為'same'，產生與原影像矩陣大小相同的濾波矩陣，'full'產生比原影像矩陣大的濾波矩陣，'valid'產生比原影像矩陣小的濾波矩陣。舉 cameraman.tif 為例，選用 h 為 3×3 的單位濾波矩陣進行平均濾波，如下所示

```
1.  x = imread('cameraman.tif');
2.  figure(1);      imshow(x);
3.  % average filter
4.  h = ones(3, 3)/9;
5.  fx = filter2(h, x, 'valid');
6.  figure(2);      imshow(fx/255);    title('valid');
```

▶ 執行結果　原影像在左，平均濾波後影像在右

valid

選用不同 shape 的效果：

full

valid

fspecial()

除了自定濾波矩陣外，也可以使用系統所提供的 **fspecial()** 函數，其語法格式為

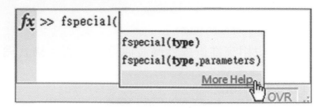

```
fx >> fspecial(
        fspecial(type)
        fspecial(type,parameters)
                        More Help
                                OVR
```

其中 type 種類有：

➤ **'average'**：平均濾波，參數預設值為 3×3 平均濾波矩陣

```
>> x = imread('cameraman.tif');
>> fx = filter2(fspecial('average'), x);
>> imshow( fx/255);
fx >>
```

改為 9×9 平均濾波矩陣：

```
>> type = fspecial('average',[9,9]);
>> fx = filter2(type, x);
>> imshow( fx/255);
fx >>
```

改為 16×16 平均濾波矩陣：

```
>> type = fspecial('average',[16,16]);
>> fx = filter2(type, x);
>> imshow( fx/255);
fx >>
```

➤ **'disk'**：圓形平均濾波，半徑預設值爲 5

> ◆ h = fspecial('disk', radius)

```
>> type = fspecial('disk');
>> fx = filter2(type, x);
>> imshow(fx/255);
fx >> |
```

➤ **'gaussian'**：高斯低通濾波，hsize 參數可以是由行列索定義的向量，或者是正方矩陣 (square matrix)，預設值爲 3×3 平均濾波矩陣，標準差(standard deviation)sigma 預設值爲 0.5

> ◆ h = fspecial('gaussian', hsize, sigma)

```
>> x = imread('cameraman.tif');
>> type = fspecial('gaussian');
>> fx = filter2(type, x);
>> imshow(fx/255);
fx >> |
```

➤ **'laplacian'**：拉氏運算濾波，alpha 預設值爲 0.2

> ◆ h = fspecial('laplacian', alpha)

```
>> type = fspecial('laplacian');
>> fx = filter2(type, x);
>> imshow(fx/255);
fx >>
```

此濾波結果，顯見邊緣有被強化的效果。

➤ **'log'**：拉氏運算高斯濾波，hsize 參數預設值爲 5×5 濾波矩陣，sigma 預設值爲 0.5

> ◆ h = fspecial('log', hsize, sigma)

```
>> type = fspecial('log');
>> fx = filter2(type, x);
>> imshow(fx/255);
fx >> |
```

此濾波結果，顯見邊緣被強化的效果比拉氏運算濾波更明顯。

➤ **'motion'**：Approximates the linear motion of a camera，len 參數預設值為 9，theta 預設值為 0

$$\bullet \; h = fspecial('motion', len, theta)$$

```
>> type = fspecial('motion');
>> fx = filter2(type, x);
>> imshow(fx/255);
fx >>
```

➤ **'prewitt'**：語法 ◆ h = fspecial('prewitt')

➤ **'sobel'**：語法 ◆ h = fspecial('sobel')

➤ **'unsharp'**：Unsharp contrast enhancement filter，alpha 預設值為 0.2

$$\bullet \; h = fspecial('unsharp', alpha)$$

```
>> type = fspecial('motion');
>> fx = filter2(type, x);
>> imshow(fx/255);
fx >>
```

此濾波結果，使影像邊緣更加銳利清晰。

◉ 邊緣加強

影像的頻率係指灰階度隨著距離變化的度量，若短距離內灰階度變化很大，即屬於高頻部分。反之，相對距離內灰階度變化不大，則屬於低頻部分。前者高頻部分掌控影像的邊緣或雜訊特性，後者低頻部分則代表影像的背景或紋理。

所謂**邊緣加強**(edge enhancement，或者稱為**去銳利化遮罩**(unsharp masking)，或者稱為**邊緣清晰**)，就是透過空間濾波處理，使影像的邊緣更加銳利清晰，讓人的眼睛可以看得更清楚；實現邊緣加強最簡單的方法，可以使用原始影像減去經過調整比例處理的低通濾波模糊化影像後，再選擇性調整比例顯示，例如將 mandrill.tif 影像平均濾波後，依照上述邊緣加強的方法處理，結果與程式碼如下所示 (參考檔案 edge_enhancement.m)

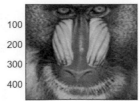 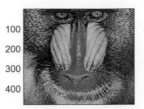

```
1.   % load
2.     load mandrill;    image(X);      colormap(map);
3.   % imwrite
4.     imwrite(X, map, 'mandrill.tif');
5.   % imread
6.     [x,map]=imread('mandrill.tif');    colormap(gray(256));
7.   % 平均濾波：亦可使用 fspecial('average')語法
8.     f = ones(7,7)/49;    fx = filter2(f,x);
9.     subplot(1,2,1);      image(fx);
10.    fe = double(x)-fx/30;    subplot(1,2,2);    image(fe);
```

行號 8：使用 filter2()語法進行平均濾波的動作

行號 10：使用原始影像 double(x)減去經過調整比例處理的濾波模糊化影像 fx/30，其中原始影像取 double，如同使用 imshow(x/255)一般，資料型態必須是 0~1 之間的浮點數

上述濾波與減去的動作是分開處理，其實也可以改為一併處理，例如下式所示

$$f = k \begin{bmatrix} 0 & 0 & 0 \\ 0 & 1 & 0 \\ 0 & 0 & 0 \end{bmatrix} - \begin{bmatrix} \dfrac{1}{9} & \dfrac{1}{9} & \dfrac{1}{9} \\ \dfrac{1}{9} & \dfrac{1}{9} & \dfrac{1}{9} \\ \dfrac{1}{9} & \dfrac{1}{9} & \dfrac{1}{9} \end{bmatrix}$$

上式中 k 為調整比例，k 乘上 3×3 的單位濾波器，然後再減去模糊化濾波器。根據此公式，同樣處理 mandrill.tif 影像的邊緣加強，結果與程式碼如下所示 (參考檔案 eh1k.m)

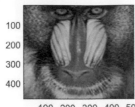 

```
1.      load mandrill;   image(X);     colormap(map);              % load
2.  imwrite(X, map, 'mandrill.tif');                              % imwrite
3.      [x,map]=imread('mandrill.tif'); colormap(gray(256));  % imread
4.  k1 = 3;        k2 = 1;
5.  f = k1*[0 0 0;0 1 0;0 0 0]-1/k2*[ 0.1111 0.1111 0.1111;...
6.                                     0.1111 0.1111 0.1111;...
7.                                     0.1111 0.1111 0.1111];
8.  fe = filter2(f,x);
9.  subplot(1,2,2);        image(fe);
```

行號 5：平均濾波與減去的設定

行號 8：使用 filter2()語法進行平均濾波與減去的動作

unsharp( )

除了以上示範說明的影像邊緣加強方法外，還可以使用之前所介紹的 fspecial('unsharp')
語法，例如設定濾波動作為 fspecial('unsharp', 0.5)，如下程式碼行號 5 所示 (參考檔案
unsharpDemo.m)

```
1.      load mandrill;    image(X);        colormap(map);         % load
2.  imwrite(X, map, 'mandrill.tif');                              % imwrite
3.      [x,map]=imread('mandrill.tif'); colormap(gray(256));  % imread
4.      subplot(1,2,1);   image(x);
5.  f = fspecial('unsharp', 0.5);
6.  fe = filter2(f,x);
7.  subplot(1,2,2);        image(fe);
```

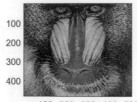

16-7　數位影像之傅立葉轉換

　　前述內容已經詳細介紹過傅立葉轉換的相關語法，現在配合數位影像的處理重新檢視傅立葉轉換的效果。例如雙矩形孔徑的繞射條紋，使用亂數決定排列方式，執行結果與程式碼如下所示：

1. 取對數值 log()

2. 取絕對值 abs()

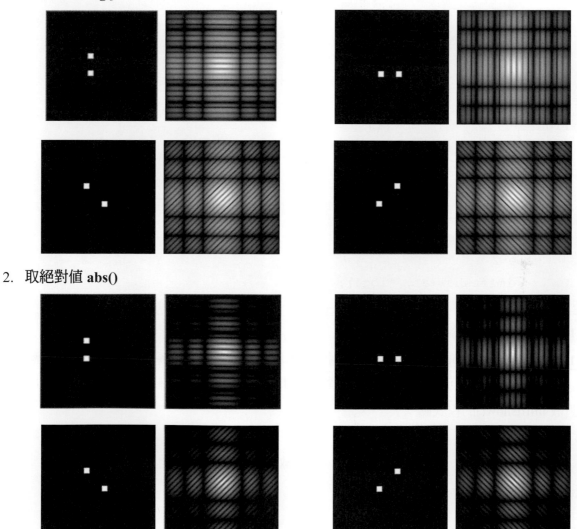

參考檔案 imfft2Demo.m

```matlab
1.  a = zeros(128,128);          % 亦可 a=zeros(256, 256)
2.  switch (round(rand(1)*3+1))
3.     case 1
4.         a(70:75, 50:55) = 1;    a(70:75, 70:75) = 1;
5.     case 2
6.         a(50:55, 50:55) = 1;    a(70:75, 50:55) = 1;
7.     case 3
8.         a(50:55, 50:55) = 1;    a(70:75, 70:75) = 1;
9.     case 4
10.        a(50:55, 70:75) = 1;    a(70:75, 50:55) = 1;
11. end
12. figure(1);     imshow(a);
13. af = fftshift(fft2(a));
14. figure(2);
15. switch (round(rand(1)*0+1))
16.    case 1
17.        imfftshow(af, 'abs');
18.    case 2
19.        imfftshow(af, 'log');
20. end
```

行號 1：測試矩陣大小為 128×128

行號 17：呼叫自定函數 imfftshow()，傳入兩參數，第一個參數的數值來自行號 13，第二個參數
　　　　 為字串，選擇可以是取絕對值或者是取對數的方式顯示繞射條紋

自定函數 imfftshow()的程式碼：

```matlab
1.  function imfftshow(f, type)
2.  if nargin<2                    % 輸入?數個數小於 2
3.      type='log';
4.  end
5.  if (type=='log')
6.      flog=log(1+abs(f));        % 取對數
7.      fm=max(flog(:));           % 最大值
8.      imshow(flog/fm);           % 歸一化
9.  elseif (type=='abs')
```

```
10.      fabs=abs(f);                % 取絕對數
11.      fm=max(fabs(:));            % 最大值
12.      imshow(fabs/fm);           % 歸一化
13. else
14.      error('type 只能選擇 log 或者 abs');
15. end
```

若是單一圓孔徑的繞射情形：

```
1.  [x, y] = meshgrid(0:127, 0:127);    % 單一圓形孔徑
2.  z = sqrt((x-64).^2+(y-64).^2);
3.  c = (z<10);
4.  figure(1);        imshow(c);        % 顯示單一圓形孔徑
5.  cf = fftshift(fft2(c));             % 圓形孔徑之傅立葉轉換處理
6.  figure(2);
7.  imfftshow(cf, 'log');               % 顯示單一圓形孔徑的繞射條紋
```

行號 2：x、y 範圍並非對稱，因此必須位移為(x-64)、(y-64)

🔘 **練 習** 延續範例 imfft2Demo.m，改為雙圓形孔徑，亂數決定排列方式，輸出如下所示
　　　　(參考檔案 imfft2Circle2.m)

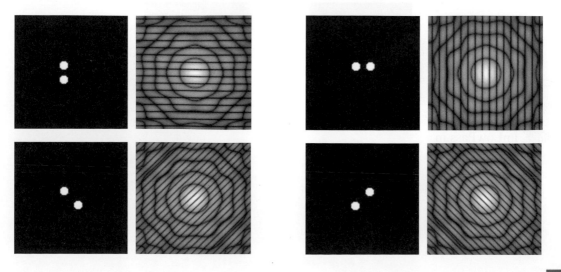

低通濾波

位移處理過的傅立葉轉換矩陣，會將直流數值置放在中心，意即在中心點附近的區域稱爲低頻帶，因此，若需要低通濾波器，只要適當選擇距離中心原點的區域，其值設定爲 1，其餘均設定爲 0 即可，然後將位移處理過的傅立葉轉換矩陣乘上低通濾波器矩陣，再反傅立葉轉換處理，便可得到低通濾波處理後的結果。

舉 cameraman.tif 影像爲例，示範低通濾波的效果：首先查詢影像大小，在命令視窗中鍵入 imfinfo('cameraman.tif')，按 Enter ，得知大小爲 256×256 的灰階影像

```
Width: 256
Height: 256
BitDepth: 8
ColorType: 'grayscale'
```

因此延續前述的圓形孔徑的設定，配合影像大小修改爲

```
[x, y] = meshgrid(-128:127, -128:127);
z = sqrt(x.^2+y.^2);    c = (z<15);
```

以此做爲低通濾波器，範圍在距離中心點 15 以內，其低通濾波的結果與程式碼依序如下所示

參考檔案 imLowPass.m

```
1.   clear;
2.   cm = imread('cameraman.tif');          % 載入影像
3.   figure(1);      imshow(cm);            % 顯示原影像
4.   cf = fftshift(fft2(cm));               % 影像之傅立葉轉換處理
```

```
5.  figure(2);        imfftshow(cf, 'log');          % 顯示原影像傅立葉轉換結果
6.  % 低通濾波設定 : 圓形孔徑
7.  [x, y] = meshgrid(-128:127, -128:127);
8.  z = sqrt(x.^2+y.^2);    c = (z<30);
9.  cfl = cf.*c;                                       % 低通濾波
10. figure(3);        imfftshow(cfl, 'log');           % 顯示低通濾波處理
11. cfli = ifft2(cfl);
12. figure(4);        imfftshow(cfli, 'abs');          % 顯示低通濾波處理後之影像
```

行號 8 的 c 若改為 c = (z < 5)，結果變為

 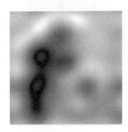

行號 8 的 c 若改為 c = (z < 30)，結果變為

由以上結果可知，低通濾波器的圓形孔徑愈小，影像愈模糊，反之，圓形孔徑愈大，影像愈趨於清楚，並且出現類似圓形孔徑繞射波紋。

🔘 **練 習** 延續上一範例 imLowPass.m，改為矩形孔徑，輸出如下所示 (參考檔案 imLowPass Rect.m)

高通濾波

　　將低通濾波器的設定相反即為高通濾波器，換言之，只要適當選擇距離中心原點的區域，其值設定為 0，其餘均設定為 1 即可，然後將位移處理過的傅立葉轉換矩陣乘上高通濾波器矩陣，再反傅立葉轉換處理，便可得到高通濾波處理後的結果。

　　同樣舉 cameraman.tif 影像為例，示範高通濾波的效果：範圍選擇在距離中心點 15 以外，其高通濾波的結果與程式碼依序如下所示

 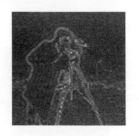

參考檔案 imHighPass.m

```
1.  clear;
2.  cm = imread('cameraman.tif');                % 載入影像
3.  figure(1);       imshow(cm);                 % 顯示原影像
4.  cf = fftshift(fft2(cm));                     % 影像之傅立葉轉換處理
5.  figure(2);       imfftshow(cf, 'log');       % 顯示原影像傅立葉轉換結果
6.  % 高通濾波設定 ： 圓形孔徑
7.  [x, y] = meshgrid(-128:127, -128:127);
8.  z = sqrt(x.^2+y.^2);    c = (z>30);
9.  cfl = cf.*c;                                 % 高通濾波
10. figure(3);       imfftshow(cfl, 'log');      % 顯示高通濾波處理
11. cfli = ifft2(cfl);
12. figure(4);       imfftshow(cfli, 'abs');     % 顯示高通濾波處理後之影像
```

行號 8 的 c 若改為 c = (z > 5)，結果變為

行號 **8** 的 c 若改爲 c = (z > 30)，結果變爲

由以上結果可知，低通濾波器的圓形孔徑愈小，代表只失去低頻的資訊，影像的邊緣愈銳利清晰，反之，圓形孔徑愈大，代表失去低頻與高頻的資訊也愈多，影像的邊緣就會愈趨於模糊。

自定濾波器函數

不論低通或高通濾波器矩陣的設定，以及限制孔徑範圍大小，都是採用固定的數值，如下程式碼所示

```
6       % 高通濾波設定 ： 圓形孔徑
7 -     [x, y] = meshgrid(-128:127, -128:127);
8 -     z = sqrt(x.^2+y.^2);    c = (z>15);
```

這是配合影像大小是 256×256 的緣故，但是每一張影像圖檔大小並不會一樣，因此有必要撰寫自定濾波器函數來因應。

自定低通濾波器函數

例如，自定低通濾波器函數的撰寫，如下所示

```
1.  function output = lp(f, d)        % 低通濾波設定 ： 圓形孔徑
2.      width = size(f, 2);
3.      height = size(f, 1);
4.      [x, y] = meshgrid(-floor(width/2):floor((width-1)/2),...
5.                        -floor(height/2):floor((height-1)/2));
6.      z = sqrt(x.^2+y.^2);
7.      output = (z<d);
8.  end
```

行號 **2**：傳入的第一個參數代表影像變數，寬 width 爲 x 軸方向，即爲行列數值中的行數值，因此取第二個索引值

行號 **3**：影像的高 height 爲 y 軸方向，即爲行列數值中的列數值，因此取第一個索引值

行號 4：二維數據陣列化

行號 7：輸出變數等於(z < d)的數值，d 為第二個傳入參數，代表限制孔徑大小

利用此自定低通濾波器函數，檢視 pout.tif 影像的低通濾波效果，其輸出結果與程式碼如下所示

```matlab
1.  clear;
2.  cm = imread('pout.tif');                % 載入影像
3.  figure(1);        imshow(cm);           % 顯示原影像
4.  cf = fftshift(fft2(cm));                % 影像之傅立葉轉換處理
5.  figure(2);        imfftshow(cf, 'log'); % 顯示原影像傅立葉轉換結果
6.  % 呼叫低通濾波器 : 圓形孔徑
7.      c = lp(cm, 30);
8.  cfl = cf.*c;         % 低通濾波
9.  figure(3);        imfftshow(cfl, 'log');    % 顯示低通濾波處理
10. cfli = ifft2(cfl);
11. figure(4);        imfftshow(cfli, 'abs');   % 顯示低通濾波處理後之影像
```

行號 7：呼叫自定低通濾波器函數 lp()，傳入兩參數，分別代表影像與限制孔徑大小

自定高通濾波器函數

比照自定低通濾波器函數的撰寫，自定高通濾波器函數的程式碼如下所示

```matlab
1.  function output = hp(f, d)       % 高通濾波設定 : 圓形孔徑
2.      width = size(f, 2);
3.      height = size(f, 1);
4.      [x, y] = meshgrid(-floor(width/2):floor((width-1)/2),...
5.                  -floor(height/2):floor((height-1)/2));
6.      z = sqrt(x.^2+y.^2);
7.      output = (z>d);
8.  end
```

以此自定高通濾波器函數，檢視 tire.tif 影像的高通濾波效果，其輸出結果與程式碼如下所示

```
1.  clear;
2.  cm = imread('tire.tif');                           % 載入影像
3.  figure(1);       imshow(cm);                        % 顯示原影像
4.  cf = fftshift(fft2(cm));                            % 影像之傅立葉轉換處理
5.  figure(2);       imfftshow(cf, 'log');              % 顯示原影像傅立葉轉換結果
6.  % 呼叫自定高通濾波器 ：圓形孔徑
7.      c = hp(cm, 5);
8.  cfl = cf.*c;                                        % 高通濾波
9.  figure(3);       imfftshow(cfl, 'log');             % 顯示高通濾波處理
10. cfli = ifft2(cfl);
11. figure(4);       imfftshow(cfli, 'abs');            % 顯示高通濾波處理後之影像
```

行號 7：呼叫自定高通濾波器函數 hp()，傳入兩參數，分別代表影像與限制孔徑大小

整合影像 DFT 與濾波器

綜合以上討論，嘗試整合影像傅立葉轉換前後，以及呼叫自定濾波函數為影像濾波函數，撰寫自定函數程式碼如下

```
1.  function hpf(im_name, d)                            % 高通濾波設定 ：圓形孔徑
2.  cm = imread(im_name);                               % 載入影像
3.  figure(1);       imshow(cm);                        % 顯示原影像
4.  cf = fftshift(fft2(cm));                            % 影像之傅立葉轉換處理
5.  figure(2);       imfftshow(cf, 'log');              % 顯示原影像傅立葉轉換結果
6.  % 呼叫自定高通濾波器 ：圓形孔徑
7.      c = hp(cm, d);
8.  cfl = cf.*c;                                        % 高通濾波
9.  figure(3);       imfftshow(cfl, 'log');             % 顯示高通濾波處理
10. cfli = ifft2(cfl);
```

```
11. figure(4);      imfftshow(cfli, 'abs');      % 顯示高通濾波處理後之影像
12. end
```

例如在命令視窗中鍵入 hpf('tire.tif', 5)

```
>> hpf('tire.tif', 5)
fx >>
```

即可針對影像檔案 tire.tif 進行高通濾波,限制的圓形孔徑範圍為 5,結果如同前所列;同樣步驟,針對低通濾波部分撰寫自定函數程式碼,重點在將 hpf()函數的行號 7 程式碼改為呼叫 lp()。

練 習 使用 tire.tif 影像與圓形孔徑濾波,亂數決定採取低通或高通濾波處理,輸出如下所示 (參考檔案 imTireHL.m)

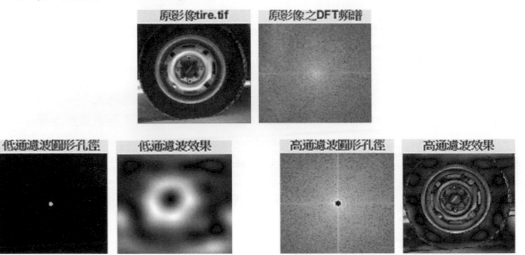

Butterworth 濾波

前述的低通濾波器與高通濾波器的設定,可謂是理想的濾波器,因為設定值不是 1 就是 0,設定非常簡單方便,但是會有產生波紋的缺點。為了改善這種缺點,可以使用 Butterworth 濾波器,其方程式寫成

$$f(x) = \frac{1}{1 + \left(\dfrac{x}{D}\right)^{2n}}$$

其中 n 為階數，例如 n = 1，D = 4，函數圖形為

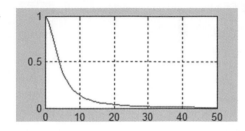

顯然 Butterworth 濾波器是屬於低通濾波器的型態，因此，若是需要 Butterworth 高通濾波器，其方程式可以寫成

$$f(x) = 1 - \frac{1}{1 + \left(\dfrac{x}{D}\right)^{2n}}$$

例如 n = 1，D = 4，函數圖形為

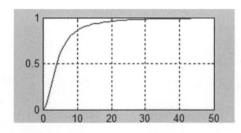

自定 Butterworth 低通濾波器函數

比照自定低通濾波器函數 lp()，撰寫自定 Butterworth 低通濾波器函數 butterlp() 與整合影像 DFT 前後的自定函數 butterlpf()，分別如下所示

```
1.  function output = butterlp(f, d, n)      % Butterworth 低通濾波設定
2.      width = size(f, 2);
3.      height = size(f, 1);
4.      [x, y] = meshgrid(-floor(width/2):floor((width-1)/2),...
5.                      -floor(height/2):floor((height-1)/2));
6.      output = 1./(1+(x.^2+y.^2)./d^2).^(n);
7.  end
```

```
1.  function butterlpf(im_name, d, n)        % Butterworth 低通濾波設定
2.  cm = imread(im_name);                    % 載入影像
3.  figure(1);        imshow(cm);            % 顯示原影像
```

```
4.  cf = fftshift(fft2(cm));              % 影像之傅立葉轉換處理
5.  figure(2);     imfftshow(cf, 'log');  % 顯示原影像傅立葉轉換結果
6.  % 呼叫自定 Butterworth 低通濾波器
7.    c = butterlp(cm, d, n);
8.  cfl = cf.*c;                          % 低通濾波
9.  figure(3);     imfftshow(cfl, 'log'); % 顯示低通濾波處理
10. cfli = ifft2(cfl);
11. figure(4);     imfftshow(cfli, 'abs');% 顯示低通濾波處理後之影像
12. end
```

舉 cameraman.tif 影像為例，示範 Butterworth 低通濾波的效果：在命令視窗中鍵入 butterlpf ('cameraman.tif', 15, 1)，結果如下

```
>> butterlpf('cameraman.tif', 15, 1)
>>
```

由輸出結果可以明顯看到，產生波文的缺點已經被改善。

自定 Butterworth 高通濾波器函數

1 減去 Butterworth 低通濾波器函數，即為 Butterworth 高通濾波器函數，因此很輕鬆容易撰寫自定 Butterworth 高通濾波器函數 butterhp() 與整合影像 DFT 前後的自定函數 butterhpf()，其程式碼分別如下所示

```
1.  function output = butterhp(f, d, n)      % Butterworth 高通濾波設定
2.      width = size(f, 2);
3.      height = size(f, 1);
4.      [x, y] = meshgrid(-floor(width/2):floor((width-1)/2),...
5.                   -floor(height/2):floor((height-1)/2));
6.      output = 1-butterlp(f, d, n);
7.  end
```

行號 6：butterlp()代表低通處理，1-butterlp()轉換為高通處理

```
1.  function butterhpf(im_name, d, n)        % Butterworth 高通濾波設定
2.  cm = imread(im_name);                    % 載入影像
3.  figure(1);       imshow(cm);             % 顯示原影像
4.  cf = fftshift(fft2(cm));                 % 影像之傅立葉轉換處理
5.  figure(2);       imfftshow(cf, 'log');   % 顯示原影像傅立葉轉換結果
6.  % 呼叫自定 Butterworth 高通濾波器
7.      c = butterhp(cm, d, n);
8.  cfl = cf.*c;                             % 高通濾波
9.  figure(3);       imfftshow(cfl, 'log');  % 顯示高通濾波處理
10. cfli = ifft2(cfl);
11. figure(4);       imfftshow(cfli, 'abs'); % 顯示高通濾波處理後之影像
12. end
```

行號 7：呼叫自定函數 butterhp()，回傳值設定給變數 c

　　同樣舉 cameraman.tif 影像為例，示範 Butterworth 高通濾波的效果：在命令視窗中鍵入
butterhpf('cameraman.tif', 15, 1)，結果如下

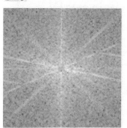

若 n 分別為 3、5，結果變為

延續上例 n = 5，若 D 分別為 5、25，結果變為

高斯濾波

前述濾波函數的章節中，已經簡單示範過 fspecial('gaussian')高斯濾波的效果，現在改用自定函數的方式處理，如下所示

```
1.  function output = gaussianlp(f, sigma)    % Gaussian 低通濾波設定
2.      width = size(f, 2);
3.      height = size(f, 1);
4.      output = mat2gray(fspecial('gaussian', [width, height], sigma));
5.  end
```

行號 4：使用 mat2gray()函數，其語法與範例查詢如下

```
fx >> mat2gray(
        mat2gray(A,[amin amax])
        mat2gray(A)
                        More Help
```

```
1.  function gaussianlpf(im_name, sigma)          % Gaussian 低通濾波設定
2.  cm = imread(im_name);                         % 載入影像
3.  figure(1);        imshow(cm);                 % 顯示原影像
4.  cf = fftshift(fft2(cm));                      % 影像之傅立葉轉換處理
5.  figure(2);        imfftshow(cf, 'log');       % 顯示原影像傅立葉轉換結果
6.  % 呼叫自定 Gaussian 低通濾波器
7.      c = gaussianlp(cm, sigma);
8.  cfl = cf.*c;          % 低通濾波
9.  figure(3);        imfftshow(cfl, 'log');      % 顯示低通濾波處理
10. cfli = ifft2(cfl);
11. figure(4);        imfftshow(cfli, 'abs');     % 顯示低通濾波處理後之影像
12. end
```

在命令視窗中鍵入('cameraman.tif', 10)，即標準差 σ = 10

若標準差 σ = 30

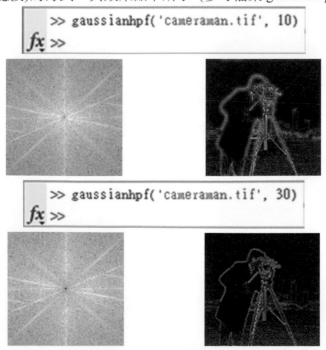

標準差 σ 是限制的範圍，對低通濾波而言，標準差 σ 越大，影像越清晰。高斯高通濾波的處理，同樣使用(1-高斯低通濾波)的方式，其效果如下所示 (參考檔案 gaussianhp.m 與 gaussianhpf.m)

綜合以上三種濾波器，可知高斯濾波器的平滑度最高，理想式兩段分佈濾波器最不平滑，高斯濾波器介於兩者之間。

　　總結：之前有關數位影像處理的介紹，可視為未來進階學習此課程的基礎，換言之，這是課程的開始而非結束，其中必須特別強調自行撰寫函數的重要性，這樣的要求除了取其程式模組化後更方便使用外，也可以藉此機會，訓練提昇個人的程式設計能力，達到不必過份依賴工具箱所內建的函數，照樣可以順利學習位影像處理的課程。

習題

1. 使用 imread()與 image()語法顯示灰階影像，輸出如下所示

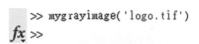

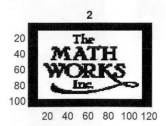

2. 續上一題，顯示彩色影像，輸出如下所示

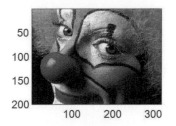

```
>> myimage('clown.tif')
fx >>
```

3. 使用 warp()方法顯示影像，輸出如下所示

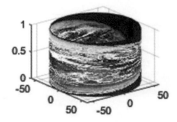

4. 使用 warp()方法顯示影像，投影至 sinc()、peaks()、cylinder()函數上，輸出如下所示

```
>> mywarp2('clown.tif',3)
>> mywarp2('clown.tif',2)
>> mywarp2('clown.tif',1)
fx >>
```

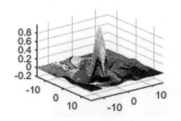
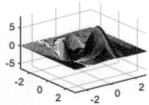
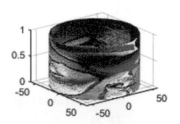

5. 使用 imshow()、rgb2ind()、rgb2gray()、im2bw()語法，亂數決定輸出如下所示(參考檔案 rgb2grayDemo.mnd)

6. 續上一題，改為自定函數型態，輸出如下所示

```
>> myrgb2('earth.jpg', 3)
fx >>
```

7. 使用 imshow()、imhist()、imhisteq()語法，輸出如下所示

```
>> myhisteq('tire.tif')
fx >>
```

 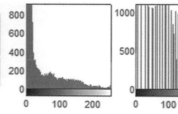 

8. 使用 histeq()、imadjust()、adapthisteq()語法強化影像對比，輸出如下所示

原始影像　　histeq()

```
>> myimhisteq('pout.tif', 1)
fx >>
```

原始影像　　imadjust()

```
>> myimhisteq('pout.tif', 2)
fx >>
```

```
>> myimhisteq('pout.tif', 3)
fx >>
```

9. 使用 edge()之 sobel 語法尋找影像邊緣，輸出如下所示

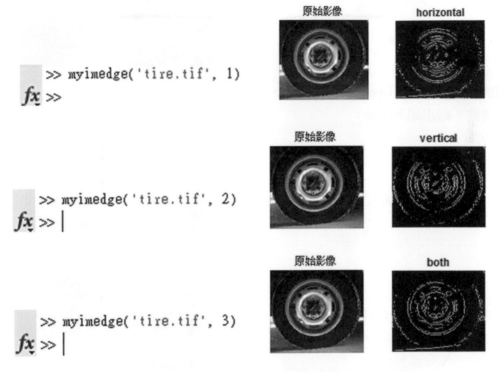

```
>> myimedge('tire.tif', 1)
fx >>
```

```
>> myimedge('tire.tif', 2)
fx >>
```

```
>> myimedge('tire.tif', 3)
fx >>
```

10. 使用 edge()之 prewitt 語法尋找影像邊緣，輸出如下所示

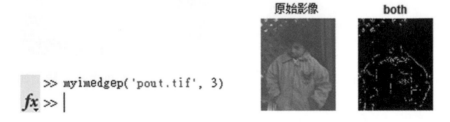

```
>> myimedgep('pout.tif', 3)
fx >>
```

11. 分別使用 edge()之 sobel、prewitt、roberts、log、canny 語法尋找影像邊緣，輸出如下所示

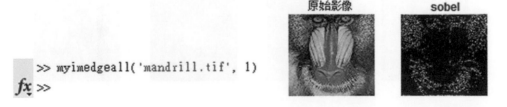

```
>> myimedgeall('mandrill.tif', 1)
fx >>
```

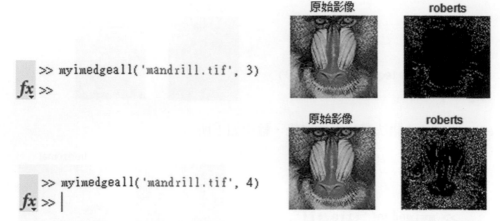

```
>> myimedgeall('mandrill.tif', 3)
fx >>

>> myimedgeall('mandrill.tif', 4)
fx >>
```

12. 分別使用 imfilter()，fspecial()之 average、disk、gaussian、laplacian、log、motion 語法處理影像濾波，輸出如下所示

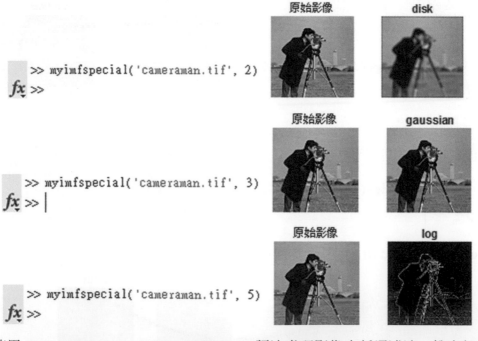

```
>> myimfspecial('cameraman.tif', 2)
fx >>

>> myimfspecial('cameraman.tif', 3)
fx >>

>> myimfspecial('cameraman.tif', 5)
fx >>
```

13. 分別使用 fft2()，fftshift()，ifft2()，imfftshow()語法處理影像之低通濾波，輸出如下所示

```
>> myimlp('cameraman.tif', 30)
fx >>
```

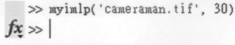

```
>> myimlp('cameraman.tif', 10)
fx >> |
```

  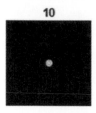

14. 續上一題，處理影像之高通濾波，輸出如下所示

```
>> myimhp('cameraman.tif', 15)
fx >> |
```

  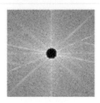 

15. 續上一題，處理影像之帶通濾波，輸出如下所示

```
>> myimbp('mandrill.tif', [10,80])
fx >> |
```

16. 續上一題，處理影像之帶止濾波，輸出如下所示

```
>> myimbs('mandrill.tif', [10,80])
fx >> |
```

   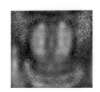

歡迎加入 全華會員

● 會員獨享

會員享購書折扣、紅利積點、生日禮金、不定期優惠活動⋯等。

● 如何加入會員

掃 QRcode 或填妥讀者回函卡直接傳真 (02) 2262-0900 或寄回，將由專人協助登入會員資料，待收到 E-MAIL 通知後即可成為會員。

如何購買 全華書籍

1. 網路購書

全華網路書店「http://www.opentech.com.tw」，加入會員購書更便利，並享有紅利積點回饋等各式優惠。

2. 實體門市

歡迎至全華門市（新北市土城區忠義路 21 號）或各大書局選購。

3. 來電訂購

(1) 訂購專線：(02) 2262-5666 轉 321-324
(2) 傳真專線：(02) 6637-3696
(3) 郵局劃撥（帳號：0100836-1 戶名：全華圖書股份有限公司）

※ 購書未滿 990 元者，酌收運費 80 元。

OpenTech .com.tw 全華網路書店

全華網路書店 www.opentech.com.tw
E-mail: service@chwa.com.tw

※ 本會員制如有變更則以最新修訂制度為準，造成不便請見諒。

讀者回函卡

掃 QRcode 線上填寫 ▶▼▼

姓名： 　　　　　　　　生日：西元　　　　年　　　月　　　日　　性別：□男 □女

電話：（　　）　　　　　　　　手機：

e-mail：（必填）

通訊處：□□□□□

學歷：□高中・職　□專科　□大學　□碩士　□博士

職業：□工程師　□教師　□學生　□軍・公　□其他

學校/公司：　　　　　　　　　　　　科系/部門：

・需求書類：

□A. 電子 □B. 電機 □C. 資訊 □D. 機械 □E. 汽車 □F. 工管 □G. 土木 □H. 化工 □I. 設計

□J. 商管 □K. 日文 □L. 美容 □M. 休閒 □N. 餐飲 □O. 其他

・本次購買圖書為：　　　　　　　　　　　　　　　　書號：

・您對本書的評價：

封面設計：□非常滿意　□滿意　□尚可　□需改善，請說明

內容表達：□非常滿意　□滿意　□尚可　□需改善，請說明

版面編排：□非常滿意　□滿意　□尚可　□需改善，請說明

印刷品質：□非常滿意　□滿意　□尚可　□需改善，請說明

書籍定價：□非常滿意　□滿意　□尚可　□需改善，請說明

整體評價：請說明

・您在何處購買本書？

□書局　□網路書店　□書展　□團購　□其他

・您購買本書的原因？（可複選）

□個人需要　□公司採購　□親友推薦　□老師指定用書　□其他

・您希望全華以何種方式提供出版訊息及特惠活動？

□電子報　□DM　□廣告（媒體名稱　　　　　　　　　　　　）

・您是否上過全華網路書店？（www.opentech.com.tw）

□是　□否　您的建議

・您希望全華出版哪方面書籍？

・您希望全華加強哪些服務？

感謝您提供寶貴意見，全華將秉持服務的熱忱，出版更多好書，以饗讀者。

填寫日期：　　　/　　　/

註：數字零，請用 Ф 表示，數字1與英文L請另註明並書寫端正，謝謝。

2020.09 修訂

勘　誤　表

書　號			書　名	作　者
頁　數	行　數		錯誤或不當之詞句	建議修改之詞句

我有話要說： （其它之批評與建議，如封面、編排、內容、印刷品質等・・・）